- 民族文字出版专项资金资助项目
- 云南生态文明建设丛书

O., TO; T˥.. JI., Sᗡ. NI, B∀.. T.

核桃高产种植技术指南

BO.. ɗO, SU　HU-L-YE　H-ƆUI-HW:

胡兰英　汉春华　编译

Tᗡ-HO: ℲO XՈ: ⊥O ˥ DO.. GU

德宏民族出版社

图书在版编目（CIP）数据

核桃高产种植技术指南：中文、傈僳文 / 胡兰英　汉春华编译.
—芒市：德宏民族出版社，2017. 8

ISBN 978-7-5558-0652-3

Ⅰ. ①核…　Ⅱ. ①胡…②汉…　Ⅲ. ①核桃—果树园艺—汉语、傈僳语　Ⅳ. ①S664.1

中国版本图书馆CIP数据核字（2017）第196749号

书　　名：核桃高产种植技术指南：中文、傈僳文

作　　者：胡兰英　汉春华　编译

出版·发行	德宏民族出版社	**责任编辑**	胡兰英
社　　址	云南省德宏州芒市勇罕街1号	**责任校对**	余胜连　么　批
邮　　编	678400	**封面设计**	李富昱
总编室电话	0692-2124877	**发行部电话**	0692-2112886
汉文编辑室	0692-2111881	**民文编辑部**	0692-2113131
电子邮件	dmpress@163.com	**网　　址**	www.dmpress.cn
印　　刷	云南天彩印刷包装有限公司		
开　　本	142mm×210mm　32开	**版　　次**	2017年8月第1版
印　　张	8	**印　　次**	2017年8月第1次
字　　数	166千字	**印　　数**	1~2000册
书　　号	ISBN 978-7-5558-0652-3	**定　　价**	48.00元

丽江永胜傈僳族寨边千年以上的古核桃树

LI-CY LI-SU ꓘ, ꓘꓶ: KW YI. TU.. ꓘO; ꓕꓯ; SI JO M: O., DO; MO: ZI.,

丽江永胜傈僳族寨边千年以上古核桃树

LI-CY LI-SU ꓘ, ꓘꓶ: KW YI. TU.. ꓘO; ꓕꓯ; SI JO M: O., DO; MO: ZI.,

丽江永胜傈僳族寨边千年以上古核桃树

LI-CY YO-XE LI-SU ꓘ, ꓘ⅃: KW YI. TU.. ꓘO; ꓕꓯ; SI JO M: O., DO; MO: ZI.,

丽江永胜傈僳族寨边千年以上古核桃树

LI-CY YO-XE LI-SU ꓘ, ꓘ⅃: KW YI. TU.. ꓘO; ꓕꓯ; SI JO M: O., DO; MO: ZI.,

丽江永胜傈僳族寨边千年以上古核桃树

LI-CY YO-XE LI-SU ꓘ, ꓘ⅃: KW YI. TU.. ꓘO; ꓕꓯ; SI JO M: O., DO; MO: ZI.,

丽江永胜傈僳族核桃育林地带

LI-CY YO-XE LI-SU Xꓵ: O., DO; LI. ꓤ: MI..

维西同乐傈僳族寨边百年以上核桃树

WEI-XI ꓕO: LO: LI-SU ꓘ, ꓘL: KW YI. Vꓯ., ꓘO; ꓕꓯ; SI.. JO M O., DO; ZI.,

维西同乐傈僳族寨边百年以上核桃树

WEI-XI ꓕO: LO: LI-SU ꓘ, ꓘL: KW YI. Vꓯ., ꓘO; ꓕꓯ; SI.. JO M O., DO; ZI.,

丽江永胜傈僳族
寨边百年以上核桃树
LI-CY YO-XE LI-SU ꓘ, ꓘꓶ: KW YI. VY., ꓘO; ꓕꓯ; SI JO M: O., DO; MO: ZI.,

维西同乐傈僳族寨边百年以上核桃树
WEI-XI ꓕO: LO: LI-SU ꓘ, ꓘꓶ: KW YI. Vꓯ., ꓘO; ꓕꓯ; SI.. JO M O., DO; ZI.,

维西同乐傈僳族寨边千年以上古核桃树

WEI-XI ꓕO: LO: LI-SU ꓘ, ꓘꓶ: KW YI. TU.. ꓘO; ꓕꓯ; SI.. JO M O DO; ZI.,

维西同乐傈僳族寨边千年以上古核桃树

WEI-XI ꓕO: LO: LI-SU Xꓵ: ꓘ, ꓘꓶ KW YI. TU.. ꓘO; ꓕꓯ; SI JO M O DO; MO: ZI.,

前　言

傈僳族大多居住在高寒山区，都比较喜欢种植核桃，在核桃的食用和加工方面都积累了一些宝贵的经验。近年来傈僳族地区得到国家有关部门的支持和帮助，为了使傈僳族地区尽快脱贫致富。加强推进傈僳族地区的核桃种植，有利于傈僳族群众早日脱贫和致富。傈僳族群众虽然也在生产生活中积累了一些种植核桃的经验，但是对许多老桃树的枯老和挂果少的现象无可奈何；新栽种的果树一时半会还挂不了果。因此保护好古核桃树再丰产是傈僳族群众舍不得砍去老核桃树的原因。提高核桃高产技术的学习成了傈僳族群众热切的希望。我们经过到各个傈僳族聚集村落调研后策划编译了该书，并且获得了民族文字出版专项资金的资助。

该书为了服务广大的傈僳族群众的核桃种植的特点，从汉文书中精选了部分内容编撰并且撰写了部分如何保护古核桃树的一些知识供傈僳族群众借鉴和学习。从国家层面来说核桃是我国重要的经济林树种之一，栽培历史悠久，种质资源丰富。由于其适应性广，抗逆性强，成为我国栽培遍及南北广域树种。其树体高大，能防风固沙，树皮枝叶及外果皮有很高的药用价值，特别是果实独特的营养保健价值，长期以来受到人们的喜爱。近年来，随着人们生活水平的提高、生物技术的深入，核桃食品、叶片、青皮和木材用途越来越广泛，栽培需求量越来越大。傈僳族地区的核桃园主要是以农户个体种植为主，还没有成为园林式的大规模的，但是随着核桃对人类的健康带来更多的好处。傈僳族大部分居住在高寒山区、峡谷丛林地带，只能小范围种植。近年来也有扩大种植的农户，所以我们也介绍了一些大规模园林种植核桃的知识和经验。

傈僳族种植核桃生产一直延续着传统的粗放管理栽培模式，致使树体生长不良、树相差、结果晚、产量低、品质差，生产状况亟待改变。近年来，我国大专院校及科研部门不断深入对核桃栽培育种的研究，选育出一批果用、材用等新品种，并根据新品种特性，不断完善栽培管理技术；研究完善补充新品种苗木繁育技术，打破了长期以来阻碍核桃品种化栽培的瓶颈。为此，我们汇编此书，主要是为各地傈僳族群众在选育的新品种、推广的新技术以及将来的发展趋势做一个简单的介绍，以进一步推动傈僳族地区核桃种植高产的进程。

为了体现少而精的原则，节约篇章，对不同地区适应品种及栽培技术陈述很少。

由于时间紧，加之编者水平有限，缺点错误在所难免，希望读者提出意见，以利改进和共同提高。

编　者

2016 年 12 月

ꓐꓯ ꓒꓶ ꓘꓶꓽ

ꓡꓲ-ꓢꓴ ꓫꓵꓽ ꓠꓬ ꓮꓽ ꓖ ꓟꓵꓽ ꓗꓪ ꓠꓬꓹ ꓢꓲꓸ ꓳ ꓓꓳꓽ ꓔꓶ꓾ ꓳ ꓓꓳꓽ ꓗꓪ ꓠꓲ ꓜꓽ ꓘꓶꓽ ꓜꓽ ꓟꓲ ꓫꓹ ꓓꓴ ꓟ ꓠꓬ ꓮꓽ ꓘꓶꓸ ꓬꓲ ꓠꓲꓹ ꓫꓵ ꓥ꓿ ꓔꓲꓸ ꓠꓶꓽ ꓠꓬꓲꓽ ꓢ ꓘꓳꓼ꓾ ꓗꓴꓷꓼ-ꓚꓸ ꓠꓬ ꓡꓲ-ꓢꓴ ꓠꓬꓹ ꓟꓵꓽ ꓠꓬꓹ ꓡꓳ ꓗꓪ ꓳ ꓓꓳꓽ ꓔꓶ ꓡꓳ ꓟꓲꓽ ꓟ ꓔꓯꓸ ꓢꓲꓽ ꓢꓲꓽ ꓬꓲ ꓙꓪ ꓢꓲꓸ ꓫꓪꓸ ꓓꓴ ꓟ ꓠꓲꓹ ꓠꓲꓹ ꓝ ꓝ ꓐꓲ ꓒꓶ ꓝꓶꓹ ꓜꓳꓽ ꓡꓲ ꓜꓲ ꓬꓲ ꓠꓬꓹ ꓿ ꓡꓲ-ꓢꓴ ꓫꓵꓽ ꓐꓴ ꓖꓶ ꓝꓳ ꓙꓳ ꓦꓯꓼ ꓠꓬꓲ ꓗꓪ ꓳ ꓓꓳꓽ ꓮ ꓡꓲ ꓔꓶ ꓕꓯꓽ ꓢꓲꓸ ꓔꓶ ꓙꓲ ꓟ ꓔꓯꓸ ꓫꓪ ꓭꓼ ꓖꓶ꓾ ꓖꓶ ꓢꓲꓸ ꓡꓲ-ꓢꓴ ꓠꓬꓹ ꓟꓵꓽ ꓠꓬꓹ ꓡꓳ ꓗꓪ ꓳ ꓓꓳꓽ ꓬꓲꓸ ꓟ ꓗ ꓜꓲ ꓠꓬ ꓟꓳꓽ ꓫꓵ꓾ ꓬꓲꓸ ꓢꓶꓽ ꓮꓽ ꓘꓶꓸ ꓓꓱꓼ ꓟꓽ ꓙꓲ꓾ ꓬꓲꓸ ꓫꓵꓽ ꓔꓶ ꓦꓹ ꓡꓳ ꓳ ꓓꓳꓽ ꓠꓬ ꓬꓲꓸ ꓢꓶꓽ ꓠꓲꓹ ꓝ ꓟꓽ ꓓꓱꓼ ꓟ ꓑꓶꓸ ꓓꓴ꓾ ꓑ ꓢꓯꓽ ꓐꓴ ꓠꓬ ꓙꓬꓽ ꓫꓪꓸ ꓓꓴ ꓮꓽ ꓟꓬꓹ ꓙꓪꓹ ꓡꓲ꓾ ꓖꓳ ꓡꓲ ꓡꓲ-ꓢꓴ ꓠꓬꓹ ꓟꓵꓽ ꓗꓪ ꓳ ꓓꓳꓽ ꓟ ꓗ ꓜꓲ ꓟ ꓔꓯꓸ ꓜꓳꓽ ꓠ ꓐꓲ ꓑꓳꓽ ꓪ ꓡꓲ ꓜꓲ ꓐꓯ ꓠꓲ꓾ ꓡꓲ-ꓢꓴ ꓫꓵꓽ ꓐꓴ ꓠꓬ ꓳ ꓓꓳꓽ ꓔꓶ ꓟ ꓗꓪ ꓘꓳꓸ ꓫꓳꓽ ꓢꓷꓸ ꓠꓲꓹ ꓢꓳ ꓓꓴ ꓟ ꓠꓬ ꓮꓽ ꓘꓶꓸ ꓢꓳ ꓠ ꓔꓸ ꓥ꓿ ꓥꓪ ꓠꓴꓽ ꓠꓬ ꓕꓲꓽ ꓟꓵꓽ ꓖꓴ ꓕꓲꓽ ꓟꓵꓽ ꓡꓲ-ꓢꓴ ꓠꓬꓹ ꓟꓵꓽ ꓠꓬꓹ ꓡꓳ ꓗꓪ ꓛꓼ ꓠꓬꓲ ꓢꓲꓸ ꓳ ꓓꓳꓽ ꓔꓶ ꓢꓷꓸ ꓠꓲꓹ ꓟꓸ ꓓꓴ ꓕꓳꓽ ꓶꓼ ꓕꓱ ꓕꓲ ꓑꓶ ꓟ ꓓꓳ ꓥ꓿ ꓖꓳ ꓡꓲ ꓕꓱ ꓕꓳꓽ ꓶꓼ ꓓꓳ ꓓꓴ ꓟ ꓠꓬ ꓝꓳ ꓫꓵꓽ ꓕꓳꓽ ꓶꓼ ꓓꓳ ꓓꓴ ꓒꓵꓽ ꓟ ꓔꓳꓹ ꓙꓪ ꓪ ꓡꓲ꓿

ꓕO: ꓶ; ꓕꓱ M NY LI-SU Xꓵ: BU Dꓯ O DO: A LI Tꓶ ꓕꓯ; SI. ZO-. A LI YI ꓕꓯ; SI. O DO: M K ZI Dꓯ PO; ZO: KW NI BO V, ꓥ= KUꓷ;-C. ꓕI: F. KW NI Bꓯ ꓕꓯ:-. RO: KUꓷ; KW O DO: Tꓶ M NY YI. Jꓵ, Mꓶ: RW LO: LI M-LI: M: ꓝI-. YI. NY RO: KUꓷ: Tꓯ. Pꓵ: ꓶ: YI MI: Dꓯ LI. A: ꓘꓶ. ZO: T. ꓥ= O DO: ZI NY YI. ZI WU: SI. MI: VE D: M Jꓶ: BI ꓘꓶ: ꓛꓵ Vꓶ: BYꓱ: L, M Tꓯ. ꓘ: HW.-. O DO: YI. JI NY Nꓯ ꓝI; Nꓯ MI X, ꓛꓵ-. O DO: YI. Sꓶ: Z: NY L: ꓝ; KO Dꓱ: KO MI: Dꓯ JI DU A: ꓘꓶ. JW,-. ꓕI LI ꓥ M Pꓶ. DU-. O DO: NY A: Jꓵ; SU A ꓕꓯ: Mꓶ ꓕꓯ: LI. A: ꓘꓶ. NI, Xꓵ= TI. Nꓶ: NYI: S ꓘO;-. P Sꓯ: BU ꓝO JO Lꓯ: HW. Lꓯ: HW. S L-. Sꓯ. Xꓵ: Sꓯ. Jꓵ: Sꓷ. NI, Lꓯ: HW. Lꓯ: HW. MY: M Pꓶ. DU-. O DO: YI. JI-. YI. ꓒY:-. YI. ZI ꓤ: LI. ꓤꓱ: DU A: MY, JW, LI-. Mꓶ: JY: SI-. LI-SU NY, Mꓵ: NY, LO KW O DO: NY ꓝO VE MI Tꓱ, Tꓱ, Tꓶ V, SI. YI. Mꓵ: YI. LO Tꓶ, V, Xꓵ: NY, M: JW, SI:-. Gꓶ SI. A Mꓶ ꓕꓯ:-. LI-SU NY, Mꓵ: NY, LO KW NY O DO: YI. Mꓵ: YI. ꓶO Tꓶ V, Xꓵ: A: MY, JW, LI-. ꓕI LI ꓥ M Pꓶ. DU-. ꓥW NU: NY A: Jꓵ: SU Dꓯ O DO: Tꓶ LO Sꓷ. NI, M Bꓯ M. GO; ꓥ=

Mꓶ: JY: SI-. LI-SU Xꓵ: BU O DO: Tꓶ M NY A: Nꓱ Nꓱ ꓕꓯ: Tꓶ M-LI: Tꓶ SI. YI. ZI RO M: JI-. YI: Sꓶ: Dꓱ; NI, M: ꓝ-. YI. Sꓶ: A: MY, XW M: W-. O DO: M: JI ꓥ= TI. Nꓶ:

NYI: S ꓘO;-. RO: KUꓷ; ꓘO. Yꓯ: MI: YI Tꓶ. NY O DO: Tꓶ Sꓷ. NI, M JI JI BI YI SI. A: ꓘꓶ. JI Xꓵ: O DO: Tꓶ DU MI: HW W LI-. ꓕI LI ꓥ M Pꓶ. DU-. ꓥW NU: NY ꓕO: ꓶ; ꓕꓱ ꓕI: Pꓶ M BO SI. LI-SU NY, Mꓵ: NY, LO KW A: Jꓵ; SU Dꓯ O DO: M ZO: N BI Tꓶ W LI ZI Bꓯ ꓥ=

ꓕꓱ ꓕO: ꓶ; KW NY A: Jꓵ; SU O DO: Tꓶ M KW A: ꓘꓶ. ꓤꓱ: ZO: N T. DU M-LI: BO V, ꓥ-. GO LI ꓕI: Mꓵ: GU ꓕI: Mꓵ: KW O DO: Tꓶ DU M NY A: Jꓵ: M: BO V,=

YI. Jꓵ, ꓞ; BI Sꓷ. NI, HO. N ꓤ: JW, M Pꓶ. DU-. ꓕꓱ ꓕO:ꓶ; KW BO M: ZO: Xꓵ: JW, DU M NY A: Jꓵ; SU Bꓯ M. GO; Lꓯ-. ꓥW NU: NY K. NY. .;I ꓕO: ꓶ; BO M KW Sꓯ; ꓕꓵ: DO ꓥ=

ꓕO: ꓶ; XW ꓭ; BO SU

2016 ꓘO; 12 V

目 录

HW DU

一、薄壳核桃发展前景

1. 世界核桃生产现状如何？

全世界核桃总面积（2005 年 FAO 资料）66.26 万公顷，产量 166.227 万吨。当今世界生产核桃的国家有 47 个，分布六大洲。年产万吨以上的国家 23 个，其中以中国、美国、伊朗、土耳其四国最多。从世界栽培产量来看，以亚洲、欧洲、北美洲和中美洲最高，亚洲居领先地位。中国核桃产量（2005 年 FAO 资料）居世界首位（49.907 万吨），美国居第二（32.199 万吨），伊朗第三位（15 万吨）。

出口核桃千吨以上有 8 个国家，万吨以上有 2 个国家（美国和墨西哥）。美国及欧洲各国出口带壳核桃比重较大，而亚洲国家出口核桃仁的比重大。这与欧美各国实现核桃良种化、核桃综合品质好有关。

2. 我国核桃生产历史及销售状况怎样？

我国是核桃原产地之一，已有 2000 多年的栽培历史。

20世纪40年代，全国核桃年产量不足5万吨；50年代中期上升到10万吨；60年代下降至4万~5万吨；70年代回升至7万~8万吨；80年代全国核桃种植面积92万公顷（1376.3万亩），年产量11.74万吨；至2005年核桃面积18.6万公顷，年产量增至49.907万吨。总趋势是逐年增加，波动不大。云南核桃产量稳定全国第一位，占全国产量的20%左右（铁核桃）。山西与陕西省稳居全国第二、三位，四川、河北、甘肃在第4~6位之间变动。

核桃是中国传统出口商品，早在新中国成立初期外销核桃就已享誉欧美。1921年我国核桃出口量达6710吨；20世纪30~50年代下降到年不足1000吨；60年代初，中国核桃取代印度核桃打入英国市场，进而又占领了德国市场，曾一度和法国、意大利鼎足而立。出口量占国际市场的40%~50%。70年代初，美国已开始实现核桃品种化生产，以外观整齐、品质优良而逐渐占领部分国际市场，到80年代后期，由于中国核桃实生繁殖，品质优劣混杂，大小不均，外观性状欠佳的状况改进很少，难与美国抗衡，致使出口量急剧下降，至90年代末，带壳核桃几乎被挤出国际市场。

3. 核桃有什么营养价值？

核桃，又称胡桃、羌桃，与扁桃、腰果、榛子并称为世界著名的“四大干果”。既可生食、炒食，也可以榨油、配制糕点糖果等，不仅味美，而且营养价值也很高，被誉为“万岁子”“长寿果”。在西欧各国，核桃还是圣诞节等一些传统节日的节日食品。

每100克核桃仁含有优质脂肪63.00~70.00克、蛋白质14.60~19.00克、碳水化合物5.40~10.70克、磷280.00毫克、钙85.00毫克、铁3.20毫克、锌2.48毫克、钾3.00毫克、维生素A 0.36毫克、维生素B10.26毫克、维生素B20.15毫克、烟酸1.00毫克、核黄素0.11毫克、尼克酸1.00毫克、硫胺素0.17毫克，还含有少量的硒、锰、铬等矿物质和维生素E、维生素K等，含有丰富的卵磷脂。

核桃仁中蛋白质含量最高可达29.7%，核桃仁中蛋白质消化率和净蛋白比值较高，效价与动物蛋白相近，氨基酸含量丰富，18种氨基酸种类齐全，且8种必需氨基酸的含量合理，接近联合国粮农组织（FAO）和世界卫生组织（WHO）规定的标准，一是一种良好的蛋白质。每100克核桃仁中含有谷氨酸3.549毫克、精氨酸2621毫克、天冬氡酸1656毫克、亮胺酸1170毫克、丝氨酸934毫克。异亮氨酸328~625毫克、亮氨酸680~1268毫克、赖氨酸234~425毫克、蛋氨酸134~236毫克、苯丙氨酸421~711毫克、苏氨酸327~596毫克、色氨酸

136~170毫克、颉氨酸499~753毫克、组氨酸447~696毫克。特别是赖氨酸、色氨酸等8种人体不能自身合成而需要从饮食中获得的必需氨基酸含量相对较高。

核桃脂肪酸的主要成分是不饱和脂肪酸，约占其总量的90%。其中人体必需的脂肪酸——亚油酸含量为普通菜籽油的3~4倍。核桃油酸值为0.5~0.9，脂肪酸平均分子量为273~276，其组成为：棕榈酸约8.0%、硬脂酸2.0%、油酸18.0%、亚油酸63.0%、a-亚麻酸9.0%、肉豆蔻酸0.4%。其中亚麻酸是人体必需的脂肪酸，是ω-3家族成员之一，也是组成各种细胞的基本成分。核桃仁中富含人脑必需的脂肪酸，且不含胆固醇，是优质无比的天然“脑黄金”。

核桃仁含有的营养成分可弥补素食者饮食中所缺少的铁、锌、钙等微量元素和亚麻酸，是良好的天然营养补充剂。

人对于维生素的吸收主要是通过脂溶性吸收，而核桃仁中共存的脂肪及维生素恰好符合人体生理需要，极易于吸收。核桃仁所含的维生素E，有助于人们长寿。维生素E则可使细胞免受自由基的氧化损害，而有益于健康。因此，核桃是一种集蛋白质、脂肪、糖类、纤维素、维生素等五大营养要素于一体的优良干果类食物，具有很好的营养价值。据营养学家测定，每500克核桃仁相当于500克鸡蛋或4500克牛奶的营养价值。

核桃花粉含量高，营养丰富。每个雄花序的花粉含量为0.13~0.50克。据分析，核桃花花粉中含有蛋白质25.38%，氨基酸总量21.33%，可溶性糖11.08%，以及钾、铁、锰、锌、硒等多种矿物质；花粉中的β胡萝卜素、核黄素、抗坏血酸、维生素E等含量也较高，故核桃花粉是一种较好的天然营养保健食品资源。

4. 核桃的药用价值如何？

核桃仁具有药用价值，在我国古医药书籍中有明确记载。明李时珍《本草纲目》记述“补气养血、润燥化痰、益命门、利三焦，温肺润肠。治肺润肠。治虚寒喘咳，腰脚重痛，心腹疝痛，血痢肠风，散肿毒……”宋刘翰《开宝本草》载“胡桃（即核桃）味甘、平、无毒。食之令人肥健，润肌黑发，取瓤烧令黑，未断烟，和松脂，研傅瘰疬疮”。唐化孟铣《食疗本草》中说，核桃仁能“通经脉、黑须发，常服骨肉细腻光润”。崔禹锡《食经》有“多食利小便，去五痔”记载。《医林纂要》一书的评价是，可以“补肾、润命门、固精、润大肠、通热秘、止寒泻虚泻。”可见，我国人民对核桃的营养价值和医药功能，很早就有深入的了解。

核桃本身对内、外伤、妇、儿、泌尿、皮肤等科的几十种疾病均有治疗作用。如核桃油治耳炎、皮炎和湿疹，其制品馏油对黄水疮等具有显著疗效；油炸核桃仁加糖类治疗泌尿系统结石已被多处临床所肯定。

中医认为，核桃适用于肾亏腰痛，肺虚久咳，气喘，大便秘结，病后虚弱等症，把核桃焙烧吃，可治疗痢疾。核桃对大脑神经有益，是神经衰弱的辅助治疗剂。民间还有核桃仁、生姜同用，治肺肾两虚、久咳痰喘（包括老年慢性支气管炎，咳喘、肺气肿等），对慢性支气管炎和哮喘病患者疗效极佳。以核桃隔与芡实、薏米仁同用，治肾虚、小便频数、遗精、阳痿、痘疮不起浆及慢眭化脓病等。核桃油可作缓下剂，并能驱绦虫。外用皮肤病如冻疮、疮癣、腋臭等亦有疗效。

现代医学研究认为，核桃中的磷脂有补脑健脑作用。核桃仁中含量较高的谷氨酸、天冬氨酸、精氨酸对人体有着重要生理功能。谷氨酸在人体内可促进 y- 氨基丁酸的合成，从而降低血氨，促进脑细胞呼吸，可以用于治疗神经精神疾病如神经衰弱、精神分裂症和脑血管障碍等引起的记忆和语言障碍及小儿智力不全等。

精氨酸在人体内有助于苏氨酸循环，在人体肝脏内将大量的氨合成尿素，再由尿排出以解氨毒，所以精氨酸具有解毒、恢复肝脏功能的特殊生理作用。

核桃仁中不饱和脂肪酸主要为亚油酸和亚麻酸，这两种脂肪酸不仅有较高的营养价值，而且还具有一定的药用功效。亚油酸、亚麻酸是人体内合成前列腺和 PGE 的必需物质，PGE 具有防血栓、降血压、防止血小板聚集、加速胆固醇排泄、促进卵磷脂合成、抗衰老的特殊功效。营养学家提出，每人每日应摄入 1~2 克的 ω–3 脂肪酸，以降低 ω–6 和 ω–3 脂肪酸的比例，可有效防治冠心病、动脉硬化和心肌梗塞，这样才更有益于健康。而核桃是 ω–3 脂肪酸的主要来源。

5. 核桃青皮有什么用途？

《本草纲目》记载着青核桃具有止痛作用。在中医验方中，核桃青皮叫青龙衣，可用于治疗皮肤瘙痒及痛等病症。核桃青皮泡酒，可用于治肝胃气痛，胃神经痛，急、慢性胃痛。20 世纪 50 年代国内外民间用青核桃泡酒剂治疗胃痛、痛经、癌症痛等，以代替吗啡、阿片酊等止痛药，已收到了良好的止痛效果。

另外，鲜青皮汁（干皮蒸水）可涂治顽癣。用刀削下鲜嫩核桃绿色外皮，外用可治体癣、股癣、牛皮癣、头癣及秃疮。

6. 核桃叶片有什么利用价值？

核桃叶中含有大量的 Vc、Vb、Ve、胡萝卜素、挥发油（香精油）、鞣质、染色物质，以及核桃醌胰岛素多糖、有机酸、无机盐、高抗炎作用的多酚复合物等多种生物化学成分，具有促进肌体强壮，对患维生素缺乏症、喉头炎、淋巴结、甲状腺肿大、结核病、黄疸病、妇科病、皮肤病等均有较好疗效。核桃树叶煎水可治全身瘙痒；1%以上浓度的核桃叶浸剂能杀灭钩端螺旋体；叶中所含的多酚复合物具有良好的抗癌作用；核桃树叶煎剂尚有加速体内糖的同化或降低血糖的作用，并可提高内分泌等体液调节能力。

核桃叶茶呈暗绿色，成形好；茶汤色泽黄绿、澄清，有核桃叶特有的清香，口感鲜醇爽口。对核桃叶茶化学成分分析表明，该茶具有高维生素C、高黄酮、高水浸出物、低多酚之特点，是一种理想的高维生素C保健茶。

7. 核桃枝条的作用怎样？

核桃枝具有疏肝理气、开郁润燥、散结解毒等功效，适于治疗乳腺癌、胃癌及痰气交阻之食道癌。近年来临床试验证实，核桃枝条加龙葵全草制成的核葵注射液，对于宫颈癌及甲状腺癌有不同程度的疗效。核桃枝条浓缩汁（或注射液）对单独型慢性气管炎有显著疗效。

8. 核桃壳有什么利用价值?

核桃壳超细粉是核桃壳经超微粉碎制成，硬度比较大，不容易破碎，具有一定的弹性、恢复力和巨大的承受力，适合在气流冲洗操作中作为研磨剂。在断裂地带和松散地质部分进行石油钻探与开采比较困难，这时可以用核桃壳超细粉作为堵漏剂填充，以利于钻探或开采顺利进行。在化妆品行业，由于核桃壳超细粉为纯天然物质，安全无毒，故作为一种粗糙的沙砾般的添加剂，可以用在肥皂、牙膏及其他一些护肤品里，效果也是非常理想的。

在金属清洗行业，核桃壳经过处理后可以用作金属清洗和抛光材料。比如飞机引擎、电路板以及轮船和汽车的齿轮装置都可以用处理后的核桃壳清洗。在高级涂料行业，核桃壳加工后添加在涂料中可使涂料具有类似塑料的质感，性能显著优于普通涂料。这种涂料可以涂在塑料、墙纸、砖以及墙板上，用以覆盖表面的裂痕。在炸药行业，炸药制造者将核桃壳超细粉添加在炸药里，与其他添加物一起大大增加了炸药的威力。

核桃壳质地厚实坚硬，是生产木炭和活性炭（医用、食品）的最佳原料。核桃壳亦可以用于干馏生产，其主要产品有核桃壳焦油；核桃壳焦油进行真空蒸馏加工，可制抗聚剂，可用于合成橡胶工业的生产。用核桃壳焦油生产的抗聚剂可代替木材生产的抗聚剂，不仅可以减少木材消耗，也减少了对森林的破坏。

9. 薄壳核桃的商品价值如何？

薄壳核桃光滑漂亮，壳薄，手捏即开，核仁饱满味香不涩，营养价值高，其价格比我国传统核桃高 1.5~2 倍，并逐年攀升，如良种薄壳核桃香玲等，2003 年收购价为每千克 12 元左右，2006~2007 年收购价为每千克 30 元以上，上涨幅度为 150%，成为国内外市场的紧销商品。

10. 薄壳早实核桃的开发前景如何？

由于核桃经济、生态和社会效益颇高，成为分布遍及六大洲的广域经济树种。在我国 20 多个省、直辖市、自治区都有栽植，素有“木本粮油”“铁杆庄稼”之称，较抗干旱、耐瘠薄，主要分布在我国山区、西部干旱地区，这些地区由于干旱、土壤瘠薄，不适宜种植水果，发展生态林则由于短期内得不到经济收入而难以实现。因而核桃成为我国边、老、山区、西部干旱地区发展经济的首选树种，成为这些地区农民最主要的经济来源。

我国生态与环境状况越来越严峻，生态安全问题日益突出。而核桃林在为农民带来经济收入的同时，也具有生态改善和保护生态环境的作用，发展核桃产业，充分利用山区、干旱地区的光、热、水、土等自然资源，起到防风固沙、涵养水源、保持水土、绿化环境、净化空气等作用，有利于生态环境的良性循环，对林业的可持续发展具有现实意义。

核桃及其制品具有极高的营养价值，其保健食疗作用已得到营养专家、医学专家和消费者的普遍认可，市场需求逐渐增长。核桃市场需求与世界贸易的增长，带动了各国种植面积和加工量的快速发展，核桃及其加工产品产量、质量不断提高，加工工艺不断改进，加工规模也相继扩大。从世界整体来讲，核桃的生产仍不能完全满足国际市场和加工产业的需求，因此我国大力发展核桃产业将是对世界核桃产业发展的巨大贡献，并具有广阔的发展空间。

我国核桃产品的人均消费量仍然较低，人均年消费量仅 0.28 千克，不足欧美国家的 1/2。随着我国经济快速发展，人们生活水平提高，对食品的需求日益转向多样化、优质化、绿色无公害化，加工规模不断扩大，国内核桃市场消费量和需求量将不断增长，价格逐年攀升，我国核桃产业的发展空间巨大。

二、早实核桃的生长结果习性及主要品种

11. 早实核桃对生态环境条件有哪些要求？

核桃属植物对自然条件有很强的适应能力。然而，核桃栽培业对适生条件却有比较严格的要求，并因此形成若干核桃主产区。超越其生态条件时，虽能生存但往往生长不良，产量低以及坚果品质差而失去栽培意义。影响核桃生长发育的主要生态因子有湿度、光照、水分、立地条件和土壤类型以及风向、风速等。

12. 核桃对温度有什么要求？

核桃是比较喜温的树种。通常认为核桃苗木或大树适宜生长的年均温 8~15℃，极端最低温度不低于 –30℃，极端最高温度 38℃，无霜期 150 天以上的地区。幼龄树在 –20℃条件下出现“抽条”或冻死；成年树虽能耐 –30℃低温，但在低于 –28~–26℃的地区，枝条、雄花芽及叶

芽受冻。

核桃展叶后，如遇 –4~–2 ℃低温，新梢会受到冻害；花期和幼果期气温降到 –2~–1 ℃时则受冻减产。生长温度超过 38~40℃时，果实易被灼伤，以至核仁不能发育。

铁核桃适合亚热带气候，要求年均温 16℃左右，最冷月平均气温 4~10℃，如气温过低，则难以越冬。

13. 核桃对光照的要求是什么？

核桃是喜光树种，进入结果期后更需要充足的光照，全年日照量不应少于 2000 小时，如少于 1000 小时，则结果不良，影响核壳、核仁发育，降低坚果品质。生长期日照时间长短对核桃的发育至关重要。日照时数多，核桃产量高，品质好；郁闭状态下的核桃园一般结实差、产量低，只有边缘树结实好。

14. 核桃适合什么样的水分条件？

核桃不同的种对水分条件的要求有较大差异。铁核桃喜欢较湿润的条件，其栽培主产区年降水量为 800~1200 毫米；核桃在降水量 500~700 毫米的地区，只要搞好水土保持工程，不灌溉也可基本上满足要求。而原产新疆地区降水量低于 100 毫米的核桃，引种到湿润地区和半湿润地区，则易感病害。

核桃能耐较干燥的空气，而对土壤水分状况却较敏感，土壤过干或过湿都不利于核桃生长发育。长期晴朗而干燥的气候，充足的日照和较大的昼夜温差，有利于促进开花结果。土壤干旱有碍根系吸收和地上部枝叶的水分蒸腾作用，影响生理代谢过程，甚至提早落叶；幼壮树遇前期干旱和后期多雨的气候时易引起后期徒长，导致越冬后抽条干梢。土壤水分过多，通气不良，会使根系生理机能减弱而生长不良，核桃园的地下水位应在地表2米以下。在坡地上栽植核桃必须修筑梯田撩壕等，搞好水土保持工程，在易积水的地方需解决排水问题。

15. 核桃对地形及土壤的要求有哪些?

地形和海拔不同，小气候各异。核桃适宜于坡度平缓、土层深厚而湿润、背风向阳的环境条件栽培。种植在阴坡尤其坡度过大和迎风坡上，往往生长不良，产量很低，甚至成为“小老树”，坡位以中下部为宜。同一地区，海拔高度对核桃的生长和产量有一定影响。

核桃根系发达、入土深，属于深根树种，土层厚度在1米以上时生长良好，土层过薄影响树体发育，容易“焦梢”，且不能正常结果。核桃喜土质疏松、排水良好的园地。在地下水位过高和质地黏重的土壤上生长不良。

核桃在含钙的微碱性土壤上生长良好，土壤 pH 值适应范围 6.3~8.2，最适宜 6.4~7.2。土壤含盐量宜在 0.25% 以下，稍有超过即影响生长和产量，含盐量过高会导致植株死亡，氯酸盐比硫酸盐危害更大。

核桃喜肥，适当增加土壤有机质有利于提高产量。

16. 核桃有什么样的植物学特征？

核桃，又名胡桃、羌桃、万岁子等，是国内外栽培比较广泛的一种落叶乔木。一般树高 10~20 米，最高可达 30 米以上，寿命可达一二百年，最长可达 500 年以上。

树冠大而开张，呈伞状半圆形或圆头状。树干皮灰白色、光滑、老时变暗有浅纵裂。枝条粗壮，光滑，新枝绿褐色，具白色皮孔。混合芽圆形或阔三角形，隐芽很小，着生在新枝基部；雄花芽为裸芽，圆柱形，呈鳞片状。奇数羽状复叶，互生，长 30~40 厘米，小叶 5~9 片，复叶柄圆形，基部肥大有腺点，脱落后，叶痕大，呈三角形。小叶长圆形，倒卵形或广椭圆形，具短柄，先端微突尖，基部心形或扁圆形，叶缘全缘或具微锯齿。雄花序柔荑状下垂，长 8~12 厘米，花被 6 裂，每小花有雄热蕊 12~26 枚，花丝极短，花药成熟时为杏黄色。雌花序顶生，小花 2~3 簇生，子房外面密生细柔毛，柱头两裂，偶有 3~4 裂，呈羽状反曲，浅绿色。果实为核果，圆形或长圆形，果皮肉质，表面光滑或具柔毛，绿色，有稀密不等的黄色斑点，果皮内有种子1枚，外种皮骨质称为果壳，表面具刻沟或皱纹。种仁呈脑状，被黄白色或黄褐色的薄种皮，其上有明显或不明显的脉络。

17. 铁核桃的植物学特性有哪些？

铁核桃，又叫泡核桃、漾濞核桃等。落叶乔木，一般树高10~20米，寿命可达百年以上。树干皮灰褐色，老时皮灰褐色，有纵裂。新枝浅绿色或绿褐色，光滑，具白色皮孔。奇数羽状复叶，长60厘米左右，小叶9~13片，顶叶较小或退化，小叶椭圆披针形，基部斜形，先端渐小，叶缘全缘或微锯齿，表面绿色光滑，背面浅绿色。雄花序呈柔荑状下垂，长5~25厘米，每小花有雄蕊25枚。雌花序顶生，小花2~4朵簇生，柱头两裂，初时粉红色，后变为浅绿色。果实圆形黄绿色，表面被柔毛，果皮内有种子1枚，外种皮骨质称为果壳，表面具刻点状，果壳有厚薄之分。内种皮极薄，呈浅棕色，有脉络。

18. 野核桃的植物学特征有哪些？

野核桃，落叶乔木或小乔木，由于其生长环境的不同，树高一般为5~20米以上。树冠广圆形，小枝有腺毛。奇数羽状复叶，长100厘米左右，小叶9~17片，卵状或倒卵状矩圆形，基部扁圆形或心脏形，先端渐尖。叶缘细锯齿，表面暗绿色，有稀疏的柔毛，背面浅绿色，密生腺毛，中脉与叶柄具腺毛。雄花序长 20~25 厘米，雌花序有6~10朵小花呈串状着生。果实卵圆形，先端急尖，表面黄绿色，有腺毛。种子卵圆形，种壳坚厚，有 6~8 条棱骨，内隔壁骨质，内种皮黄褐色极薄，脉络不明显。

19. 怎样进行品种选择和引种?

（1）品种选择的原则：品种的科学选择及合理搭配是核桃园能否充分发挥生产潜力，获得低成本高效益的关键之一。

适应本地自然条件：每一个品种，只有在适宜的生态条件下才能表现出应有的栽培性状和坚果品质，发挥最大的经济效益。例如，土层不足 1 米的山岭薄地，不宜发展早实核桃品种，否则易造成树体早衰，病害严重，这样的经验教训深刻。一定适地适树，不可主观盲从。

符合区划原则：每个地区都有果树发展规划。果树规划区内，应重点突出 2~3 个为主的树种，规模发展，形成当地优势。在同一小区内，栽植几个不同品种时，最好是成熟期一致，肥水要求和树势相近的品种，以便于管理。

面向市场的需求：在果品由卖方市场转向买方市场，

靠质量求生存，以优质求效益的形势下，树种、品种选择必须预测市场需求趋势，发展国内外市场需求的新品种和名特优果品。例如80年代核桃栽培品种多侧重其丰产性，较多地选用元丰、上宋6号、阿9。进入90年代由于品种选育及市场需求的变化，这些品种被逐渐淘汰，代之以壳薄、核仁饱、味香优质的品种，现在，又加上适宜加工、贮运的特性。

（2）引种的程序：对于核桃品种适应范围的研究，最直接也是最客观的方法是把它们引入有关地区栽种。观察它们对当地气候、土壤等生态因子，特别是不良条件的适应性，以及在新的条件下它们在产量、品质、结果时期等经济性状的表现。从而确定其适应范围和引种价值。但是，世界范围的核桃品种类型是极其复杂多样的，为了完成一定的引种任务，不可能也不必要进行盲目、包罗万象的引种。特别对于核桃这样多年生、占地面积大的植物来说，引入类型过多，从育苗、定植一直到开花、结果对任何单位来说都是难以胜任的负担。因此，在引种工作之初就需要对引入材料进行深重的选择。

选择引入品种的原则主要有两方面：一是对引入品种经济性状的要求，二是引入品种对当地风土条件适应的可能性。对引入品种经济性状的要求，就是说核桃引种要有明确的目的性。比如说要解决早实丰产的品种，就可以把一些产量较低、品质不好的品种排除在外。品种的经济性状与环境因素有密切的关系，但一般在原产地和原分布区表现低产劣质的品种类型引入新的地区后，也不会变成高产优质。至于像壳厚、仁颜色这样的质量性状则更为稳定，环境的影响会更小一些。

品种类型对引入地区的风土条件适应的可能性，在引种以前当然无法对所有引入类型作出完全肯定或否定的结论，但根据遗传基础、生态因子、栽培措施和引种的关系，完全有可能做出比较接近实际情况的分析。

客观分析引种适应的可能性，应该建立在对引种地区农业气候、土壤资源和树种或品种群（生态型）对气候、土壤等条件要求的系统比较研究基础上。其中农业气候鉴定是最重要的方面。它主要包括：第一，生长期及其不同发育期内热和光资源的鉴定；第二，同时期内土壤和大气的湿度、水分供应条件的鉴定；第三，越冬条件的鉴定。总结前人引种的经验，归纳成以下几点：①确定影响适应性的主导生态因子。从当地综合生态因子中找到对品种类型适应性影响最大的主导因子，作为估计适应性的重要依据。如辽宁省中北部的引种，影响适应性的主导因子是冬季的最低温，可以用最低温度是否低于 -38℃作为估计品种适应可能性的衡量指标。②调查引入类型的分布范围。研究引入树种或品种的原产地及分布界限，估计它们的适应范围，或者对比原产地或分布范围和引种地的主要农业气候指标，从而估计引种适应的可能性。与引种适应性有关的气象数据比较重要的，也是常用的包括纬度、年平均气温、10℃以上平均气温的积算值和10℃以上最高气温积算值、1月平均气温、低温纪录、4~9月降水量、年降水量等。③分析核桃中心产区和引种方向之间的关系。在影响核桃生长发育和适应性诸多生态因子中，最重要的是温度因子。而温度条件在一定的范围内是随着纬度和海拔的高度的变化而发生规律性的变化的。纬度愈高气温越低，随着海拔的升高气温逐渐降低，核桃的分布常常有他在纬度和海拔上的分布范围。④参考适应性相近的品种在本地区的表现。引入品种在原产地或现有分布范围内常常和一些其他品种一起生长，常常表现出对共同条件的相似适应性，因此可以通过其他品种在引种地区表现的适应性来估计引入树种或品种的适应可能性。⑤从病虫及灾害经常发生的地区引入抗性类型。某些病虫害和自然灾害经常发生的地区，在长期自然选择和人工选择的影响下，常常形成对这些因素具有抗性的品种类型，因此在选择品种时，选择抗病虫能力强的类型。⑥考察品种类型的亲缘系统。品种类型亲缘系统也就是它们的系统发育条件，和它们的适应能力有着密切的关系。那些原产于比较温暖的南方地区，但亲本中有抗寒类型的品种，往往秉承其祖先的遗传特性，也具有较强的抗寒能力。⑦借鉴前人引种实践的经验教训。我国各地群众长期以来就广泛地开展民间引种活动。如果树爱好者在搬迁或串亲访友的过程中引入少量种类、品种；华侨归国或外国侨民携带少量繁殖材料种植于庭院中。其中不适应的被逐渐淘汰，表现较好的则保存下来以至逐渐繁殖为生产所采用。在开展引种工作时应仔细了解过去本地或相近地区曾经引进的种类、品种，引种的方法和引入后的表现，总结成败得失，就可以进一步的引种工作少走弯路。⑧参考品种类型相对适应的研究资料。品种具有分布广泛和品种内变异较小的特点，国内外有关品种适应性方面的研究资料，如越冬性、抗旱性、抗病性等等对选择引种材料，估计引入后适应可能性方面都有一定的参考价值。

（3）引种的注意事项：首先是严格检疫和编号登记制度。检疫工作是引种工作的重要环节。特别是引种地区没有的病虫害，要严格进行检疫消毒。引入的种类、品种收到后就应编号登记。登记项目应该包括种类、品种名称（学名、原名、通用名、别名等），繁殖材料种类（接穗、插条、苗木，如是嫁接苗则须注明砧木名称），材料来源（原产地、引种地、品种来历等）和数量，收到日期及到后采取的处理措施，引种材料编号等。每种材料只要来源不同和收到的时间不同都要分别编号。档案袋上采用同样的编号，把引入时有关该种类、品种的植物学性状、经济性状、原产地气候条件特点等记载说明资料装入档案袋备查。

繁殖材料的引入尽可能进行实地调查搜集，便于查对核实，防止混杂；还便于做到从品种特性表现比较典型，无慢性病虫害为害的优株上采集繁殖材料。

从引种试验到生产上大量繁殖推广需要多长时间，只能根据外引种类、品种在引种区的表现，同时结合考虑生产上需要做出决定，不宜统一规定。一般可大体上分为：少量试引、中间繁殖和大规模推广三个阶段。少量引种每品种可 3~5 株。在土壤及小气候比较复杂的山区，可在几个有代表性的地段进行少量引种试栽。在引入品种进入结果期后，可选择适应性及经济性表现较好，有希望的品种，进行控制数量的生产性中间繁殖，并对其适应性作进一步的考察研究。等到中间繁殖的品种进入结果期，少量试引的品种已进人结果盛期，也经历了周期性严格的考验。这时对表现优异的引进品种组织大量繁殖推广就比较有充分地把握了。

从少量试引到大量繁殖推广，应坚持既积极又慎重的原则。处于树种分布的边缘，可能由于周期性的灾害应该强调慎重。有一些地区或对于有一些品种，如发展数量不大，在取得必要的引种鉴定资料后，也可以酌情免除中间繁殖阶段，直接进入推广阶段。

加速引种鉴定的过程有两种方法。一种是高接法，把引入品种在进行少量试栽的同时，进行高接，促进其提前结果研究鉴定。高接情况下，品种间相对适应能力的强弱，可以反映引入品种能否在当地采用高接的方法用之于生产。第二种是对比法，就是选择对当地环境条件基本适应的、符合要求的品种作为对照品种，进行对比性观察和分析。引入品种在一般和轻灾年份受害程度都比对照轻微，就可以大体上判断在重灾年份他们的受灾程度也不至于超过对照品种。

三、早实核桃优质苗木繁育技术

20. 优良核桃砧木的标准有哪些?

砧木苗是用核桃种子繁育而成的实生苗。砧木应具有对土壤干旱、水淹、病虫害的抗性，或具有增强树势、矮化树体的性状。砧木的种类、质量和抗性直接影响嫁接成活率及建园后的经济效益。选择适宜于当地条件的砧木是保证丰产的先决条件。因此，砧木的选择是很重要的。砧木的选择需从种内不同类型的选择及不同树种及其种间杂交子代的选择两个方面进行。着重在生长势、亲和力和抗土壤逆境与病虫害等目标。

优良砧木的标准是生长势强，能迅速扩大根系，促进树体生长。砧木对树体生长具有决定性的影响；抗逆性强，尤其是对土壤盐碱的抗性；抗病性强。目前已开始频繁发生核桃根系病害，因此应针对生产地区的主要病害，选用抗病性强、嫁接亲和力强的砧木。

培育健壮的优良品种苗木，是发展核桃生产的基础条件之一。我国大部分核桃产区历史上沿用实生繁殖，其后代分离很大，即使在同一株树上采集的种子，后代也良莠不齐，单株间差异悬殊。因此，核桃栽培中，必须使用无性繁殖，使用优良的砧木，嫁接优良品种，才能达到栽培目的。

21. 核桃有哪些常用砧木？

（1）核桃：核桃做本砧嫁接亲和力强，接口愈合牢固，我国北方普遍使用。河北、河南、山西、山东、北京等地近几年嫁接的核桃苗均采用本砧。其成活率高，生长结果正常。但是，由于长期采用商品种子播种育苗，实生后代分离严重，类型复杂。在出苗期、生长势、抗性以及与接穗的亲和力等方面都有所差异。因此，培育出的嫁接苗也多不一致。

美国近几年由于采用本砧嫁接，表现生长良好，抗黑线病能力强，进一步引起研究和生产方面的重视。

（2）铁核桃：铁核桃的野生类型又叫夹核桃、坚核桃、硬壳核桃等，与泡核桃是同一个种的两个类型，主要分布于我国西南各省，坚果壳厚而硬，果形较小，取仁困难，出仁率低，壳面刻沟深而密，商品价值低。

实生的铁核桃是泡核桃、娘青核桃、三台核桃、大白壳核桃、细香核桃等优良品种的良好砧木，砧穗亲和力强，嫁接成活率高，愈合良好，无大、小脚现象。用铁核桃嫁接泡核桃的方法在我国云南、贵州等地应用历史悠久，效益显著。在实现品种化栽培方面，起到了良好的示范作用。

（3）核桃楸：又叫楸子、山核桃等。主要分布在我国东北和华北各省，垂直分布可达2000米以上。其根系发达，适应性强，十分耐寒，也耐干旱和瘠薄，是核桃属中最耐寒的一个种。果实壳厚而硬，难以取仁，表面壳沟密而深，商品价值低。核桃楸野生于山林当中，种子来源广泛，育苗成本低，能增加品种树的抗性，扩大核桃的分布区域。但是，核桃楸嫁接品种，后期容易出现“小脚”现象。

（4）野核桃和麻核桃：野核桃主要分布于江苏、江西、浙江、湖北、四川、贵州、云南、甘肃、陕西等地，常见于湿润的杂林中，垂直分布在海拔800~2000米。果实个小，壳硬，出仁率低，多用做核桃砧木。

22. 怎么选择和准备苗圃地？

苗圃地应具备地势平坦、土壤疏松肥沃、背风向阳、土质差异小、水源充足、交通便利等条件。地下水位应在1~1.5米以下，因低洼地和地下水位高的地方苗木根系不发达，容易积水以至出现涝害和霜冻。肥沃的土壤通气条件好，水、肥、气、温协调，有利于种子发育和幼苗生长。另外，幼苗期根系浅，耐旱力差，对水分要求高。因此，水源充足是保证苗木质量的重要条件。也不能选用重茬地，因为重茬地土壤中必需营养元素不足，且积累有害元素，会使苗木产量和质量降低。

整地是苗木生长质量的重要环节，主要是指对土壤进行精耕细作。通过整地可增加土壤的通气透水性，并有蓄水保墒、翻埋杂草残茬、混拌肥料及消灭病虫害等作用。由于核桃幼苗的主根很深，深耕有利于幼苗根系生长。翻耕深度应因时因地制宜。秋耕宜深（20~25 厘米），春耕宜浅（15~20 厘米）；干旱地区宜深，多雨地区宜浅；土层厚时宜深，河滩地宜浅；移植苗宜深（25~30 厘米），播种苗宜浅。北方宜在秋季深耕并结合进行施肥及灌冻水。春播前可再浅耕一次，然后耙平供播种用。

23. 如何进行核桃砧木种子的采集、贮藏、处理与播种?

（1）采种：选择生长健壮、无病虫害、种仁饱满的壮龄树为采种母树。当坚果青皮由绿变黄并开裂时可采收。此时的种子内部生理活动微弱，含水量少，发育充实，最易贮存。若采收过早，胚发育不完全。贮藏养分不足，晒干后种仁干瘪，发芽率低，即使发芽出苗，生活力弱，也难成壮苗。

采种方法有拣拾法和打落法两种，前者是随坚果自然落地，定期拣拾；后者是当树上果实青皮有 1/3 以上开裂时打落。种用核桃不用漂洗，可直接脱青皮晾晒。晾晒的种子要薄层摊在通风干燥处，不宜放在水泥地面、石板或铁板上受阳光直接曝晒，否则会影响种子的生活力。

（2）贮藏：核桃种子无后熟期。秋播的种子在采收后一个多月就可播种，有的可带青皮播种，晾晒不需干透。多数地区以春播为主，春播的种子贮藏时间较长。贮藏时应保持在 5℃左右，空气相对湿度 50%～60%，适当通气。核桃种子主要采用室内干藏法贮藏。干藏分为普通干藏和密封干藏两种。前者是将秋采的干燥种子装入袋或缸等容器内，放在低温、干燥、通风的室内或地窖内。种子少时要用密封干藏法贮藏，即将种子装入双层塑料袋内，并放入干燥剂密封，然后放入可控温、控湿、通风的种子库或贮藏室内。

除室内干藏以外，也可采用室外湿沙贮藏法，即选择排水良好、背风向阳、无鼠害的地方，挖掘贮藏坑。一般坑深为 0.7~1 米，宽 1~1.5 米，长度依种子多少而定。种子贮藏前应进行选择，即将种子泡在水中，将漂浮于水上、种仁不饱满的种子挑出。种子浸泡 2~3 天后取出并沙藏。先在坑底铺一层湿沙（以手握成团不滴水为度），厚约 10 厘米，放上一层核桃后用湿沙填满核桃间的空隙，厚约 10 厘米，然后再放一层核桃，再填沙，一层层直到距坑口 20 厘米处时，用湿沙覆盖与坑口持平，上面用土培成脊形。同时，在贮藏坑四周挖排水沟，以免积水浸入坑内，造成种子霉烂。为保证贮藏坑内空气流通，应于坑的中间（坑长时每隔 2 米）竖一草把，直达坑底。坑上覆土厚度依当地气温高低而定。早春应随时注意检查坑内种子状况，不要使其霉烂。

（3）种子的处理：秋播种子不需任何处理，可直接播种。春季播种时，要进行浸种处理，以确保发芽。具体方法有以下几种。

冷水浸种法：用冷水浸种 7~10 天，每天换一次水，或将盛有核桃种子的麻袋放在流水中，使其吸水膨胀裂口，即可播种。

冷浸日晒法：将冷水浸过 7~10 天左右的种子置于阳光下曝晒，待大部分种子裂口后即可播种。

温水浸种法：将种子放在 80℃温水缸中搅拌，使其自然降至常温后，浸泡 8~10 天，每天换水，种子膨胀裂口后捞出播种。

开水浸种法：当时间紧迫，种子未经沙藏急需播种时，可将种子放入缸内，然后倒入种量1.5~2倍的开水，随倒随搅拌，2~3分钟后捞出播种。也可搅到水温不烫手时将种子捞出，放入凉水中浸泡一昼夜，再捞出播种。此法还可同时烫死种子表面的病原菌。但薄壳和露仁种子不能采用这种方法。

石灰水浸种法：据山西汾阳市的经验，将种子浸在石灰水溶液中（每50千克种子用5千克生石灰和10千克水），不需换水，浸泡7~8天，然后捞出曝晒几个小时，待种子裂口时，即可播种。

（4）播种时期：南方温暖适于秋播，北方寒冷适于春播。秋播一般在10月中旬至11月下旬土壤结冻前进行。应注意，秋季播种不宜过早或过晚。有的地方采用秋季播种是在采收后直接带青皮播种。秋播的优点是不必进行种子处理，春季出苗整齐，苗木生长健壮。春播一般在3月下旬至4月上旬土壤解冻以后进行。春播的缺点是播种期短，田间作业紧迫，且气候干燥，不易保持土壤湿度，苗木生长期短，生长量小。

（5）播种方法：核桃为大粒种子，一般均用点播法。播种时，壳的缝合线应与地面垂直，使苗基及主根均垂直生长，否则会造成根颈或幼茎的弯曲。播种深度一般在6~8厘米为宜，墒情好，播种已发芽的种子覆土宜浅些；土壤干旱或种子未裂嘴时，覆土略深些，必要时可覆盖薄膜以增温保湿，播种已发芽的种子，可将胚根根尖梢去 1 毫米，促使侧根发育。

（6）播种密度：行距实行宽窄行，即宽行 50 厘米，窄行 30 厘米，株距 25 厘米，每 667 平方米出苗 6000~7000 株，一般当年生苗在较好的环境条件下，可达 60~80 厘米高，根基直径 2 厘米左右，即可作砧木用。

24. 如何管理好砧木苗？

（1）定苗与补苗：幼苗大量出土时，及时检查出苗情况；若出苗不足，要进行补苗。补苗时，可用催芽的种子点播，也可将边行或多余的幼苗带土移栽。过密苗要进行间苗，以使苗木分布均匀，间距适当。

（2）施肥与浇水：北方春季干旱多风，土壤保墒力差，大部分幼芽即将出土时，可适时浇水 1~2 次，保持地表湿润，以利幼苗出土。苗木出齐之后，为了加快苗木生长，要及时施肥灌水。5~6 月份是核桃苗生长的关键时期，北方一般灌水 2~3 次，追施氮肥 2 次，每次每 667 平方米施尿素 10 千克。7~8 月份雨量较多，灌水要根据雨情灵活掌握，并追施磷钾肥 2 次，每次每 667 平方米 8 千克。进入 9 月份后，要适当保持土壤干燥，以防苗木徒长，不利于越冬。在雨季应做好排水工作，禁止圃地积水，以防烂根死苗。

（3）中耕与除草：在苗木生长期间进行中耕松土，以减少水分蒸发防止板结，促进气体交换，提高土壤中有效养分的利用率，给土壤微生物创造有利的条件，加快苗木生长。苗圃的杂草生长快，繁殖力强，与幼苗争夺水分、养分和光照，有些杂草还是病虫害的媒介的寄生场所，因此育苗地必须及时进行中耕，清除杂草。核桃苗圃地，可用人工、畜力，机械除草，最好不用化学除草方式除草。幼苗前期，中耕深度为2~4厘米，后期可逐步加深到8~10厘米。

中耕除草应与追肥灌水紧密结合进行，除在杂草旺盛季节进行几次专项中耕除草外，每次追肥后必须灌水，灌水后及时中耕和消灭杂草。作到表土疏松，地无杂草。

（4）病虫害防治：在播种前进行土壤消毒和深翻，可有效防治核桃苗木的苗木菌核性根腐病、苗木根腐病等。当苗木菌核性根腐病和苗木根腐病发病时，可用1%硫酸铜或甲基托布津1000倍液浇灌根部，每667平方米用液250~300千克，再用消石灰撒于苗颈基部及根际土壤，对抑制病害蔓延有良好效果。对黑斑病、炭疽病、白粉病等可在发病前每隔10~15天喷等量式波尔多液200倍液2~3次，发病时喷70%甲基托布津可湿性粉剂800倍液，防治效果良好。

核桃苗木的害虫主要有象鼻虫、刺蛾、金龟子、浮沉子等，如发生害虫为害，应及时发现，适时喷布高效氯氰菊酯5000倍液、50%杀螟松2000倍液等杀虫剂防治。

25. 嫁接苗的特点有哪些？

嫁接繁殖的接穗是取自阶段性成熟、性状已稳定的优良品种的植株，因而能保持其母体品种的优良性状而不易发生变异；嫁接苗比实生苗进入结果年龄早；可利用砧木的适应性和抗逆性，增强和扩大核桃树的适应范围；可用砧木的特性控制树体的大小；对于用扦插、压条和分株方法不易繁殖的核桃，必须通过嫁接，才能大量繁殖品种苗木。

凡是由种子长成的苗木统称为实生苗。这种苗木繁殖方法简便，种子来源多，便于大量繁殖。实生苗根系发达，适应性强，生长旺盛。但实生苗结果晚，而且容易发生变异，不易保持原品种的优良特性。当前，核桃实生苗的用途主要有三种：一是实生砧木苗，是我国和世界许多国家嫁接用砧木的主要来源；二是实生苗建园；三是实生苗也广泛应用于培育杂种实生苗，以获得优良的变异单株，这是培育核桃新品种的主要途径之一。

26. 影响核桃嫁接成活的主要因素是什么?

(1)成活的过程: 嫁接后能否成活，除亲和力外，还取决于砧木和接穗的形成层间能否相互密接产生愈合组织。待愈合组织形成后，细胞开始分化，愈合组织内各细胞间产生胞间连丝，把彼此的原生质互相连接起来。由于形成层的活动，向内形成新的木质部，向外形成新的韧皮部，把输导组织沟通起来，砧、穗上下营养交流，使暂时破坏的平衡得以恢复，称为一个新的植株。

(2)影响嫁接成活的因素: 影响砧穗结合与成活的主要因素是砧木和接穗的亲和力，其次是砧穗质量和嫁接时的接口湿度和技术。砧木和接穗的贮藏养分多少、愈合组织产生的快慢、有无流伤及单宁物质等对接口愈合均有密切关系。

27. 影响核桃愈伤组织形成的主要因子是什么?

接穗中水分损失是影响核桃愈伤组织形成的主要因子。接穗失水越多，核桃愈伤组织形成量越少；接穗失水率与愈伤组织的生长量呈显著的负相关。核桃接穗失水率超过 11.75%，愈伤组织形成的接穗百分率和愈伤组织的生长量显著下降，也不能用于嫁接，该失水率称为核桃愈伤组织形成的接穗失水临界值。

温度也是影响核桃愈伤组织形成的主要因子。温度是影响核桃嫁接成活的主要因子之一，核桃愈伤组织形成的适宜温度范围为22~27℃，但温度越高愈伤组织形成的越早。

湿度也是影响核桃愈伤组织形成的主要因子。核桃接穗必须在适当的湿度中才能较快的长出愈伤组织，湿度过高或过低，均不利于愈伤组织的形成。核桃愈伤组织形成的适宜湿度为55%~60%，低于55%或高于60%，均不利于愈伤组织的形成。

28. 如何选择接穗？

选接穗前首先应选好采穗母树。采穗母树应为生长健壮、无病虫害的良种树。也可建立专门的采穗圃。接穗的质量直接关系到嫁接成活率高低，应加强对采穗母树或采穗圃综合管理。穗条为长1米左右、粗1. 5厘米、生长健壮、发育充实、髓心较小、无病虫害的发育枝或徒长枝。1年生穗条缺乏时，也可用强壮的结果母枝或基部2年生枝段的结果母枝，但成活率较低。芽接用接穗应是木质化较好的当年发育枝，幼嫩新梢不宜作穗条。所采接芽应成熟饱满。

29. 如何采集和贮运接穗?

枝接接穗从核桃落叶后，直到芽萌动前都可进行采集。各地气候条件不同，采穗的具体时间不一样，北方核桃抽条严重，冬季或早春枝条易受冻害，因此宜在秋末冬初采集接穗。此时采的接穗只要贮藏条件好，防止枝条失水或受冻，均可保证嫁接成活。冬季抽条和冻害轻微地区或采穗母树为成龄树时，可在春季芽萌动之前采集。此时接穗的水分充足，芽子处于即将萌动状态，嫁接成活率高，可随采随用或短期贮藏。

枝接采穗时宜用手剪或高枝剪，忌用镰刀削。剪口要平，不要剪成斜茬。采后将穗条按长短粗细分级，每30~50条一捆，基部对齐，剪得过长、弯曲、不成熟的顶梢、有条件的用蜡封上剪口，最后用标签标明品种。

芽接所用接穗，夏季可随用随采或短期贮藏，但贮藏时间越长成活率越低。一般贮藏不宜超过5天。芽接用接穗，从树上剪下后要立即剪去复叶，留2厘米左右长的叶柄，每20~30根打一捆，标明品种。

枝接所用接穗最好在气温较低的晚秋或早春运输；高温天气易造成接穗霉烂或失水。严冬运输应注意防冻。接穗运输前，要用塑料薄膜包好密封。长途运输时，塑料包内要放些湿锯末。接穗就地贮藏过冬时，可在阴暗处挖宽1.2米、深80厘米的沟，长度按接穗多少而定。

然后将标明品种的成捆接穗放入沟内，（若放多层）每层中间应加 10 厘米厚的湿沙或湿土，接穗上盖 20 厘米左右的湿沙或湿土，土壤结冻后加沙（土）厚至 40 厘米。当土壤湿度升高时，应将接穗移入冷库等湿度较低的地方。

芽接所用接穗，由于当时气温高，保鲜非常重要。采下接穗后，要用塑料薄膜包好，但不可密封，里面装些湿锯末，运到嫁接地时，要及时打开薄膜，将接穗置于潮湿阴凉处，并经常洒水保湿。

30. 核桃嫁接主要运用哪几种方法？

插皮舌接：在适当位置剪断砧木，削平锯口，然后选砧木光滑处由上至下削去老皮，长 6~8 厘米，接穗削成长 5~7 厘米的大削面，刀口一开始就向下切凹，并超过髓心，而后斜削，保证整个斜面较薄，用手指捏开削面背后皮层，使之与木质部分离，然后将接穗的皮层盖在砧木皮层的削面上，最后用塑料绳绑紧接口。此法应在皮层容易剥离、伤流较少时进行。注意接前不要灌水，接前 3~5 天预先锯断砧木放水。

舌接：此法主要用于苗木嫁接。选根径 1~2 厘米的 1~2 年生实生苗，在根以上 10 厘米左右处剪断，然后选择与之粗细相当的接穗，剪成 12~14 厘米长的小段。将砧、穗各削成3~5厘米长的光滑斜面，在削面由上往下1/3处用嫁接刀纵切，深达2~3厘米，然后将砧、穗立即插合，双方削面要紧密镶嵌，并用塑料绳绑紧。

31. 核桃春季枝接的关键技术是什么?

（1）接穗削面长度宜大于5厘米，并且要光滑。

（2）接穗插入砧木接口时，必须使砧、穗的形成层相互对准密接。

（3）蜡封接穗接口要用塑料薄膜包扎严密，绑缚松紧适度；对未蜡封的接穗可用聚乙烯醇胶液（聚乙烯醇：水＝1∶10加热熔解而成）涂刷接穗以防失水。

32. 影响芽接成活的关键技术是什么?

（1）在核桃发芽后2个月左右，从树上采取芽饱满的当年新枝作接穗。

（2）选择晴天嫁接，接后3天内不遇雨，易于成活。

（3）因核桃芽大，叶柄基部大，故芽片亦要大。改良块状芽接法的芽片长约5~6厘米。

（4）剥取芽片时注意勿碰掉芽片里面的护芽肉（维管束）。

（5）使用双刃芽接刀，可使芽片和砧木上的切口长度完全一致，密合无缝。

（6）用质地较柔韧的塑料布条（宽约 1 厘米）对芽片周围严密捆绑。

（7）嫁接时间宜在 7 月上旬之前，芽接苗有较长的生长期，可安全越冬并保证苗木质量。

33. 苗木出圃应注意些什么？

苗木出圃是育苗的最后一个环节。为使苗木栽植后生长好，对苗木出圃工作必须予以高度重视。起苗前要对培育的苗木进行调查，核对苗木的品种和数量，根据购苗的情况，作出出圃计划，安排好苗木假植和储藏的场地等。

（1）起苗和假植：起苗应在苗木已停止生长，树叶已凋落时进行。土壤过干时，挖苗前需浇一次水，这样便于挖苗，少伤根。一年生苗的主根和侧根至少应保持在 20 厘米以上，根系必须完整。对苗木要及时整修，修剪劈裂的根系，剪掉蘖枝及接口上的残桩，剪短过长的副梢等。

苗木整修之后如果不能随即移植，可就地临时假植，假植沟应选择地势高、干燥，土质疏松，排水良好的背风处。东西向挖沟，宽、深各 1 米，长度依据苗木数量而定。分品种把苗木一排排倾斜地放入沟内，用湿沙土把根埋严。苗木梢尖与地面平或稍高于地面。如果苗木数量大、品种多，同埋在一条沟中，各品种一定要挂牌标明并用秸秆隔开，建立苗木假植记录，以免混乱。每隔2米埋一秸秆把，使之通气。埋后浇小水一次，使根系与土壤结合，并增加土壤湿度，防止根部受干冻。天气较暖时可分次向沟内填土，以免一次埋土过深根部受热。

（2）苗木分级：苗木分级是圃内最后的选择工作，对定植后成活率和核桃树生长结果均有密切关系。一定要根据国家和地方有关统一的分级标准，将出圃苗木进行分级。不合格的苗木应列为等外苗，不应出圃，留在圃内继续培养。

（3）苗木检疫：苗木检疫是防治病虫传播的有效措施。凡列入检疫对象的病虫，应严格控制不使蔓延，即使是非检疫对象的病虫亦应防止传播。因此，出圃时苗木需要消毒。其方法如下：①石硫合剂消毒，用4~5波美度的溶液浸苗木10~20分钟，再用清水冲洗根部1次。②波尔多液消毒，用1∶1∶100式药液浸苗木10~20分钟，再用清水冲洗根部1次。③升汞水消毒，用60%浓度的药液浸苗木20分钟，再用清水冲洗1~2次。

（4）苗木的包装和运输：苗木如调运外地时，必须包扎，以防止根系失水和遭受机械损伤。每50~100株打成一捆，根部填充保湿材料，如湿锯末、水草之类，外用湿草袋或蒲包把苗木根部及部分茎部包好。途中应加水保湿。为防止品种混杂，内外都要有标签。气温低于 -5℃时，要注意防冻。

四、早实核桃整形修剪技术

34. 早实核桃适用树形有哪几种？

（1）疏散分层形：一般有 6~7 个主枝，分 2~3 层配置。其特点是：成形后树冠呈半圆形，通风透光良好，寿命长，产量高，负载量大，适于生长在条件较好的地区和干性强的稀植树。中央领导干应选长势较壮、方向接近垂直者培养，并按不同方向均匀选留 2~3 个邻近枝作第 1 层主枝，基角 60°。栽后 4~5 年，选留第 2 层主枝 2 个，上下两层主枝间隔距离 1.5~2 米，以负枝叶过于茂密，影响通风透光。栽后 5~6 年选留第 3 层主枝 1~2 个，保持 2、3 层间距 0.8~1 米，在第 1 个侧枝对面留第 2 侧枝，距第 1 侧枝 0.5 米左右，距第 2 侧枝 0.8~1.2 米留第 3 侧枝。

（2）自然开心形：其特点是无明显的中心主干，成形快，结果早，整形容易，便于掌握。适于土层较薄、土质较差、肥水条件不良的地区和树形开张的品种。自然开心不分层次，可留 2~3 个主枝，每个主枝选留斜生侧枝 2~3 个。方法基本同疏散分层形。但第 1 侧枝距中心应当稍近，如留 2 个主枝为 0.6 米；留 3 个主枝为 1 米。整形期间应注意调整各主枝之间的平衡，防止背后侧枝与主枝延长枝的竞争。

（3）纺锤形：适用于早实品种的密植园。干高 60 厘米左右，树高约 6 米，有中央干，直立，其上自然分布 15~20 个侧枝，向四周伸展，下部侧枝略长，外观像纺锤一样。

35. 核桃树体结构由哪几部分组成?

（1）主干：从地面到构成树冠第一大主枝基部的一段树干。主干负载整个树冠的重量，起着沟通地上与地下营养物质交换的重要作用。

（2）中心干：也叫中央领导干。指主干的延长部分，即从主干上端第一主枝以上，处于树冠中心，向树冠顶端生长的树干。构成树冠的所有主枝都着生在这上面。

（3）主枝：又叫骨干枝。指着生于中心干上并构成树冠的各大分枝。

（4）辅养枝：着生在树冠各类枝上的非骨干枝。在果树的生命活动中，辅养枝起着辅养树体生长结果的作用。辅养枝又分临时性辅养枝和永久性辅养枝两类。

（5）侧枝：直接着生在主枝上的骨干枝。每个主枝都有一个以上的侧枝。各侧枝从靠近主枝基部的第一个算起，分别称为第一、二、三……侧枝。

36. 核桃芽有哪几种？怎样识别？

(1) **叶芽**：芽萌发后，只抽枝长叶的芽为叶芽。叶芽与花芽不同，叶芽较瘦小而先端尖，鳞片也较窄。铁核桃营养枝顶端着生的叶芽芽体大，呈圆锥形或三角形。

(2) **花芽**：萌发后抽生花序的芽为花芽，核桃为雄花芽。

(3) **混合芽**：芽萌发后，除抽生花序外还可抽生枝叶的芽为混合芽。混合芽抽生结果枝。

(4) **中间芽**：因发育、营养不良，不能形成花芽。树体开花后，中间芽如不受刺激，就形成生长极微弱的短枝。这种短枝只有顶芽轮生树叶，无明显的腋芽。如营养改善，这种顶芽可成为花芽，否则永远是中间芽。

(5) **定芽**：按一定的排列顺序着生于枝的顶端或叶腋的芽。腋芽依树种在树上以一定的排列顺序而着生，这种排列被称为叶序。

(6) **不定芽**：芽的发生没有一定位置，称为不定芽。不定芽萌发的势力很强，易生成徒长枝。

(7) **主芽**：生于叶腋芽的中央而最充实的芽。主芽分为花芽和腋芽两种。

（8）**副芽**：在腋芽主芽两侧各生一个芽，称为副芽。

（9）**单芽**：在一节上仅有一个芽，称为单芽。

（10）**复芽**：在一节上着生两个以上的芽叫做复芽。复芽又称为双芽、三芽、四芽等，其中间的芽为叶芽，其他为花芽。但个别品种例外，早实核桃枝在一节上有双芽或三芽，而且全是花芽。核桃树枝的复芽多着生在树条中部的叶腋间。

（11）**隐芽（潜伏芽或休眠芽）**：树上的芽形成后，除当年萌发为二次树枝或副芽抽生的副梢外，有一部分不能萌发，暂时仍以原型潜伏，待机再萌发抽生树条，这些芽叫隐芽。隐芽在正常状态下不会自行觉醒萌发，只有受到某种刺激时才能萌发。隐芽寿命与树种有关，核桃树隐芽寿命较长，便于更新。

（12）**早熟芽**：当年形成当年就萌发的芽。早实核桃枝芽具有早熟性，当年可萌发二次枝。

37. 整形修剪有哪些作用？

（1）**调节核桃树体与环境间的关系**：整形修剪可调整核桃树个体与群体结构，提高光能利用率，创造较好的微域气候条件，更有效地利用空间。良好的群体和树冠结构，还有利于通风、调节温度、湿度和便于操作。

提高有效叶面指数和改善光照条件，是核桃树整形应遵循的原则，必须两者兼顾。只顾前者，往往影响品质，进一步也影响产量；只顾后者，则往往影响产量。

增加叶面积指数，主要是多留枝，增加叶丛枝比例，改善群体和树冠结构。改善光照主要控制叶幕，改善群体和树冠结构，其中通过合理整形，可协调两者的矛盾。

稀植时，整形主要考虑个体的发展，重视快速利用空间，树冠结构合理及其各局部势力均衡，尽量做到扩大树冠快，枝量多，先密后稀，层次分明，骨干开展，势力均衡。密植时，整形主要考虑群体发展，注意调节群体的叶幕结构，解决群体与个体的矛盾；尽量做到个体服从群体，树冠要矮，骨干要少，控制树冠，通风透光，先“促”后“控”，以结果来控制树冠。

（2）调节树体各局部的均衡关系：第一，利用地上部与地下部动态平衡规律调节核桃树的整体生长。核桃树地上部与地下部是相互依赖、相互制约的，二者保持动态平衡。任何一方的增强或减弱，都会影响另一方面的强弱。修剪就是有目的地调整两者均衡，以建立有利的新的平衡关系。但具体反应受到接穗和砧木生长势强弱、贮藏养分多少、剪留枝芽的多少、根的质量好坏以及环境和栽培措施等因素的制约而有变化。

对生长旺盛、花芽较少的树，修剪虽然促进局部生长，但由于剪去了一部分器官和同化养分，一般会抑制全树生长，使全树总生长量减少，这就是通常所称修剪的二重作用。但是，对花芽多的成年树，由于修剪剪去部分花芽和更新复壮等作用，反而会比不修剪的增加总生长量，促进全树生长。

修剪在利用地上地下动态平衡规律方面，还应依修剪的时期和修剪方法为转移。如在年周期中树体内贮藏养分最少的时期进行树冠修剪，则修剪愈重，叶面积损失愈大，根的饥饿愈重，新梢生长反而削弱，对整体，对局部都产生抑制效应。如核桃春季过晚修剪，抽枝展叶后修剪，则因养分消耗多，又无叶片同化产物回流，致使根系严重饥饿，往往造成树势衰弱。对于生长旺盛的树，如通过合理摘心，全树总枝梢生长量和叶面积也有可能增长。

由此看来，修剪在利用地上部地下部平衡规律所产生的效应是随树势、物候期和修剪方法、部位等不同而改变，有可能局部促进，整体抑制；此处促进，彼处抑制；此时加强，彼时削弱。必须具体分析，灵活应用。

第二，调节营养器官与生殖器官的均衡。生长与结果这一基本矛盾在核桃树一生中同时存在，贯穿始终。可通过修剪进行调节，使双方达到相对均衡，为高产稳产优质创造条件。调节时，首先要保证有足够数量的优质营养器官。其次要使其能产生一定数量的花果，并与营养器官的数量相适应，如花芽过多，必须疏剪花芽和疏花疏果，促进根叶生长，维持两类器官的均衡，第三要着眼于各器官各部分的相对独立性，使一部分枝梢生长，一部分枝梢结果，每年交替，相互转化，使两者达到相对均衡。

第三，调节同类器官间的均衡。一株核桃树上同类器官之间也存在着矛盾，需要通过修剪加以调节，以有利于生长结果。修剪调节时要注意器官的数量、质量和类型。有的要抑强扶弱，使生长适中，有利于结果；有的要选优去劣，集中营养供应，提高器官质量。对于枝条，既要保证有一定的数量，又要搭配和调节长、中、短各类枝的比例和部位。对徒长旺枝要去除一部分，以缓和竞争，使多数枝条健壮，从而利于生长和结果。再如，结果枝和花芽的数量少时，应尽量保留；雄花数量过多，选优去劣，减少消耗，集中营养，保证留下的生长良好。

（3）调节树体的营养状况：①调整树体叶面积，改变光照条件，影响光合产量，从而改变了树体营养制造状况和营养水平。②调节地上部与地下部的平衡，影响根系的生长，从而影响无机营养的吸收与有机营养的分配状况。③调节营养器官和生殖器官的数量、比例和类型，从而影响树体的营养积累和代谢状况。④控制无效枝叶和调整花果数量，减少营养无效消耗。⑤调节枝条角度，器官数量，输导通路，生长中心等，定向运转和分配营养物质。核桃树修剪后树体内水分、养分的变化很明显，修剪可以提高枝条含氮量及水分含量。修剪程度不同，其含量变化有所区别，但是在新梢发芽和伸长期修剪，对新梢内碳水化合物含量的影响和对含氮及含水量则相反，随修剪程度加重而有减少的趋势。

38. 整形修剪应该遵循哪些原则？

（1）自然环境和当地条件原则：自然环境和当地条件对果树生长有较大影响。在多雨多湿地带，果园光照和通风条件较差，树势容易偏旺，应适当控制树冠体积，栽植密度应适当小一些，留枝密度也应适当减小；在干燥少雨地带，果园光照充足，通风较好，则果树可栽得密一些，留枝也可适当多一些；在土壤瘠薄的山地、丘陵地和沙地，果树生长发育往往受到限制，树势一般表现较弱，整形应采用小冠型，主干可矮一些，主枝数目相对多一些，层次要少，层间距要小，修剪应稍重，多短截，少疏枝；在土壤肥沃、地势平坦、灌水条件好的果园，果树往往容易旺长，整形修剪可采用大冠型，主干要高一些，主枝数目适当减少，层间距要适当加大，修剪要轻；风害较重的地区，应选用小冠型，降低主干高度，留枝量应适当减小；易遭霜冻的地方，冬剪时应多留花芽，待花前复剪时再调整花量。

（2）**品种和生物学特性原则**：萌芽力弱的品种，抽生中短枝少，进入结果期晚，幼树修剪时应多采用缓放和轻短截；成枝力弱的品种，扩展树冠较慢，应采用多短截少疏枝；以中、长果枝结果为主的品种，应多缓放中庸枝以形成花芽；以短果枝结果为主的品种，应多轻截，促发短枝形成花芽；对干性强的品种，中心干的修剪应选弱枝当头或采用“小换头”的方法抑制上强；对干性弱的品种，中心干的修剪应选强枝当头以防止上弱下强；枝条较直立的品种，应及时开角缓和树势以利形成花芽；枝条易开张下垂的品种，应注意利用直立枝抬高角度以维持树势，防止衰弱。

（3）**核桃树年龄时期原则**：生长旺的树宜轻剪缓放，疏去过密枝，注意留辅养枝，弱枝宜短截，重剪少疏，注意背下枝的修剪。初果期是核桃树从营养生长为主向结果为主转化的时期，树体发育尚未完成，结果量逐年增加，这时的修剪应当既利于扩大树冠，又利于逐年增加产量，还要为盛果期树连年丰产打好基础；盛果期的树，在保证树冠体积和树势的前提下，应促使盛果期年限尽量延长；衰老期果树营养生长衰退，结果量开始下降，此时的修剪应使之达到复壮树势、维持产量、延长结果年限。

（4）枝条的类型原则：由于各种枝条营养物质积累和消耗不同，各枝条所起的作用也不同，修剪时应根据目的和用途采取不同的修剪方式。树冠内膛的细弱枝，营养物质积累少，如用于辅养树体，可暂时保留；如生长过密，影响通风透光，可部分疏除，同时可起到减少营养消耗的作用。中长枝积累营养多，除满足本身的生长需要外，还可向附近枝条提供营养。如用于辅养树体，可作为辅养枝修剪；如用于结果，可采用促进成花的修剪方法。强旺枝生长量大，消耗营养多，甚至争夺附近枝条的营养，对这类枝条，如用于建造树冠骨架，可根据需要进行短截；如属于和发育枝争夺营养的枝条，应疏除或采用缓和枝势的剪法；如需要利用其更新复壮枝势或树势，则可采用短截法促使旺枝萌发。

（5）地上部与地下部平衡关系原则：核桃树地上与地下两部分组成一个整体。叶片和根系是营养物质生产合成的两个主要部分。它们之间在营养物质和光合产物的运输分配中相互联系、相互影响，并由树体本身的自行调节作用使地上和地下部分经常保持着一定的相对平衡关系。当环境条件改变或外加人为措施时（如土壤、水肥、自然灾及修剪等），这种平衡关系即受到破坏和制约。平衡关系破坏后，核桃树会在变化了的条件下逐渐建立起新的平衡。但是，地上与地下部的平衡关系并不都是有利于生产的。在土壤深厚、肥水充足时，树体会表现为营养生长过旺，不利于及时结果和丰产。对这些情况，修剪中都应区别对待。如对干旱和瘠薄土壤中的果树，应在加强土壤改良，充分供应氮肥和适量供应磷、钾肥的前提下，适当少疏枝和多短截，以利于枝叶的生长；对土壤深厚、肥水条件好的果树，则应在适量供应肥水的前提下，通过缓放、疏花疏果等措施，促使其及时结果和保持稳定的产量。又如衰老树，树上细、弱、短枝多，粗壮旺枝少，而地下的根系也很弱，这也是地上、地下部的一种平衡状态。对这类树更新复壮，就应首先增施肥水，改善土壤条件，并及时进行更新修剪。如只顾地上部的更新修剪，没有足够的肥水供应，地上部的光合产物不能增加，地下的根系发育也就得不到改善，反过来又影响了地上部更新复壮的效果，新的平衡就建立不起来。结果数量也是影响地下部分生长的重要因素。在肥水不足时，必须进行控制坐果量的修剪，以保持地下、地上部平衡。如坐果太多，则会抑制地下根系的发育，树势就会衰弱下去，并出现“大小年”现象，甚至有些树体会因结果太多而衰弱致死。

39. 核桃树主要有哪些修剪方法？各有什么作用？

（1）短截与回缩： 短截即剪去枝梢的一部分，回缩是在多年生枝上短截。两种修剪方法的作用都是促进局部生长，促进多分枝。修剪的轻、重程度不同，产生的反应不同。为提高其角度，一般可回缩到多年生枝有分叉的部位分枝处。

短截一年生枝条时，其剪口芽的选留及剪口的正确剪法，应根据该芽发枝的位置而定。

（2）疏枝与缓放： 从基部剪除枝条的方法称疏枝，又叫疏除，果树枝条过于稠密时，应进行疏枝。以改善风、光条件，促进花芽形成。疏枝与短截有完全不同的效应。

缓放也是修剪的一种手法，即抛放不剪截，任枝上的芽自由萌发。缓放既可以缓和生长势，也有利于腋花结果。枝条缓放成花芽后，即可回缩修剪，这种修剪法常在幼树和旺树上采用。凡有空间需要多发枝时，应采取短截的修剪方法；枝条过于密集，要进行疏除；而长势过旺的枝，宜缓放。只有合理修剪，才能使果树生长、结果两不误，以达到早丰、稳产、优质的要求。

（3）摘心与截梢： 摘心是摘去新梢顶端幼嫩的生长点，截梢是剪截较长一段梢的尖端。其作用不仅可以抑制枝梢生长，节约养分以供开花坐果之需，避免无谓的浪费，提高坐果率，更可在其他果枝上促进花芽形成和开花结果。摘心还可促进根系生长，促进侧芽萌发分枝和二次枝生长。此种方法在快速成形方面可加快枝组形成，提高分枝级数，从而提高结果能力。

（4）抹芽和疏梢：用手抹除或用剪刀削去嫩芽，称为抹芽或除芽。疏梢是新梢开始迅速生长时，疏除过密新梢。这两种修剪措施的作用是节约养分，以促进所留新梢的生长，使其生长充实；除去侧芽、侧枝，改善光照，有利于枝梢充实及花芽分化和果实品质的提高。尽早除去无益芽、梢，可减少后来去大枝所造成的大伤口及养分的大量浪费。

（5）拉枝：拉枝是将角度小的主要骨干枝拉开。此法对旺枝有缓势的效应。拉枝适于在春季树液开始流动时进行，将树枝用绳或铁丝等牵引物拉下，靠近枝的部分应垫上橡皮或布料等软物，防止伤及皮部。

40. 早实核桃定干高度是多少？怎样定干？

（1）定干高度：树干的高低对于冠高、生长与结实、栽培管理、间作等关系极大，应根据核桃树的品种、生长发育特点、栽培目的、栽培条件和栽培方式等而定。

早实核桃结果早，树体较小，干高可留 0.8~1.2 米。

果材兼用核桃，提高干材的利用率，干高可达 3.0 米以上。

（2）定干方法：早实核桃可在定植当年萌芽后进行定干，并把定干高度以下的侧芽全部抹除。若未达定干高度，翌年再行定干。遇有顶芽坏死时，可选留靠近顶芽的健壮侧芽，使之向上生长，待达到定干高度以上时再行定干。

41. 怎样培养早实核桃的树形？

树形培养主要是选留主、侧枝和处理各级枝条的从属关系。树体结构是树形的基础，而树体结构是由主干和主、侧枝所构成，因此培养树形主要是配备好各级骨干枝或培养好树冠骨架。

（1）疏散分层形的培养：疏散分层形也称主干分层形，是有中央领导干的树形。一般有 6~7 个主枝，分 2~3 层配置。

第一步：定干当年或第二年，在主干定干高度以上，选留三个不同方位、水平夹角约 120 度、且生长健壮的枝或已萌发的壮芽培养为第一层主枝，层内距离大于 20 厘米。1~2 年完成选定第一层主枝。如果选留的最上一个主干距主干延长枝顶部接近或第一层主枝的层内距过小，都容易削弱中央领导干的生长，甚至出现“掐脖”现象，影响主干的形成。当第一层预选为主枝的枝或芽确定后，只保留中央领导干延长枝的顶枝或芽，其余枝、芽全部剪除或抹掉。

第二步：早实核桃一、二层的层间距为60~80厘米。在一、二层层间距以上已有壮枝时，可选留第二层主枝，一般为1~2个。同时，可在第一层主枝上选留侧枝，第一个侧枝距主枝基部的长度为40~60厘米。选留主枝两侧向斜上方生长的枝条1~2个作为一级侧枝，各主枝间的侧枝方向要互相错落，避免交叉，重叠。

第三步：继续培养第一层主、侧枝和选留第二层主枝上的侧枝。由于第二层与第三层之间的层间距要求大一些，可延迟选留第二层主枝。如果只留两层主枝，第二层主枝为2~3个，两层的层间距，早实核桃1.5米左右，并在第二层主枝上方适当部位落头开心。

第四步：继续培养各层主枝上的各级侧枝。晚实核桃和早实核桃幼树7~8年生时，开始选留第三层主枝1~2个，第二层与第三层的层间距，早实核桃1.5米左右，并从最上一个主枝的上方落头开心。至此，主干形树冠骨架基本形成。

（2）开心形的培养：开心形也称自然开心形，是无中央领导干的树形。一般选留不同方位的主枝2~4个。

第一步：在定干高度以上留出3~4个芽的整形带。在整形带内，按不同方位选留 2~4 个枝条或已萌发的壮芽作为主枝。各主枝基部的垂直距离无严格要求，一般为 30~40 厘米。主枝可 1~2 次选留。选留各主枝的水平距离应一致或相近，并保持每个主枝的长势均衡。

第二步：各主枝选定后，开始选留一级侧枝，由于开心形树形主枝少，侧枝应适当多留，即每个主枝应留侧枝 3~4 个。各主枝上的侧枝要上下错落，均匀分布。第一侧枝距主干的距离为早实核桃 0.5~0.7 米左右。

第三步：早实核桃 5 年生，开始在第一主枝一级侧枝上选留二级侧枝 1~2 个；第二主枝的一级侧枝 2~3 个。第二主枝上的侧枝与第一主枝上的侧枝的间距为：早实核桃 0.8~1.0 米左右。至此，开心形的树冠骨架基本形成。

42. 早实核桃幼树怎样修剪？

（1）疏除过密枝： 早实核桃分枝早，枝量大，容易造成树冠内部的枝条密度过大，不利于通风透光。因此，对树冠内各类枝条修剪时应去强去弱留中庸枝；疏枝时应紧贴枝条基部剪除，切不可留橛，以利于剪口的愈合。

（2）徒长枝的利用： 早实核桃结果早，果枝率高，坐果率高，造成养分的过度消耗，枝条容易干枯，从而刺激基部的隐芽萌发而形成徒长枝。这是早实核桃幼树常见的现象。早实核桃徒长枝的突出特点是第 2 年就能抽枝结果，果枝率高达100%。这些结果枝的长势，由顶部至基部逐渐变弱，中、下部的小枝结果后第3年多数干枯死亡，出现光秃带，结果部位向顶部推移，容易造成枝条下垂。为了克服这种弊病，利用徒长枝粗壮、结果早的特点，通过夏季摘心或短截或者春季短截等方法，将其培养成结果枝组，以充实树冠空间，更新衰弱的结果枝组。

（3）处理好背下枝：核桃背下枝春季萌发早，生长旺盛，竞争力强，容易使原枝头变弱而形成“倒拉”现象，甚至造成原枝头枯死。处理方法是萌芽后剪除。如果原母枝变弱或分枝角度较小，可利用背下枝或斜上枝代替原枝头，将原枝头剪除或培养成结果枝组。

（4）主枝和中央领导干的处理：主枝和侧枝延长头，为防止出现光秃带和促进树冠扩大，可每年适当截留60~80厘米，剪口芽可留背上芽或侧芽。中央领导干应根据整形的需要每年短截。

43. 早实核桃盛果期树如何修剪？

盛果期树的骨架已基本形成和稳定，树冠扩大已近停止，大都接近郁闭，产量逐渐达到高峰，树姿逐渐开张，外围枝量增多，内膛光照不良，部分小枝开始干枯，主枝后部出现光秃带，结果部位外移，生长与结果矛盾突出，容易出现“大小年”现象。这时修剪的主要任务是调整营养生长和生殖生长的关系，不断改善树冠的通风透光条件，不断更新结果枝，以保持稳定的长势和产量。

（1）骨干枝的修剪：此期骨架基本定型，骨干延长枝不再向外延伸，修剪时应注意利用上枝上芽复壮延长枝，主侧枝上多留枝叶，适当控制结果量，保持骨干枝的生长势。树冠外围枝，由于多年延伸和分枝，常密集，交叉重叠，互相影响，内膛光照不良，应当疏除和适时回缩。

（2）结果枝组的更新复壮：结果枝组因多年结果，容易衰弱，结果外移。大结果枝组，内膛光照不良，基部容易枯死；中、小结果枝组极易全部衰弱，均需进行更新复壮。按回缩更新修剪方法，剪至生长势较强、枝条向上的部位，同时控制枝组内的旺枝，尤其对大型枝组要防止“树上长树”，影响树体结构和其他枝组的生长。按树冠外、中、内顺序培养小、中、大枝组。

（3）徒长枝的修剪：随树龄和结果量的增加，外围枝长势变弱，加之修剪等外界刺激，极易造成内膛骨干枝背上潜伏芽萌发，成为徒长枝，消耗营养，影响通风透光。为此，对于徒长枝应采取“有空就留，无空就疏”的原则，充实内膛，增加结果部位。盛果末期，树势开始衰弱，产量下降，枯死枝增加，此时徒长枝更应注意选留，作为更新复壮的主要枝条。

（4）清理无用枝条：应及时把长度在6厘米以下、粗度不足0.8厘米的细弱枝条疏除，因为这类枝条坐果率极低。内膛过密、重叠、交叉、病虫枝和干枯枝等也应剪除，以减少不必要的养分消耗和改善树冠内部的通风透光条件。

44. 核桃衰老树应该怎样处理？

核桃进入衰老期，外围枝生长势减弱，小枝干枯严重，外围枝条下垂，产生大量“焦梢”，同时萌发出大量的徒长枝，出现自然更新现象，产量也显著下降。为了延长结果年限，可对衰老树进行更新复壮。

（1）主干更新（大更新）：将主枝全部锯掉，使其重新发枝，并形成主枝。具体做法有两种：①对主干过高的植株，可从主干的适当部位，将树干全部锯掉，使锯口下的潜伏芽萌发新枝，然后从新枝中选留方向合适，生长健壮的枝条2~4个，培养成主枝。②对主干高度适宜的开心形植株，可在每个主枝的基部锯掉。如系主干形植株，可先从第一层主枝的上部锯掉树冠，再从各主枝的基部锯掉，使主枝基部的潜伏芽萌芽发枝。

（2）主枝更新（中更新）：在主枝的适当部位进行回

缩，使其形成新的侧枝。具体修剪方法：选择健壮的主枝，保留 50~100 厘米长，其余的部分锯掉，使其在主枝锯口附近发枝。发枝后，每个主枝上选留方位适宜的 2~3 个健壮的枝条，培养成一级侧枝。

（3）侧枝更新（小更新）：将一级侧枝在适当的部位进行回缩，使其形成新的二级侧枝。其优点是，新树冠形成和产量增加均较快。具体做法是：①在计划保留的每个主枝上，选择 2~3 个位置适宜的侧枝。②在每个侧枝中下部长有强旺分枝的前端进行剪截。③疏除所有的病枝：枯枝、单轴延长枝和下垂枝。④对明显衰弱的侧枝或大型结果枝组应进行重回缩，促其发新枝。⑤对枯枝梢要重剪，促其从下部或基部发枝，以代替原枝头。⑥对更新的核桃树，必须加强土、肥、水和病虫害防治等综合技术管理，以防当年发不出新枝，造成更新失败。

45. 早实核桃放任生长树体该如何修剪？

目前，我国放任生长的核桃树仍占相当大的比例。放任树的表现：大枝过多，层次不清；结果部位外移，内膛空虚；生长衰弱，坐果率低；衰老树自然更新现象严重。

（1）树形改造：放任树的修剪应根据具体情况随树作形。如果中心领导枝明显，可改造成疏散分层形；中心领导枝已很衰弱或无中心领导枝的，可改造成自然开心形。

（2）大枝处理：修剪前要对树体进行全面分析，重点疏除影响光照的密集枝、重叠枝、交叉枝、并生枝和病虫危害枝。留下的大枝要分布均匀，互不影响，以利侧枝的配备。一般疏散分层形留 5~7 个主枝，特别是第一层要留好 3~4 个；自然开心形可留 3~4 个主枝。为避免因一次疏除大枝过多而影响树势，可以对一部分交叉重叠的大枝先进行回缩，分年疏除。对于较旺的壮龄树也应分年疏除大枝，以免引起生长势变旺。在去大枝的同时，对外围枝要适当疏间，以疏外养内疏前促后为原则。树形改造 1~2 年完成，修剪量占整个改造修剪量的 40% ~50%。

（3）结果枝组的培养与调整：大枝疏除后，第二或第三年以调整外围枝和中型枝为主，特别是内膛结果枝组的培养。对已有的结果枝组应去弱留强、去直立留背斜、疏前促后或缩前促后。此期年修剪量占 20% ~30%。

（4）稳势修剪阶段：树体结构调整后，还应调整母枝与营养枝的比例，约为 3∶1，对过多的结果母枝可根据空间和生长势进行去弱留强，充分利用空间。在枝组内调整母株留量的同时，还应有 1/3 左右交替结果的枝组量，以稳定整个树体生长与结果的平衡。此期年修剪量应掌握在 20% ~30%。

以上修剪量应根据立地条件、树龄、树势、枝量多少灵活掌握，各大中小枝的处理也必须全盘考虑，做到因树修剪，随枝做形。另外，应与加强土、肥、水管理结合，否则难以收到良好的效果。

46. 核桃树冬剪什么时期进行最适宜？

核桃树如果落叶后修剪，极易由伤口产生伤流，伤流过多，人们担心会造成养分和水分流失，有碍正常生长结果。长期以来我国核桃修剪是在萌芽展叶以后（春剪）和采收后至落叶前（秋剪）进行。河北农业大学通过对春剪、秋剪和冬剪的效果比较分析认为，冬剪虽有伤流损失，但远不及秋剪减少光合产物及叶片养分尚未回流等的损失。春剪是在新器官刚刚建立之后进行的，高呼吸消耗等损失营养更高。因而，从营养损失上看，冬剪损失最少，这是冬剪树势较强和产量较高的根本原因。但就冬剪而言，以避开前一伤流高峰期（11 月中下旬至 12 月上旬）为宜。因此，核桃树修剪的适宜时期为冬季，冬剪最好在核桃 3 月下旬芽萌动前完成。

47. 夏季修剪的时期和方法有哪些？

夏剪是在核桃树发芽后，枝叶生长时期所进行的修剪，其措施有短截、摘心、抹芽、除副梢。例如：①剪除二次枝，避免由于二次枝的旺盛生长而过早郁闭。方法是在二次枝抽生后未木质化之前，将无用的二次枝从基部剪除。剪除对象主要是生长过旺造成树冠出“辫子”的二次枝。②疏除多余的二次枝，凡在一个结果枝上，抽生3个以上的二次枝，可在早期选留1~2个健壮枝，其余全部疏除。③在夏季，对于选留的二次枝，如果生长过旺，为了促进其木质化，控制其向外延伸，可进行摘心。④对于一个结果枝只抽生一个二次枝，而且长势很强，为了控制其旺长，增加分枝，进而培养成结果枝组，可于春季或夏季对二次枝进行短截，夏季短截分枝效果良好（春季短截发枝粗壮），其短截强度以中、轻度为好。

五、早实核桃花果管理技术

48. 核桃开花有什么特性？

核桃雌雄花期多不一致，称为雌雄异熟性。雌花先开的称为“雌先型”；雄花先开的称为“雄先型”；个别雌雄花同开的称为“雌雄同熟”。据观察，核桃雌先型比雄先型树雌花期早 5~8 天，雄花期晚 5~6 天；铁核桃主栽品种多为雄先型，雄花比雌花提早开放 15 天左右。不同品种间的雌雄花期大多能较好地吻合，可相互授粉。雌雄异熟是异花授粉植物的有利特性。核桃植株的雌雄异熟乃是稳定的生物学性状，尽管花期可依当年的气候条件变化而有差异，然而异熟顺序性未发现有改变；同一品种的雌雄异熟性在不同生态条件下亦表现比较稳定。

雌雄异熟性决定了核桃栽培中配置授粉树的重要性。雌雄花期先后与坐果率、产量及坚果整齐度等性状的优劣无关，然而在果实成熟期方面存在明显的差异，雌先型品种较雄先型早成熟 3~5 天。

早实核桃具有二次开花的特性。二次花的雌、雄花多呈穗状花序。二次花的类型多种多样，有单性花序，也有雌雄同序，花序轴下部着生数朵雌花，上部为雄花，个别雌雄同花。

49. 早实核桃结果特点有哪些？

不同类型和品种的核桃树开始结果年龄不同，早实核桃2~3年，晚实核桃8~10年开始结果。初结果树，多先形成雌花，2~3年后才出现雄花。成年树雄花量多于雌花几倍、几十倍，以至因雄花过多而影响产量。

早实核桃树各种长度的当年生枝，只要生长健壮，都能形成混合芽。晚实核桃树生长旺盛的长枝，当年都不易形成混合芽，形成混合芽的枝条长度一般在5~30厘米。

成年树以健壮的中、短结果母枝坐果率最高。在同一结果母枝上以顶芽及其以下1~2个腋花芽结果最好。坐果的多少与品种特性、营养状况、所处部位的光照条件有关。一般一个果序可结1~2果，也可着生3果或多果。着生于树冠外围的结果枝结果好，光照条件好的内膛结果枝也能结果。健壮的结果枝在结果的当年还可形成混合芽，坐果枝中有96.2%于当年继续形成混合芽，弱果枝中能形成混合芽的只占30.2%，说明核桃结果枝具有连续结实能力。核桃喜光与合轴分枝的习性有关，随树龄增长，结果部位迅速外移，果实产量集中于树冠表层。早实核桃二次雌花一般也能结果，所结果实多呈一序多果穗状排列。二次果较小，但能成熟并具发芽成苗能力，苗木的生长状况同一次果的苗无差异，且能表现出早实特性，所结果实体形大小也正常。

50. 哪些情况下核桃需要授粉？怎样进行授粉？

核桃是风媒花，花粉粒中等大小，直径约43.2微米×54.6微米，可随风飘翔。据欧美文献记载，一些核桃品种的花粉飞翔力很强，距树体160米处还能收集到花粉。河北农业大学的观察表明，核桃花粉的飞散量及飞散距离与风速有关，在一定距离内，随风速增大飞散量增加；在一定风速下，其花粉飞散量又随距离增加而减少。在无授粉树或距授粉树超过100米时，则应辅以人工授粉。人工授粉，应注意保持花粉的活力。在自然状态下，核桃花粉的寿命大约只有2~3天；在室温条件下可保持3~5天。核桃花粉不耐低温和干燥，最适宜的保存温度为3℃，可保存30天以上。相对湿度越大，花粉生活力下降越缓慢，故不宜在干燥条件下贮藏。铁核桃花粉在4℃恒温下贮藏45天，仍有1.5%花粉发芽。

核桃雌花系单胚珠，花粉萌发后只有极少数花粉管到达胚珠，过量的花粉既非必需，又易引起柱头失水，不利于花粉萌发。授粉适期，以柱头呈眉状展开并有黏液分泌时为宜。落到柱头上的花粉，一般只有几粒萌发。萌发的花粉管在柱头表面伸长中遇到乳突细胞的胞间隙即穿入其中，并沿细胞的胞间隙下伸，直达子房室的顶部，伸入子房腔，沿珠被的外表皮下伸到幼嫩隔膜顶端，再穿入隔膜长至合点区，此时方向改变为向上生长，穿过珠心到达胚囊。研究表明，雌蕊中钙的分布状况是诱导花粉管定向生长的原因之一，营养供应和结构上的作用亦很明显，也可能尚有未弄清的向化性源。核桃花粉管由柱头到达胚囊的时间约在授粉后 4 天左右。核桃是双受精，即花粉管释放出两个精子，分别趋向卵和中央核而后完成受精过程。

核桃和铁核桃均具有一定的孤雌生殖能力。常有无授粉条件的孤树，每年也能结果，其坚果也具有成熟的种胚。河北农业大学在 1962~1963 年用异属植物花粉给核桃雌花授粉和用 IAA、NAA、2，4-D 处理，以及套袋隔离花粉等，都获得了具有种胚的果实。

51. 核桃雄花是怎样分化的？有几个时期？

雄芽于 5 月间露出到翌春 4 月间发育成熟，从开始分化到散粉整个发育过程约一年时间。核桃雄花芽与侧生叶芽属同源器官。核桃雄花芽分化划为以下五个时期：

（1）鳞片分化期：母芽雏梢分化之后，在叶腋间出现侧芽原基，4 月上旬侧芽原基在母芽内开始鳞片分化，4 月下旬随母芽萌发新梢生长，侧芽原基外围已有 4 个鳞片形成。雄芽生长点较扁平，鳞片亦较叶芽为少。

（2）苞片分化期：继鳞片分化期之后，在鳞片内侧、生长点周围，从基部向顶端逐渐分化出多层苞片突起。

（3）雄花原基分化期：4 月下旬到 5 月初，从雄花芽基部开始向顶端，在苞片内侧基部出现突起，即单个雄花原基。

（4）花被及雄蕊分化期：5 月初至中旬，雄花原基顶端变平并凹陷，边缘发生突起，即花被的初生突起。

（5）花被及雄蕊发育完成期：5 月中旬至 6 月初，并排的雄蕊突起发育成并列的柱状雄蕊，最多可观察到 6 个。一排花被突起发育成一圈向内弯曲包裹着雄蕊，而苞片又从雄花基部伸出，伸向花被外围，此时整个雄花芽已突破鳞片，像一个松球，至此雄花芽形态分化完成。

雄花芽分化当年夏季变化甚小，长约 0.5 厘米，玫瑰色，秋末变为绿色，冬季变浅灰色，翌春花序膨大。花药的发育从翌年春季开始，花药原基经过分裂，逐渐形成小孢子母细胞。散粉前 3 周分化花粉母细胞，前 2 周形成 4 分体，其后 2~3 天形成全部花粉粒。花序伸长初期呈直立或斜向上生长，颜色变为浅绿色，1周后开始变软下垂并伸长，雄花分离，总苞开放。由花序基部向前端各小雄花逐渐开放散粉，2~3天散完，成熟的花药黄色。散粉速度与气温有关，温度高，散粉快。花序散粉后，花药变褐，枯萎脱落。

雄花芽的着生特点是短果枝 > 中果枝 > 长果枝，内膛结果枝 > 外围结果枝。

52. 核桃雌花的分化过程怎样？

雌花芽与顶生叶芽为同源器官。雌花芽形态分化期为中短枝停长后4~10周（6月2日至7月14日）。核桃雌花芽形态分化进程分以下三个期：①分化始期，中短枝停长后4~6周（6月2~16日），25%~35%的芽内生长点进入花芽分化。此时果实生长速度减缓，果实外形接近于最大体积。②分化集中期，中短枝停长6~10周（6月16日至7月14日），50%以上的生长点开始花芽分化，此时果实体积基本稳定并进入硬核期，种仁内含物开始增加。③分化缓慢及停滞期，中短枝停长10周以后（7月14日以后），花芽数量不再增长。此时种仁内含物迅速积累，果实渐趋成熟。

雌花原基，于冬前出现总苞原基和花被原基，翌春芽开放之前2周内迅速完成各器官的分化，分化顺序依次为苞片、花被、心皮和胚珠。核桃雌花芽从生理分化开始 7~15 天进行形态分化，单个混合花芽的生理分化时间短，但全树的生理分化持续时间较长，并与形态分化首尾重叠，在时间上难以截然分。雌花芽各原基分化时期分：①分化初期（生长点扁平期），中短枝停长后 4~8 周（6 月 2~30 日）；②总苞原基出现期，中短枝停长后 6~9 周（6 月 16 日至 7 月 7 日）；③花被原基出现期，中短枝停长后 7~10 周（6 月 23 日至 7 月 14 日）；④枝停长 10 周以后，雌花芽的分化停顿而进入休眠，直到翌春 3 月下旬继续分化雌蕊原基，各原体进一步发育，4 月下旬开花。

53. 核桃果实有几个发育时期？各有什么特点？

核桃雌花受粉后第 15 天合子开始分裂，经多次分裂形成鱼雷形胚后即迅速分化出胚轴、胚根、子叶和胚芽。胚乳的发育先于合子分裂，但随着胚的发育，胚乳细胞均被吸收，故核桃成熟种子无胚乳。核桃从受精到坚果成熟需 130 天左右。据罗秀钧等（1988）的观察，依果实体积、重量增长及脂肪形成，将核桃果实发育过程分为以下四个时期：

（1）果实速长期：5 月初至 6 月初，约 30~35 天，为果实迅速生长期。此期间果实的体积和重量均迅速增加，体积达到成熟时的90%以上，重量达70%左右。5月7~17日纵、横径平均日增长可达1.3毫米，5月12~22日重量平均日增长2.2克。随着果实体积的迅速增长，胚囊不断扩大，核壳逐渐形成，但白色质嫩。

（2）**硬核期**：6月初至7月初，约35天左右，核壳自顶端向基部逐渐硬化，种核内隔膜和褶壁的弹性及硬度逐渐增加，壳面呈现刻纹，硬度加大，核仁逐渐呈白色，脆嫩。果实大小基本定型，营养物质迅速积累，6月11日~7月1日的20天内出仁率由13.7%增加到24.0%，脂肪含量由6.91%增加到29.24%。

（3）**油脂迅速转化期**：7月上旬至8月下旬，约50~55天，果实大小定型后，重量仍有增加，核仁不断充实饱满，出仁率由24.1%增加到46.8%，核仁含水率由6.20%下降到2.95%，脂肪含量由29.24%增加到63.09%，核仁风味由甜变香。

（4）**果实成熟期**：8月下旬至9月上旬，果实重量略有增长，总苞（青皮）颜色由绿变黄，表面光亮无茸毛，部分总苞出现裂口，坚果容易剥出，表示已达充分成熟。

采收早晚对核桃坚果品质有很大影响，过早采收严重降低坚果产量和种仁品质。

核桃落花落果比较严重。一般可达50%~60%，严重者达 80%~90%。落花多在末花期，花后 10~15 天幼果长到 1 厘米左右时开始落果，果径 2 厘米左右时达到高峰，到硬核期基本停止。侧生果枝落果通常多于顶生果枝。

54. 怎样进行人工辅助授粉?

核桃属于异花授粉植物，虽也存在着自花结实现象，但坐果率较低；核桃有雌、雄花期不一致的现象，且为风媒花，自然授粉受各种条件限制，致使每年坐果情况差别很大。幼树开始结果的第 2~3 年只形成雌花，没有或很少有雄花，因而影响授粉和结果。为了提高坐果率，增加产量，可以进行人工辅助授粉。授粉应在核桃盛花初期到盛花期进行。

（1）花粉的采集：从健壮树上采集发育成熟，基部小花开始散粉的雄花序，放在通风干燥的室内摊开晾干，保持 16~20℃，待大部分雄花药开始散时，筛出花粉，装瓶待用。装瓶贮花粉必须注意通气、低温（2~5℃）条件。否则，温度过高、密闭易发霉，授粉效果降低。为了适应大面积授粉的需要，可用淀粉将花粉加以稀释，同样可达到良好的效果。经试验，用 1:10 淀粉或滑石粉稀释花粉授粉效果较好。

（2）授粉适期：根据雌花开放特点，授粉最佳时期为柱头呈倒“八”字形张开、分泌黏液最多时（一般2~3天）。待柱头反转或柱头变色分泌物很少时，授粉效果显著降低。因此，掌握准确授粉时间很重要。因一株树上雌花期早晚相差7~15天。为提高坐果率，应进行两次授粉。

（3）授粉方法：可用双层纱布袋，内装1∶10稀释花粉或刚散粉雌花序，在上风头进行人工抖动。也可配成花粉水悬液（花粉∶水=1∶5 000）进行喷授，有条件的地方可在水中加入10%蔗糖和0.02%的硼酸。还可结合叶面喷肥进行授粉。

55. 为什么要疏除部分雄花和幼果？何时进行疏除？如何操作？

核桃雄花数量大，远远超出授粉需要，可以疏除一部分雄花。雄花芽发育需要消耗大量的水分、糖类、氨基酸等。尤其花期，正值我国北方干旱季节，水分往往成为生殖活动的限制因子，而雄花芽又位于雌花芽的下部，处于争夺水分和养分的有利位置，大量雄花芽的发育势必影响到结果枝的雌花发育。提早疏除过量的雄花芽，可以节省树体的大量水分和养分，有利当年雌花的发育，提高当年坚果产量和品质，同时也有利于新梢的生长和花芽分化。

（1）疏雄时期：原则上以早疏为宜，一般以雄花芽未萌动前20天内进行为宜，雄花芽开始膨大时，为疏雄的最佳时期。因为休眠期雄芽比较牢固，操作麻烦，雄花序伸长时，已经消耗营养，对树是不利的。

（2）疏雄数量：雌花序与雄花序之比为1∶5±1，每个雄花序有雄花117+4个。雌花序与雄花（小花）数之比为1∶600。若疏去90%~95%的雄花序，雌花序与雄花之比仍可达1∶30~1∶60，完全可以满足授粉的需要。但雄花芽很少的植株和刚结果幼树，可以不疏雄。

早实核桃以侧花芽结果为主，雌花量较大，到盛果期后，为保证树体营养生长与生殖生长的相对平衡，保持优质高产稳产，必须疏除过多的幼果。否则会因结果太多造成果个变小，品质变差，严重时导致树势衰弱，枝条大量干枯死亡。

（1）疏果时间：可在生理落果后，一般在雌花受精后20~30天，即子房发育到1~1.5厘米时进行。疏果量应依树势状况和栽培条件而定，一般以1平方米树冠投影面积保留60~100个果实为宜。

（2）疏果方法：先疏除弱枝或细弱枝上的幼果，也可连同弱枝一同剪掉；每个花序有3个以上幼果，视结果枝的强弱，可保留 2~3 个，坐果部位在冠内要分布均匀，郁闭内膛可多疏。特别注意，疏果仅限于坐果率高的早实核桃品种。

六、早实核桃采收与采后处理

56. 核桃果实成熟的形状特征是怎样的?

核桃果实成熟期因品种和气候条件不同而不同。早熟与晚熟品种（类型）成熟期可相差 10~25 天。北方产区所栽培的品种成熟期多在 9 月上旬至 9 月中旬；早熟品种（类型）最早在 8 月上旬即已成熟。同一品种在不同地区的成熟期并不相同。在同一地区内，平原区较山区成熟早，阳坡较阴坡成熟早，干旱年份较多雨年份成熟早。

核桃需要达到完全成熟方可采收。采收过早青果皮不易剥离，种仁不饱满，出仁率与含油率低，风味不佳，且不耐贮藏；过迟则造成落果，果实落在地上未及时拣拾，容易引起霉烂。因此，适时采收非常重要。一般情况下，核桃果实成熟时总苞（果皮）颜色由深绿色或绿色渐变为黄绿或淡黄色，茸毛稀少，部分果实顶部出现裂缝，青果皮容易剥离，种仁肥厚，幼胚成熟，风味香。以核桃果实形态特征作为果实成熟的标志具有可靠性。

57. 如何确定核桃的最佳成熟期？

（1）果实成熟期内含物的变化：核桃从雌花受粉、子房膨大到果实成熟约需 130 天时间，其中最初的 30~35 天时果实体积迅速增大期，此期间果实体积达到总体积的 90%以上。经过 110 天左右即进入果实成熟前期，熟前果实大小且无大的变化，但其重量仍在继续增加，直到成熟。张宏潮等（1980）通过对不同采收期与核桃产量和品质的影响的研究认为：果实成熟前，随着采收时间推迟，出仁率和脂肪含量均呈递增变化。从 8 月中旬至 9 月中旬一个月内，出仁率平均每天增加 1.8%，脂肪增加 0.97%；成熟前 15 天内，出仁率平均每天增加 1.45%，脂肪增加 1.05%；成熟前 5 天内，出仁率平均每天增加 1.14%，脂肪增加 1.63%。出仁率在前期比后期增加快，脂肪则相反。8 月中下旬出仁率增加最快，8 月 15~25 日 10 天内，平均每天增加 2.13%。当前我国核桃早采的现象相当普遍，且日趋严重。有的地方 8 月初就采收核桃，从而成为影响核桃产量和降低果实品质的重要原因之一，应该引起足够的重视。

（2）核桃果实成熟的形状特征对坚果品质的影响：坚果树种与核果类和仁果类树种不同，它有两个组成部分：可食用的核仁与青果皮；只有青果皮成熟后才易于采收，而这两部分一般不同时成熟。如果只通过青果皮成熟的形状特征来判断采收期，就常出现核仁已成熟，处于浅色阶段，经济价值最高，但青果皮尚未成熟不宜采收，待青果皮成熟后核仁已处于过熟阶段。据测定，当内隔膜刚变棕色时，为核仁成熟期，这时采收核仁质量最好。一般认为必须80%的坚果果柄形成离层、且其中95%的青果皮已与核壳分离，适宜采收。

（3）采收早晚对坚果品质的影响：核桃果实须达到完全成熟才可采收。过早采收，青果皮不易剥离。种仁不饱满，出仁率与含油率低，风味不佳，且不耐贮藏；过晚则造成落果，果实落在地上不及时捡拾，核仁颜色变深，也容易引起霉烂。因此，适时采收是生产优质核桃，获得高效益的重要措施。

58. 核桃采收方法有哪些？

目前，我国采收核桃的方法是人工采收法。人工采收是在核桃成熟时用带弹性的长木杆或竹竿敲击果实。敲打时应该自上而下，从内向外顺枝进行。如由外向内敲打，容易损失枝芽，影响来年产量。也可在采收前半月喷1~2次浓度为0.05%的乙烯利，可有效促使青果皮成熟，大大节省采果及脱青皮的劳动力，也提高了坚果品质。

喷洒乙烯利采收须注意以下事项：喷洒乙烯利必须使

药液遍布全树冠，接触到所有的果实，才能取得良好的效果。使用乙烯利会引起轻度叶子变黄或少量落叶，仍属正常反应。但树势衰弱的树会发生大量落叶，故不宜采用。随采收、随脱青皮和干燥是至关紧要的措施。振落的坚果留在园地会很快变质（核仁颜色），尤以采收后9小时内变质最快。核桃在阳光下气温超过37．8℃时，核仁颜色变深。在炎日下采收时，更需加快捡拾、脱青皮和干燥。雨季不能及时干燥时，宜将坚果留在树上为好。尽管树上的坚果也直接暴露在阳光下，但仍比地面温度低，达到损害核仁的临界高温的几率比地面低。此外，留在地面的核桃易发霉变质，留在地面时间过长时，还会影响壳的颜色，以至影响带壳销售的经济价值。

59. 核桃果实采收后如何进行脱青皮和清洗？

人工打落采收的核桃，70%以上的坚果带青果皮；故一旦开始采收，必须随采收随脱青皮和干燥，这是保证坚果品质优良的重要措施。带有青皮的核桃，由于青皮具有绝热和防止水分散失的性能，使坚果热量积累，当气温在37℃以上时，核仁很易达到40℃以上而受高温危害，在炎日下采收时，更须加快拣拾。

（1）堆沤脱皮法：收回的青果应随即在阴凉处脱去青皮，青皮未离皮时，可在阴凉处堆放，切忌在阳光下曝晒，然后按50厘米左右的厚度堆成堆。若在果堆上加一层10厘米厚的干草或干树叶，可提高堆内温度，促进果实后熟，加快脱皮速度。一般堆沤7天左右，当青果皮离壳或开裂达到50%以上时，可用棍敲击脱皮。切勿使青皮变黑甚至腐烂。

（2）乙烯利脱皮法：果实采收后，在浓度为0.3%~0.5%乙烯利溶液中浸蘸约30秒钟，再按50厘米左右的厚度堆在阴凉处或室内，在温度为30℃、相对湿度80%~90%的条件下，经5天左右，离皮率达95%以上。若果上加盖一层厚10厘米左右的干草，2天左右即可离皮。此法不仅时间短、工效高，而且还能显著提高果品质量。注意在应用乙烯催熟过程中忌用塑料薄膜之类不透气材料覆盖，也不能装入密闭的容器中。

（3）坚果漂洗：坚果脱去青皮后，随即洗去坚果表面上残留的烂皮、泥土及其他污染物，带壳销售时，可用漂白粉液进行漂白。常用的漂白方法如下：将1千克漂白粉溶解在约64克温水内，充分溶解后，滤去沉渣；得饱和液，饱和液可以1∶10的比例用清水稀释后用作漂白液。将刚脱青皮的核桃先用水清洗一遍后，倒入漂白液内，随时搅动，浸泡8~10分钟，待壳显黄白色时，捞出用清水洗净漂白液，再进行干燥，漂白容器以瓷制品为好，不可用铁木制品。

60. 清洗后如何进行干燥处理?

(1)晒干法:漂洗后的干净坚果不能立即放在日光下曝晒，应先摊放在竹箔或高粱箔上晾半天左右，待大部分水分蒸发后再摊晒。湿核桃在日光下曝晒会使核壳翘裂，影响坚果品质。晾晒时，坚果厚度以不超过两层果为宜。晾晒过程中要经常翻动，以达到干燥均匀、色泽一致，一般经过10天左右即可晾干。

(2)烘干法:在多雨潮湿地区，可在干燥室内将核桃摊在架子上，然后在屋内用火炉子烘干。干燥室要通风，炉火不宜过旺，室内温度不宜超过40℃。

(3)热风干燥法:用鼓风机将干热风吹入干燥箱内，使箱内堆放的核桃很快干燥。鼓入热风的温度应在40℃为宜。温度过高会使核仁内脂肪变质，当时不易发现，贮藏几周后即腐败不能食用。

(4)坚果干燥的指标:坚果相互碰撞时，声音脆响，砸开检查时，横隔膜极易折断，核仁酥脆。在常温下，相对湿度60%的坚果平均含水量为8%，核仁约4%，便达到干燥标准。

61. 常用的坚果贮藏方法有哪些?

傈僳族大部分是放进麻袋扎紧后，放在烟火能够熏得到的地方或是放在土罐里。南方气候潮湿待自然晒干后才收藏。密封时应选择低温、干燥的天气进行，使帐内空气湿度不高于 50%~60%，以防密封后腐变。采用塑料袋密封黑暗贮藏，可有效降低种皮氧化反应，抑制酸败，在室温 25℃以下可贮藏 1 年。

尽可能带壳贮藏核桃，如要贮藏核仁，因核仁破碎而使种皮不能将仁包严，极易氧化，故应用塑料袋密封，再在 1℃左右的冷库内贮藏，保藏期可达 2 年。低温与黑暗环境可有效抑制核仁酸败。

七、核桃病虫害防治技术

62. 植物检疫有哪些重要措施?

(1)禁止进境: 针对危险性极大的有害生物，严格禁止可传带该有害生物的活植物、种子、无性繁殖材料和植物产品进境。土壤可传带多种危险性病原物，也被禁止进境。

(2)限制进境: 提出允许进境的条件，要求出具检疫证书，说明进境植物和植物产品不带有规定的有害生物，其生产、检疫检验和除害处理状况符合进境条件。此外，还常限制进境时间、地点，进境植物种类及数量等。

(3)调运检疫: 对于在国家间和国内不同地区间调运的应行检疫的植物、植物产品、包装材料和运载工具等，在指定的地点和场所(包括码头、车站、机场、公路、市场、仓库等)由检疫人员进行检疫检验和处理。凡检疫合格的签发检疫证书，准予调运，不合格的必须进行除害处理或退货。

(4)产地检疫: 种子、无性繁殖材料在其原产地，农产品在其产地或加工地实施检疫和处理。这是国际和国内检疫中最重要和最有效的一项措施。

（5）国外引种检疫：引进种子、苗木或其他繁殖材料，事先需经审批同意，检疫机构提出具体检疫要求，限制引进数量，引进后除施行常规检疫外，尚必须在特定的隔离苗圃中试种。

（6）旅客携带物、邮寄和托运物检疫：国际旅客进境时携带的植物和植物产品需按规定进行检疫。国际和国内通过邮政、民航、铁路和交通运输部门邮寄、托运的种子、苗木等植物繁殖材料以及应施检疫的植物和植物产品等需按规定进行检疫。

（7）紧急防治：对新侵入和定核的病原物与其他有害生物，必须利用一切有效的防治手段，尽快扑灭。我国国内植物检疫规定，已发生检疫对象的局部地区，可由行政部门按法定程序创为疫区，采取封锁、扑灭措施。还可将未发生检疫对象的地区依法划定为保护区，采取严格保护措施，防止检疫对象传入。

63. 如何配制和使用核桃涂白剂？

涂白剂主要用来保护树干，夏季防止日灼，冬季防止冻害，兼有杀菌、治虫的作用。涂白剂的配料因用途而异，其中最主要的是石灰质量要好，加水后消化彻底。

若用消石灰，应过筛用少量水泡数小时，使其成膏状。涂白剂的浓度以涂在树干上不往下流，能薄薄沾一层为度，且要均匀一致。配制比例为生石灰 6 千克，食盐 1~1.5 千克，大豆展着剂 0.25 千克，水 18~20 千克，先将生石灰化开，做成石灰乳，然后加入大豆展着剂（未经过滤的大豆浆或豆饼浆）。

涂刷树干时，要先把翘皮刮去，用草把、扫帚、排刷等涂刷，把大枝和主干 130 厘米以下部分均匀，的涂白。11 月上中旬，对幼树、老树、枝叶稀少和生长势衰弱的树干用药刷白，可防止裂皮，减轻冻害和枝干病害。防治核桃干腐病，可在主干的南面和西南面刷涂白剂，以减少日灼和预防病害。防治核桃腐烂病，冬季刮干净腐烂病疤后，树干涂白涂剂，预防冻害和虫害引起此病的发生，同时兼治枝枯病。

64. 如何熬制石硫合剂？怎样使用石硫合剂？

石硫合剂是一种无机杀虫、杀螨、杀菌剂。熬制好的原液为红褐色透明液体，有臭鸡蛋气味，呈强碱性。易溶于水，有效成分是多硫化钙和硫代硫酸钙。容易被空气氧化，降低药效。熬好的药液不及时用时，必须密封或在液面加一层油薄膜与空气隔离，以免被氧化。对人的皮肤有腐蚀作用，在植物上长期连续使用时，容易产生药害。

（1）熬制方法：硫磺粉1千克，生石灰0.5千克，水5千克。把硫磺粉先用少量水调成稀糊状，生石灰加少许水化开后调成石灰乳，并加足量水煮沸，再慢慢加入硫磺稀糊，边加入边搅拌，同时要加大火力熬煮约40分钟，锅内药液由黄色变为红色，再变为深褐色（酱油色）时即熬制成功。在熬煮过程中，必须标记锅内水量位置，并要及时加入开水，以补充蒸发失去的水量。熬好的药液冷却后，过滤去杂即为原液，一般可达23~28波美度。

（2）施用技术：石硫合剂具有杀虫、杀螨、杀菌作用，可防治园林、花卉、果树上的红蜘蛛、介壳虫、壁虱、锈病、白粉病、腐烂病、溃疡病等。使用浓度要根据植物、防治病虫对象、气候条件不同而决定，浓度过大或气温过高过低都容易产生药害。一般冬季及早春使用5波美度稀释液；树木芽萌动但尚未开放时，可使用1~3波美度稀释液；夏季只能使用0.3~0.5波美度稀释液；室内使用不可超过0.3波美度。石硫合剂沉渣加入一定量的石灰后可作树木涂白剂，可防治果树腐烂病、溃疡病等。使用时注意：第一，石硫合剂使用之前，必须用波美比重计测量好原液浓度，根据使用要求，查表或计算出需加水倍数，加水稀释喷洒；第二，原料要求，硫磺粉必须是细面，生石灰必须是优质块状；第三，对桃、李、梅、梨及部分瓜类、豆科花卉易产生药害；第四，不宜与油乳剂、松脂合剂、波尔多液、砷酸铅等药混用；第五，夏季高温（32℃以上）、春季低温（4℃以下）都不宜使用。

65. 如何配制和使用柴油乳剂？

柴油乳剂是由柴油和其他乳化剂配制而成，对害虫的作用方式与机油乳剂相同，是果树上广泛施用的一种触杀剂。休眠期施用，对各种介壳虫、红蜘蛛和蚜虫的越冬卵有极强的杀伤作用。杀虫机理是窒息杀虫，喷洒在害虫表面，形成稳定持久的药膜，使害虫窒息而死。无公害、无残毒，对天敌安全，不易产生药害，害虫不易产生抗性。根据柴油乳剂的黏稠度不同。将其分为轻柴油乳剂和重柴油乳剂。

（1）轻柴油乳剂：柴油和水各1000克，肥皂60克。先将肥皂切碎，加入热水中溶化，同时将柴油在热水浴中加热到70℃（热至烫手的程度，且勿直接加热，以免失火）。把已加热好的柴油慢慢倒入热肥皂水中，边倒边搅拌，再用去掉喷水片的喷雾器将配成的乳剂反复喷射两次，即制成含油量48.5%的柴油乳剂。使用时将原液稀释10倍，于核桃树发芽前喷雾，可防止各种蚜虫、介壳虫和害螨。果树生长期施用，可将原液稀释100倍喷雾。

（2）重柴油乳剂：重柴油0.5千克、亚硫酸纸浆废液0.25千克、水9.25升。将柴油和亚硫酸纸浆废液分别放在容器中加热，待其熔化后把油慢慢倒入亚硫酸纸浆废液中，边倒边搅拌，加完后继续搅拌，直至成稀糊状即成原液。施用时先用少量温水慢慢倒入原液中，边倒边搅拌，使之均匀稀释，最后将定量水加入，稍加搅拌，即成5%重柴油乳剂，一般在落叶果树发芽前20天左右直接喷雾，可防止各种蚜虫、梨木虱、介壳虫、害螨等。若在药液中加入0.1%洗衣粉，可延长油水分离时间，提高柴油乳化的性能，提高防治效果5%左右，并可增加药效的稳定性和减少药害的发生。

（3）洗衣粉柴油乳剂：用中性洗衣粉、零号柴油、水，按0.5∶0.25∶100的用量，先用少量热水将洗衣粉溶化，把柴油徐徐加入洗衣粉溶液中，并不断搅至油全部被乳化，停止搅拌后液面无油珠出现，再加入全量的水后即成。最好的方法是用两个喷雾器，一个喷油，一个喷洗衣粉液，同时喷入第三个容器内，并不停搅拌，喷完后加入全量的水后便可应用。此种方法配制的洗衣粉柴油乳剂，质量好，对果树安全性高。零号柴油黏度小，扩散力强，分散速度快，但不能直接施用，因药害严重。洗衣粉呈碱性，乳化和展着性能好，有杀虫作用。按此法配制的洗柴乳剂，只能现配现用。可用以防治全爪螨、食叶螨、锈螨和蚜虫以及初孵幼蚧，且对树体安全。

（4）注意事项：①柴油乳剂和部分有机杀虫剂混用，可提高防治效果。如出现乳化不良时，应适当加些乳化剂，如仍有不溶现象，则不可混用。②柴油乳剂对果树易产生药害，尤其在果树生长期使用，除在降低浓度外，还需对不同树种或品种进行小范围试验后，方能大面积使用。

八、核桃无公害果品生产技术

66. 无公害果品生产规则包括哪些内容？

（1）环境条件：符合“国家或地方无公害农产品环境产地标准”要求。基地应选择相对集中连片，土壤肥沃，有机质含量在2%以上，水利条件优越，空气清洁，基地5千米内无污染源存在，其园地环境质量（大气、灌溉水、土壤）便于管理，水、电、交通方便的地方。

（2）品种选择与配置：以适宜本地区的优良品种为主。引进品种需经引种试验成功后方能使用。主栽品种与授粉品种为8∶1或两个以上优良品种相间栽植。采用良种嫁接苗，苗木的质量要求符合国家或地方标准。

（3）栽培技术：①栽植时间，秋季落叶后至春季萌芽前栽植。②栽植密度，根据当地的环境条件、技术水平，确定栽植密度，一般株行距5~6米×7~8米，果粮间作园，6~8米×10~12米。早实密植园3~4米×4~5米。③整地时间、方法及规格，整地时间为11月至次年3月进行，穴状整地；整地规格为100厘米×100厘米×100

厘米，将表土和心土分别堆放。每穴用腐熟的农家肥25~30千克，与表土充分混合均匀后回填入栽植穴，心土回填栽植穴上层。④栽植前剪除烂根、伤根。栽植时打泥浆，做到“三埋二踩一提苗”，扶正苗木，舒展根系，苗木根颈高于地表2~3厘米。

（4）土肥水管理：①土壤管理。为了促进幼树的生长发育，应及时除草和松土。幼龄核桃可选用低杆的豆科作物或绿肥间作，代替松土除草。未间作的核桃园，可根据杂草情况，每年4月下旬和8月中旬松土除草，松土除草次数可视具体情况进行3~4次。成龄树的土壤管理主要是翻耕熟化土壤。深耕时期在春、夏、秋三季均可进行，春季于萌芽前进行，夏秋两季在雨后进行，并结合施肥将杂草埋入土内。应从定植穴处逐年进行深耕，深度以60~80厘米，宽50厘米左右为宜，但需防止损伤直径1厘米以上的粗根，每年进行2次。②施肥量要根据土壤肥力、核桃生长状况和不同时期核桃对养分的需求而定；以有机农家肥为主，少施化肥。多采用放射状施肥和环状施肥。③灌水。3~4月份结合春季施肥、松土，灌好萌芽水；5~6月份雌花受精后，果实迅速进入生长期，需要大量的水分，如遇干旱应灌一次果实膨大期水；10~11月初落叶前，可结合秋季施基肥灌一次封冻水。核桃树对地表积水和地下水位过高均较敏感，应及时进行排水。

（5）整形修剪：根据当地气候条件、果园土壤条件、品种特性和管理水平，进行整形修剪，主要是解决树体通风透光，防止结果部位外移，调节好生长与结果的关系，保持优质丰产树形。

（6）保花保果：在花期搞好人工辅助授粉，提高坐果率；根据树体的生长状况，及时疏花疏果，先疏除弱树或细弱枝上的幼果，确保坐果部位在冠内分布均匀。

（7）病虫害防治：贯彻“预防为主、科学防控、依法治理、促进健康”的方针。按照病虫害的发生规律和经济阈值，科学使用化学防治技术，有效控制病虫危害。采用营林措施、物理、生物措施与化学防治相结合的综合防治原则。严格执行国家规定的植物检疫制度，禁止检疫性病虫害传入。在生态最适宜区和适宜区，选用抗病、抗虫、抗逆性强的适生优良品种。加强栽培管理，增强树势，提高树体自身抗病能力；及时采取除草、松土、修剪和冬季翻土。清园等措施减少病虫源。改善果园生态环境，保护和利用天敌资源，提高果园病虫自控能力。严禁使用国家禁止使用农药；有限制的使用低毒、低残农药并按 GB4285、GB/T832（所有部分）的要求控制使用量和安全间隔期。

（8）采收：适时采收，严禁过早采收，以保证果品的最佳质量。

（9）包装与贮运：采用全新无污染的编制袋或麻袋包装。运输工具必须清洁、无污染物，不得与有毒、有害物品混运。存贮场所应荫凉、干燥、通风、防雨防晒、无毒、无污染源。

67. 生产核桃无公害产品应具备什么条件？

无公害果品是指果树的生长环境、生产过程及包装、储存、运输中未被农药等有害物质污染，或有轻微污染，但符合国家标准的果品。无公害果品的生产有其严格标准和程序，主要包括环境质量标准、生产技术标准和产品质量检验标准，经考查、测试和评定，凡符合以上标准，并经省级以上行政主办部门批准，方可成为无公害果品。

（1）建立生态环境良好的无公害核桃生产基地：无公害核桃园一定要选生态环境较好的基地，周围不能有工矿企业，并远离城市、公路、机场、车站、码头等交通要道，以免有害物质污染。果园的大气、土壤、灌溉水要进行检测，符合标准才能确定为基地，这是生产无公害核桃的基础条件。大气、土壤、灌溉水等环境质量应以农业环保部门数据为准。果园内要清洁，不得堆放工矿废渣、禁用工业废水、城市污水灌溉，以防重金属等有害物质对果园土壤和灌溉水造成污染。

（2）制定规范的无公害核桃生产技术规程：果品生产包括土壤、肥料、栽培、植保等方面，为达到无公害生产要求，必须根据不同树种、品种，因地制宜地采用最先进的生产技术，制定出科学实用、操作性强的生产技术规范或操作规程，其内容包括土壤改良、施肥、灌溉、整形修剪、花果管理、病虫防治、适时采收、果品分级、包装、储藏和运输等。

（3）搞好病虫害综合防治，加强农药管理：果树病虫害种类多、危害重，必须及时防治。其防治策略要以改善果园生态环境、加强栽培管理为基础，优先选用农业和生态调控措施，注意天敌的保护和利用，充分发挥天敌的自然控制作用。在农药品种选择上，要大力推广使用生物制剂和高效、低毒、低残留化学农药，控制使用中等毒性农药，严禁使用高毒、高残留农药，如甲拌磷、乙拌磷、久效磷、对硫磷、甲基对硫磷、甲胺磷、甲基异抑磷、氧化乐果、磷胺、克百威、涕灭威、杀虫脒、三氯杀螨醇、林丹、福美砷及其含砷制剂等。阿维菌素属农抗类杀虫剂，其原药高毒，申报绿色食品的果园禁用；但其制剂（最高含量1.8%）低毒，使用安全，果品中至今未测出残留，无公害果品生产仍可应用。

（4）科学施肥：果园施肥应多施有机肥和复合肥，控制施用化肥，以防止对果品和土壤的污染，化肥和有机肥要配合施用，有机氮和无机氮之比以1:1为宜。

（5）果品外观、品质：果品外观、品质要达到优等果标准，并经检测，农药、重金属等有害物质残留要符合国家标准，果品的包装材料、库房、运输工具要清洁、无异味。

68. 无公害果品生产可以使用的农家肥料有哪些？

（1）堆肥：以多种秸秆、落叶、杂草等为主要原料，并以人、畜粪便和适量土混合堆制，经过好气性微生物分解发酵而成。

（2）沤肥：所用物料与堆肥相同，但需要在水淹条件下经过微生物嫌气发酵而成。

（3）人粪尿：必须是经过腐熟的人粪便和尿液。

（4）厩肥：以马、牛、羊、猪等家畜和鸡、鸭、鹅等家禽的粪便为主，加上粉碎的秸秆和泥土等混合堆积，经微生物分解发酵而成。

（5）沼气肥：有机物料在沼气池密闭的环境下，经嫌气发酵和微生物分解，制取沼气后的副产品。

（6）绿肥：以新鲜植物体就地翻压或异地翻压，或经过堆沤而成的肥料。这类植物有豆科植物和非豆科植物，在果园利用的以豆科植物为多。

（7）**秸秆肥：**以麦秸、稻草、玉米秸、油菜秸等直接或经过粉碎后铺在果园，待在田间自然沤烂后翻于土中。

（8）**饼肥：**由油料作物的籽实榨油后剩下的残渣制成的肥料，如菜籽饼、棉籽饼、豆饼、花生饼、芝麻饼、蓖麻饼等。这些肥料可直接施入，也可经发酵后施入。

（9）**腐植酸肥：**以含有腐植酸类物质的泥炭、褐煤、风化煤等加工制成的含有植物所需营养成分的肥料。

69. 生产无公害果品可以使用哪些商品肥料？

（1）**商品有机肥：**以大量植物残体、畜禽排泄物及其他生物废料为原料，加工制成的商品肥料，包括膨化鸡粪、干燥羊粪及牛粪等。

（2）**腐植酸类肥料：**以含有腐植酸类的泥炭、褐煤和风化煤等，经过加工制成含有植物营养成分的肥料。

（3）**微生物肥料：**以特定微生物菌种培养生产的含活的微生物的制剂，包括根瘤菌肥料、复合微生物肥料、固氮菌复合肥料、光合菌复合肥料，以及其他有益菌肥。

（4）**有机复合肥：**是指经无害化处理的畜、禽粪便及其他生物废物，加入适当的微量元素，所制成的肥料。

（5）**无机（矿质）肥料：**由矿物经物理或化学工业方式制成，养分呈无机盐形式的肥料。包括矿物钾肥、硫酸钾、矿物磷肥（磷矿粉）、煅烧磷酸盐、脱氟磷肥、石灰、石膏和硫磺等。

（6）叶面肥料：喷施于植物叶片并能被植物利用的肥料。但不得含有化学合成的生长调节剂。

（7）有机无机肥：把有机肥料与无机肥料经过机械混合或化学反应而成的肥料。

（8）掺合肥：在有机肥、微生物肥、无机肥和腐植酸肥中，按一定比例掺入化肥（硝酸氮肥除外），并经过机械混合而成的肥料。

（9）可使用的其他肥料：指不含有毒物质的食品、纺织工业的有机副产品，以及骨粉、氨基酸残渣、骨胶废渣、家畜家禽加工废料、糖厂废料等有机物所制成的肥料。

70. 生产无公害果品使用肥料有哪些规则？

第一，按规定标准选用无公害果品允许使用的肥料，禁止使用硝态氮肥。

第二，化肥必须与有机肥配合施用，有机氮与无机氮之比不超过1∶1.5。

第三，化肥可与有机肥、复合肥、生物肥配合使用。

第四，城市生活垃圾一定要经过无害化处理，达到质量标准后方可使用。

第五，搞好各种形式的秸秆还田，包括秸秆过腹还田、直接翻压还田和覆盖还田等，允许用少量氮素调节碳氮比。

第六，要依据测土配方施肥原则，合理确定施肥总量，选择适宜的氮、磷、钾及微量元素施用比例。

第七，腐熟的沼气液、残渣及人、畜粪、尿可用作追肥，严禁施用未腐熟的人、畜粪、尿。

第八，饼肥优先用于水果和蔬菜等，禁止施用未腐熟饼肥。

第九，喷洒叶面肥料要严格执行操作规程。

第十，微生物肥料可作基肥和追肥使用。

71. 无公害核桃产品认证的依据与程序有哪些?

无公害核桃产品认证的依据为中华人民共和国农业部颁发的农业行业标准（NY5000 系列标准）。无公害核桃产品认证，与其他无公害农产品的认证一样，要按以下程序进行。

第一，省、直辖市、自治区农业行政主管部门组织完成无公害农产品产地认定及环境监测，并颁发《无公害农产品产地认定证书》。

第二，无公害农产品省级工作机构接收《无公害农产品认证申请》及附报材料后，审查材料是否齐全、完整，核实材料内容是否真实、准确，生产过程是否有禁用农业投入品使用和投入品使用不规范的行为。

第三，无公害农产品定点检测机构，对送检产品进行抽样、检测。

第四，我国农业部农产品质量安全中心所属专业认证分中心，对省级工作机构提交的初审情况和相关申请资料进行复查，对生产过程中控制措施的可行性、生产记录档案和产品《检验报告》的符合性进行审查。

第五，我国农业部农产品质量安全中心，根据专业认证分中心审查情况，再次进行形式审查，对符合要求的，组织召开“认证评审专家会”，进行最终评审。

第六，我国农业部农产品质量安全中心颁发无公害农产品证书，核发无公害农产品标志，并报农业部和国家认监委联合公告。

1 O DO: Lꓯ; Sꓱ, YI. KO. B: LI, T. M WU: L MO L DU

(1) Mꓵ: KU, Dꓵ Dꓵ KW O DO: Tꓶ V, BE XW W DU M A LE ꓥ?

Mꓵ: KU, Dꓵ Dꓵ KW O DO: Tꓶ V, DU M NY 66.26 Mꓶ: KO. ꓛI JW,(2005 ꓘO; FAO ꓕO: ꓶ: KW BO TI V, M Tꓯ. NYI W)-. O DO: XW W DU M NY 166.227 Mꓶ: Tꓱ= A Mꓶ ꓕꓯ;-. Mꓵ: KU, Dꓵ Dꓵ KW O DO: Tꓶ V, Dꓵ KUꓷ; M NY 47 KUꓷ; JW,-. ꓕI M Nꓯ.; KW-. ꓕI: ꓘO; O DO: YI. Mꓶ: Tꓱ XW W DU KUꓷ; M NY 23 KUꓷ;-. GO LE MY: MY: XW W DU KUꓷ; M NY CO-KUꓷ;-. Mꓶ-KUꓷ;-. Pꓯ;-Mꓶ FOU.-. ꓕU-ꓯ-ꓛI: ꓥ= Mꓵ: KU, Dꓵ Dꓵ KW O DO: Tꓶ Sꓷ. NI, ꓤꓱ; SI. O DO: XW W M Tꓯ. NYI ꓕꓯ;-. Y,-FOU.-. OU.-FOU.-. Pꓯ;-Mꓶ FOU.-. CO.-Mꓶ FOU. NY A: ꓘꓶ. Tꓶ ZO: SI. A: MY, XW W ꓥ=

O DO: Mꓶ Sꓯ KW YI. ꓕU Tꓱ WU: DO YI LO KUꓷ; NY

8 KUꓷ; JW,-. YI. Mꓶ: Tꓱ WU: DO YI LO KUꓷ; NY 2 KUꓷ; JW,(Mꓶ-KUꓷ;-. MO:-XI.-Kꓶ.)= Mꓶ-KUꓷ; BE OU.-FOU. NY ꓕI: KUꓷ; GU ꓕI: KUꓷ; KW O DO: YI. ꓘO. JW, JW, BI A: MY, WU: MY:-. Y,-FOU. NY O DO: YI. ꓒY. LI: JW, JW, BI Mꓶ: Sꓯ KW WU: DO MY:-. ꓕI M NY OU.-Mꓶ ꓕI: KUꓷ; GU ꓕI: KUꓷ; KW A: ꓘꓶ. JI Xꓵ: O DO: Tꓶ, V DUM Tꓯ. Tꓱ, MO ZO: T. ꓥ=

2 RO: KUꓷ; KW O DO: Tꓶ LO YI. Jꓵ, BE Mꓶ Sꓯ KW WU: DU M A LI ꓥ?

ꓕI: RO: KUꓷ; KW O DO: Tꓶ DU M NY A: L 2000 ꓘO; G; Lꓯ: G; JI JW, W-. 20 ꓤꓶ 40 Jꓵ, ꓕꓯ;-. RO: KUꓷ; ꓕI: M A: Jꓵ; KW O DO: ꓕI: ꓘO; NY 5 Mꓶ: Tꓱ LI. XW M: W-. 50Jꓵ, YI. TI, XY KW ꓛI ꓕꓯ; NY A: L 10 Mꓶ: Tꓱ XW W-. 60 Jꓵ, ꓕꓯ; NY 4-5 Mꓶ: Tꓱ ꓞꓶ LI-. 70 Jꓵ, NY 7-8 Mꓶ: Tꓱ ꓛI Dꓯ L-. 80 Jꓵ, ꓕꓯ;-. RO: KUꓷ; ꓕI: M A: Jꓵ; KW O DO: Tꓶ V, DU M NY 92 KO. ꓛI(1376.3 Mꓶ: MU)-. GO LI ꓕI: ꓘO; NY 11.74 Mꓶ: Tꓱ XW W-. 2015 ꓘO; ꓒ ꓛI-. RO: KUꓷ; ꓕI: M A: Jꓵ; KW O DO: NY 18.6 KO. ꓛI Tꓶ V,-. ꓕI: ꓘO; NY 49.907 Mꓶ: Tꓱ Dꓯ YI-. GO LI ꓕI: ꓘO; ꓕꓯ; SI ꓕI: ꓘO; XW W ꓥ=

(1) Mꓵ: KU, Dꓵ Dꓵ KW O DO: Tꓶ LO MI: M A LI ꓥ?

ꓟꓵ: ꓗꓴ, ꓓꓵ ꓓꓵ ꓗꓪ ꓳ ꓓꓳ: ꓔꓶ ꓦ ꓓꓴ ꓟ ꓠꓬ 66.26 ꓟꓶ: ꓝꓱꓙꓪ,-. ꓕꓲ: ꓘꓳ; ꓠꓯ.; ꓗꓪ ꓳ ꓓꓳ: ꓫꓪ ꓪ ꓓꓴ ꓟ ꓠꓬ 166.227 ꓟꓶ: ꓔꓱ= ꓟꓵ: ꓗꓴ, ꓓꓵ ꓓꓵ ꓗꓪ ꓳ ꓓꓳ: ꓔꓶ ꓦ, ꓓꓴ ꓗꓴꓷ; ꓠꓬ 47 ꓗꓴꓷ;-. ꓕꓲ: ꓘꓳ; ꓠꓯ.; ꓗꓪ ꓳ ꓓꓳ: ꓬꓲ. ꓟꓶ: ꓔꓱ ꓛꓲ ꓫꓪ ꓪ ꓓꓴ ꓗꓴꓷ; ꓠꓬ 23 ꓗꓴꓷ; ꓙꓪ,-. ꓖꓳ ꓡꓲ ꓕꓲ ꓗꓴꓷ; ꓟ ꓠꓬ ꓚꓳ.-ꓗꓴꓷ;-. ꓟꓶ:-ꓗꓴꓷ;-. ꓬꓲ.-ꓡ:-. ꓕꓴ-ꓯ-ꓛꓲ: ꓗꓴꓷ; ꓥ= ꓟꓵ: ꓗꓴ, ꓓꓵ ꓓꓵ ꓗꓪ ꓳ ꓓꓳ: ꓔꓶ ꓢꓷ. ꓠꓲ, ꓤꓱ: ꓢꓲ. ꓳ ꓓꓳ: ꓮ: ꓟꓬ, ꓫꓪ ꓪ ꓓꓴ ꓞꓳꓴ. ꓠꓬ ꓬ,-ꓞꓳꓴ.-. ꓳꓴ.-ꓞꓳꓴ.-. ꓑꓶ:-ꓟꓶ-ꓞꓳꓴ.-. ꓚꓳ.-ꓟꓶ:-ꓞꓳꓴ. ꓥ-. ꓚꓳ. ꓗꓴꓷ; ꓗꓪ ꓳ ꓓꓳ: ꓔꓶ ꓦ, ꓓꓴ ꓟ ꓠꓬ ꓟꓵ: ꓗꓴ, ꓓꓵ ꓓꓵ ꓗꓪ ꓐꓯ ꓡꓲ. ꓮ: ꓟꓬ, ꓫꓪ ꓪ ꓓꓴ ꓗꓴꓷ; ꓟ ꓥ(49.907 ꓟꓶ: ꓔꓱ)-. ꓟꓶ-ꓗꓴꓷ;(32.199 ꓟꓶ: ꓔꓱ)-. ꓬꓲ.-ꓡ:(15 ꓟꓶ: ꓔꓱ)=

ꓬꓲ. ꓐ: ꓗꓪ ꓕꓲ: ꓘꓳ; ꓳ ꓓꓳ: ꓬꓲ. ꓕꓴ ꓔꓱ ꓖꓳ ꓓꓳ ꓡꓲ ꓡꓳ ꓗꓴꓷ; ꓠꓬ 8 ꓗꓴꓷ; ꓙꓪ,-. ꓬꓲ. ꓟꓶ: ꓔꓱ ꓖꓳ ꓓꓳ ꓡꓲ ꓡꓳ ꓗꓴꓷ; ꓠꓬ 2 ꓗꓴꓷ; ꓙꓪ,= ꓟꓶ-ꓗꓴꓷ;-. ꓳꓴ.-ꓞꓳꓴ. ꓗꓪ ꓠꓬ, ꓡꓳ ꓗꓴꓷ; ꓠꓬ ꓳ ꓓꓳ: ꓬꓲ. ꓟ ꓡꓱ. ꓡꓱ. ꓖꓳ ꓓꓳ ꓡꓲ-. ꓬ,-ꓞꓳꓴ. ꓗꓪ ꓠꓬ, ꓡꓳ ꓗꓴꓷ; ꓠꓬ ꓳ ꓓꓳ: ꓬꓲ. ꓒꓬ. ꓖꓳ ꓓꓳ ꓡꓲ=

（2）ꓣꓳ: ꓗꓴꓷ; ꓗꓪ ꓳ ꓓꓳ: ꓔꓶ ꓐꓲ ꓬꓲ. ꓐ: ꓗꓪ ꓪꓴ: ꓓꓴ ꓟꓲ: ꓠꓬ ꓮ ꓡꓲ ꓥ?

ꓣꓳ: ꓗꓴꓷ; ꓗꓪ ꓳ ꓓꓳ: ꓔꓶ ꓟ ꓠꓬ 2000 ꓘꓳ; ꓖ; ꓡꓯ: ꓖ; ꓙꓲꓛꓲꓙꓪ, ꓪ= 20 ꓤꓶ 40 ꓘꓳ;-. ꓣꓳ: ꓗꓴꓷ ꓗꓪ ꓳ ꓓꓳ ꓫꓪ ꓪ ꓓꓴ ꓟ ꓠꓬ 5 ꓟꓶ: ꓔꓱ ꓡꓲ. ꓟ: ꓙꓪ,-. 50 ꓤꓶ ꓠꓬ 10 ꓟꓶ: ꓔꓱ ꓫꓪ ꓪ-. 60 ꓤꓶ ꓠꓬ 4-5 ꓟꓶ: ꓔꓱ ꓛꓲ ꓝꓶ ꓡꓲ-. 70 ꓤꓶ ꓠꓬ 7-8 ꓟꓶ: ꓔꓱ ꓛꓲ

MY: L-. 80 ꓤꓶ NY RO: KUꓷ; ꓕI: M A: Jꓵ: KW O DO 1376 Mꓶ: MU Tꓶ Gꓶ-. ꓕI: ꓘO; NY 11.74 Mꓶ: Tꓱ XW W-. GO LI ꓕI: M K. NY. NY ꓕI: ꓘO; ꓕꓯ: SI: ꓕI: ꓘO; Tꓶ MY: -. ꓕI: ꓘO; ꓕꓯ; SI ꓕI: ꓘO; XW W=

RO: KUꓷ; O DO: YI. B: KW WU: DU M NY RO: KUꓷ; ꓒ Tꓶ LO YI. Jꓵ, KW JO. MI: DO: A: ꓘꓶ. JW, LI ꓥ-. 1921 ꓘO;-. RO: KUꓷ; O DO: YI. B: KW 6710 Tꓱ WU: DU YI.-. 60 ꓤꓶ-. RO: KUꓷ; NY YI,-TU, KUꓷ; Dꓯ ꓕI SI._DO: M YI.-KUꓷ; KW WU: Gꓶ-. Fꓯ, NY Tꓶ:-KUꓷ;-. ꓩ:-KUꓷ;-. YI,-T, LI, KW WU: Gꓶ= ꓕI LI ꓥ M Pꓶ. DU-. RO: KW O DO: M NY Mꓵ: KU, Dꓵ Dꓵ ꓶ Lꓯ: MO Tꓶ. KW A: ꓘꓶ. WU: ZO: LI= Gꓶ SI. 80-90 ꓤꓶ KW NY RO: KUꓷ; O DO: M A: ꓘꓶ. M JI O NIO-. RO: KW O DO: M NY Mꓵ: KU, Dꓵ Dꓵ ꓶ Lꓯ: MO Tꓶ. KW WU: M: JI L W=

3 O DO: NY L: ꓞO KO Dꓱ: KO MI KW JI DU A LI JW,?

O DO: NY PY-ꓕAO:-. YAO.-KO-. ꓛI-FI ꓕI: ꓛO; Mꓵ: KU, Dꓵ Dꓵ KW LI. MI DO: A: ꓘꓶ. JW, ꓥ-. GO LI ꓕI ꓕI: HW. M NY YI. ZI: Z:-. Lꓱ Z:-. HW; ꓞꓶ ꓤ: LI. Xꓵ: ꓛꓵ= LE: LE: NY L: ꓞO KO Dꓱ: KO MI Dꓯ LI. JI DU JW,= O DO: YI. ꓒY. 100 ꓘꓶ: Nꓯ.; KW A: ꓘꓶ. JI LO Cꓵ-ꓩ: Bꓯ

63~70ꓘꓶ:JW,-.Tꓯ,-Pꓯ:-Cꓵ, 14.6~19 ꓘꓶ: JW,-. ꓕꓯ,-XU-HW,-HO:-WU: 5.4~10.7 ꓘꓶ: JW,-. LI: 280 HAO: ꓘꓶ: JW,-. Kꓯ, 85 HAO: ꓘꓶ: JW,-. ꓕY: 3.2 HAO: ꓘꓶ: JW,-. XI. 2.48 HAO: ꓘꓶ: JW,-. C: 3 HAO: ꓘꓶ: BI Nꓯ. Bꓯ: Nꓯ. Xꓵ: A: ꓘꓶ. JI Xꓵ: JW,=

O DO: YI. ꓒY. KW Tꓯ,- Pꓯ:-Cꓵ, A: ꓘꓶ. MY: M NY 29.7% JW,-. ꓕI M NY Sꓯ. Jꓵ: Tꓯ. Tꓯ,- Pꓯ:-Cꓵ, M-LI: ꓕI: LI, JW,-. O DO: YI. ꓒY. 100 ꓘꓶ: Nꓯ.; KW KU:-AN.-SW. 3.549 ꓘꓶ: JW,-. CI.-AN.-SW. 2.621 HAO: ꓘꓶ: BI Nꓯ. Bꓯ: Nꓯ. Xꓵ: A: ꓘꓶ. ꓩI Xꓵ: JW, ꓥ=

Z: ꓘꓶ: Z: MI Z: DU DO: DU KW A. TI. ꓤ: JW, DU ꓕY:-. XI.-. Kꓯ, Bꓯ LO Xꓵ: M NY L: ꓞO KO Dꓱ; KO MI KW A: ꓘꓶ. JI DU JW, M ꓥ=

WE:-Xꓶ.-SU, NY L: ꓞO KO Dꓱ; KO MI KW A: ꓘꓶ. JI DUJW, M ꓥ-. O DO: KW JW, LO WE:-Xꓶ.-SU, BI Cꓵ.-ꓩ Gꓶ L: ꓞO KO Dꓱ; KO MI KW JI DU A: ꓘꓶ. JW,= ꓕI LI ꓥ M Pꓶ. DU-. KO Dꓱ; KO MI KW JI DU Sꓷ. NI, JW, SU NY O DO: 500 ꓘꓶ: NY A. ꓭ. ꓩU 500 ꓘꓶ:-. M: ꓥ NY A. NYI: NO. NO. V. 4500 ꓘꓶ: ꓕI: LI, BI ꓘW; DU JW, Bꓯ=

C, W NY-. O DO: WE KW JW, LO Hꓶ:-HW:-SU,-. WE:-Xꓶ.-SU, E L: ꓞO KO Dꓱ; KO MI KW JI DU A: ꓘꓶ. JW, Bꓯ ꓥ-.

4 O DO: NY Nꓯ ꓝI; Sꓷ. NI, A LI JW,?

O DO: YI. ꓒY. NY L: ꓝO KO Dꓱ; KO MI KW JI DU Nꓯ ꓝI; ꓥ-. MI: ꓕꓱ ꓕI: Jꓵ, KW NY, LO LI-Xꓵ:-Cꓶ. NI BO V, DU <<Pꓶ-ꓝAO-K.-MU:>> KW NY ꓕI LI Bꓯ-. O DO: Z: Gꓶ NY L: ꓝO KO Dꓱ: KO MI: KW SI: Cꓵ. CW S-. ꓝꓶ: Nꓶ: FI. S-. Bꓵ: Mꓵ N-. JI: FI. ꓤ: N DU Dꓯ LI. ꓘW: S ꓥ-. SO, ꓕꓱ ꓕI: Jꓵ, KW NY, LO LIO:-H, NI BO V, DU <<ꓘꓯ.-PAO-Pꓶ-ꓝAO>> KW NY ꓕI LI Bꓯ-. O DO: Z: NY L: ꓝO KO Dꓱ; JI-. O ꓝꓱ Nꓯ Nꓯ ꓤ: BI Kꓶ LI D= ꓕ: ꓕꓱ ꓕI: Jꓵ, KW NY, LO HW,-MO,-XI NI BO V, DU <<Xꓵ:-LAO:-Pꓶ-ꓝAO> KW NY ꓕI LI Bꓯ-. O DO: Z: NY L: ꓝO KO Dꓱ; KO MI KW SI: ꓤ: LI. A: ꓘꓶ. Cꓵ. ꓛW S-. GO LI ꓕI LI ꓥ M Pꓶ. DU-. O DO: NY L: ꓝO KO Dꓱ; KO MI ꓘW; BI Nꓯ: ꓝI; Sꓷ. NI, JW, DU M NY A: Nꓱ Nꓱ ꓕꓯ; LI YI NY, ꓥ=

O DO: NY L: ꓝO KO Dꓱ; KO MI KW N DU A: MY, Xꓵ: Dꓯ LI. ꓘW; DU JW, ꓥ-. O DO: YI. ꓝꓶ Xꓵ. V, DU M NY L: ꓝO KO Dꓱ; KO MI KW Bꓶ N DI-. YI. ꓛI Bꓯ LO Xꓵ: N DU Dꓯ LI. ꓘW: D ꓥ=

CO. YI. SI, CI Nꓯ ꓝI; X, SU NY ꓕI LI Bꓯ ꓥ-. O DO: Z: NYYI. WO: DI N-. ꓝꓶ: Nꓶ: FI.-. Pꓶ. ꓛꓵ: ꓘE: M: D-. O. Dꓵ ꓤ: N DU M Dꓯ LI. A: ꓘꓶ. ꓘW: D ꓥ-. O DO: YI. ꓝꓶ Xꓵ. V, DU M NY L: ꓝO KO Dꓱ; KW NY, LO WO Bꓵ:-. Bꓶ N-. Lꓯ: Bꓵ:

Ɔ∩: N∩ SU D∀ LI. ꓘW: D=

A Mꓶ YI. J∩, KW N∀ ꟻ; Sꓷ. NI, JW, SU NY ꓕI LI B∀ Λ-. O DO: KW NY KU:-AN.-SW.-. ꓕY.-TO.-AN.-SW.-. CI.-AN-SW. ∀: MY, JW, M Pꓶ. DU-. YI. NY L: ꟻO O D∩ N SU-. ꟻO MY, MY, SU D∀ LI ꓘW; Λ=

5 O DO: YI. KO. NI, ƆI: M A. X∩: KW ꓤƎ: DU JW,-.

《Pꓶ ꟻAO K. MU:》KW NY O DO: YI JI NI, ƆI: T. M N DU A: ꓘꓶ. N ꓕ∀; ZI: ꓘW: BI BO TI V, Λ= SI, CI N∀ ꟻI; X, M KW-. O DO: YI JI NI, ƆI: T. M NY L: ꟻO KO DƎ: YI JI NI, M∩-. N DU A: ꓘꓶ. N ꓕ∀; ZI: ꓘW; D-. O DO: YI JI NI, ƆI: T. M J∩ dꓶ: TI, SI. DO NY L: ꟻO KO DƎ: KW SI: d∀;-. ƆY TO, ꓤ: N DU M D∀ ꓘW: D B∀ Λ-. 20 ꓤꓶ 50 J∩, ꓕ∀;-. KUꓷ; ꓘU: KUꓷ; B: KW NY , SU P S∀; BU NY O DO: YI JI NI, ƆI: T. M J∩ dꓶ: TI, DO SI. L: ꟻO KO DƎ: KW ƆY TO, N-. ꓤ: Mꓶ: ꓤ: V B V ꓕI: M KW SI: YI-. N DƎ: D: M N DU M T∀. X, NY, Λ-. LE; LE; ꓕƎ M NY M-ɼE.-. A.-dY,-TI. B∀ LO X∩: N DU D∀ ZI: ꓘW: D LO N∀ ꟻI; M D∀ ꓕI NY, Λ=

ꓕI M YI. B:-. O DO: YI JI NI, ƆI: T. M YI. V. NY L: ꟻO KO DƎ: YI JI D∀ DI,-M Bꓶ N ꓤ: D∀ ꓘW:-. A. ꓕ: LI: KW NI O DO: YI JI NI, ƆI: T. M B: LI, XO: V, M NY L: ꟻO KO DƎ: D∀ DI,-LO XY B∀ LO X∩: N DU T∀. ꓘW:-.

6 O DO: YI. ꓒY: M A. Xꓵ: KW ꓤꓱ: DU JW,-.

O DO: YI. ꓒY: KW NY (VC)、(VB)、(VE)、YO-CI.-SW.-.WU:-CI.-Yꓯ: Bꓯ LO Xꓵ: A: MY, JW, ꓥ-. GO LI YI. NY L: ꓝO KO Dꓱ; KO MI JI LI ZI-. L: ꓝO KO Dꓱ: KW Lꓯ BI N-. B: O: N-. Bꓵ: Mꓵ: N-. YI. CI N-. ꓤ: Mꓶ: ꓤ: N-. YI JI N DU Bꓯ LO Xꓵ: N DU JW, DU M Dꓯ Gꓶ A: ꓘꓶ. BI X, ZO: N T. ꓥ= LE; LE; O DO: YI. ꓒY: M YI. V. C. Gꓶ SI. KO Dꓱ: KO MI ꓛI, T.-. NI, Mꓵ T. KW MI Gꓶ NY X, ZO: D ꓥ-. O DO: YI. ꓒY: KW JW, LO TO ꓩI HO, V, M Bꓯ DU M NY N Dꓱ: D: M N DU M Dꓯ LI. ꓯ: ꓘꓶ. K: ꓝI; ZO: N T.-.

O DO: YI. ꓒY: KW NI L: C. ꓕI, V, M NY YI. V. NI, ꓛI: ꓛI: BI T. SI. A. DI: DO MI SO MI M: ꓥ= O DO: YI. ꓒY: KW NI L: C. ꓕI, V, M Tꓯ. JI JI BI C, NYI ꓕꓯ;-. ꓕI L: C. ꓘU: KW NY KAO-HW:- ꓕO:-. TI.-TO.-ꓩI Bꓯ LO Xꓵ: JW, SI: L: ꓝO KO Dꓱ: Dꓯ A: ꓘꓶ. JI N T. ꓥ=

7 O DO: Lꓯ: V, ꓤꓱ: DU A LI JW,?

O DO: Lꓯ: V, NY SI:-. Bꓵ: Mꓵ BI N Dꓱ: D: M Dꓯ LI. ꓘW: DU A: ꓘꓶ. ꓩW, ꓥ-. TI. Nꓶ: NYI: S ꓘO; KW N Bꓶ ꓛY: Bꓶ X, ꓤ, NYI LO M Tꓯ. C, NYI ꓕꓯ;-. O DO: Lꓯ: V, BI LO: ꓘꓶ: Xꓵ. KW NI X, DO L LO Nꓯ ꓝI; M NY Lꓯ: BI KW N Dꓱ: ꓤ:Bꓯ LO N Dꓱ: D: M N DU M Dꓯ LI.X, ZO: N T. ꓥ-. O DO:

ꓡꓯꓼ ꓦꓹ ꓗꓪ ꓠꓲ ꓫꓹ ꓓꓳ ꓡ ꓟ ꓠꓯ ꓞꓲꓻ ꓦꓸ ꓟ ꓠꓬ ꓬꓲꓸ ꓢꓯꓼ ꓦ ꓓꓴ ꓟ ꓔꓯꓸ ꓠ ꓡ ꓕꓯꓼ ꓖꓶ ꓫꓹ ꓓ ꓠ ꓔꓸ ꓥ꓿

8 ꓳ ꓓꓳꓼ ꓗꓳꓸ ꓟ ꓤꓱꓼ ꓓꓴ ꓮ ꓡꓲ ꓙꓪꓹ?

ꓳ ꓓꓳꓼ ꓗꓳꓸ ꓗꓪ ꓠꓲ ꓬꓲꓸ ꓧꓶꓼ ꓙꓲ ꓓꓳ ꓡ ꓟ ꓠꓬ ꓤꓶ꓾ ꓗꓳꓹ꓾ ꓧꓶꓼ ꓡꓲ ꓟꓼ ꓢ ꓐꓯ ꓟ ꓑꓶꓸ ꓓꓴ꓾ ꓬꓲꓸ ꓠꓬ ꓡꓼ ꓞꓳ ꓐꓴ ꓟꓲ ꓧꓪꓼ ꓠꓵꓼ꓾ ꓕꓲꓼ ꓟꓵꓼ ꓖꓴ ꓕꓲꓼ ꓟꓵꓼ ꓦꓹ ꓔꓸ ꓟ ꓗꓪ ꓭꓸ ꓧꓪ ꓞꓶ ꓧꓪ ꓢꓲꓸ ꓬꓲꓸ ꓘꓵ ꓡꓱꓼ ꓫꓪꓸ ꓔꓸ ꓕꓯꓻ ꓬꓲꓸ ꓘꓵ ꓟ ꓗꓪ ꓗꓶ ꓢꓲꓸ ꓞꓲꓻ ꓙꓪ ꓛꓵ ꓥ꓿ ꓡꓼ ꓞꓳ ꓞꓲꓻ ꓟꓬ ꓧꓪꓹ ꓓꓴ ꓟꓲ ꓓꓴ ꓫꓹ ꓟ ꓗꓪ꓾ ꓳ ꓓꓳꓼ ꓗꓳ ꓗꓪ ꓠꓲ ꓬꓲꓸ ꓧꓶꓼ ꓙꓲ ꓓꓳ ꓡ ꓟ ꓠꓬ ꓡꓼ ꓞꓳ ꓗꓳ ꓓꓱꓼ ꓓꓯ ꓟꓼ ꓙꓲ ꓟꓼ ꓜꓳꓼ ꓫꓵꓼ ꓟꓼ ꓙꓪꓹ ꓟ ꓑꓶꓸ ꓓꓴ꓾ ꓬꓲꓸ ꓠꓬ ꓢꓲꓼ ꓛꓲ ꓞꓲꓼ ꓓꓴ ꓐꓲ ꓠꓯꓸ ꓐꓯ ꓠꓯꓸ ꓫꓵꓼ ꓞꓲꓻ ꓟꓬ ꓧꓪꓹ ꓓꓴ ꓟꓲ ꓓꓴ ꓫꓹ ꓟ ꓗꓪ ꓡꓲꓸ ꓯꓼ ꓘꓶꓸ ꓤꓱꓼ ꓠꓬꓹ ꓥ꓿

ꓧꓳ ꓤꓼ ꓧꓳ ꓟꓲ ꓓꓯ ꓞꓲꓻ ꓓꓴ ꓫꓹ ꓡꓳ ꓟ ꓗꓪ꓾ ꓳ ꓓꓳꓼ ꓗꓳꓸ ꓟ ꓠꓬ ꓐꓬꓱꓼ ꓦꓰ꓾ ꓡꓲ ꓘꓴꓼ ꓤꓼ ꓫꓹ ꓐꓯ ꓡꓳ ꓫꓵꓼ ꓧꓳ ꓤꓼ ꓧꓳ ꓟꓲ ꓓꓯ ꓞꓲꓻ ꓛꓵ ꓥ꓿ ꓮꓸ ꓫꓵꓼ ꓟꓲ ꓫꓵꓼ ꓓꓯ ꓞꓲꓻ ꓟꓲ ꓓꓴ ꓫꓹ ꓟ ꓗꓪ꓾ ꓳ ꓓꓳꓼ ꓗꓳꓸ ꓠꓬ ꓙꓲ ꓙꓲ ꓐꓲ ꓫꓹ ꓖꓶ ꓕꓯꓻ ꓗꓪ ꓮꓼ ꓘꓶꓸ ꓐꓲ ꓠ ꓟꓲ ꓛꓵ ꓥ꓿ ꓐꓳ ꓓꓴ ꓐꓯ ꓡꓳ ꓫꓵꓼ ꓑꓳ ꓓꓴ ꓫꓹ ꓟ ꓗꓪ꓾ ꓳ ꓓꓳꓼ ꓗꓳꓸ ꓗꓪ ꓠꓲ ꓬꓲꓸ ꓧꓶꓼ ꓙꓲ ꓓꓳ ꓡ ꓟ ꓠꓬ ꓐꓳ ꓓꓴ ꓑꓳ ꓓꓴ ꓗꓶ ꓠꓬ ꓡꓯꓼ ꓧꓪꓸ ꓮꓼ ꓘꓶꓸ ꓑꓳ ꓓ ꓥ꓿

ꓳ ꓓꓳꓼ ꓗꓳꓸ ꓠꓬ ꓤꓶ꓾ ꓗꓳꓹ ꓟ ꓑꓶꓸ ꓓꓴ꓾ ꓬꓲ ꓠꓬ ꓑ ꓢꓯꓻ ꓞꓳ ꓙꓳ ꓦꓯꓼ ꓠꓬꓲ ꓗꓪ ꓮꓸ ꓔꓳꓸ ꓘꓳ ꓓꓳ ꓝꓱꓸ ꓢꓱꓻ ꓫꓹ꓾ ꓠꓯ ꓞꓲꓻ ꓠꓯ ꓟꓲ꓾ ꓜꓼ ꓘꓶꓼ ꓜꓼ ꓟꓲ ꓫꓹ ꓓꓴ ꓟ ꓗꓪ ꓗꓶ ꓓꓴ ꓫꓹ ꓛꓵ ꓥ꓿ ꓡꓰꓻ ꓡꓰꓻ ꓳ

DO: KO. NY PU. DU KW NI PU SI. PU. DO L LO YI. Cꓵ. M NY X, CAO. X, Tꓶ. M KW ꓤꓱ; ꓛꓵ ꓥ= Fꓯ, NY ꓕI O DO: KO. KW NI PU. DO L LO YI. Cꓵ. M NY SI. K. SI. MI KW NI X, DO L LO Nꓶ: DU M Dꓯ ꓕI ꓛꓵ-. GO LI ꓕI X, DO L M NY KO ꓕꓯ; KO MI KW SI, ZI LO ZI ꓤ: Dꓯ LI. ꓯ: ꓘꓶ. BI PO; W LI=

9 YI. ꓘO. B: LI, T. LO O DO: NY A LI WU: W D?

YI. KO. B: LI, T. LO O DO: M NY YI. PYꓱ: Gꓶ A: ꓘꓶ. BI-. NE. Gꓶ Lꓯ: ꓒꓯ, KW JO NE. Bꓶ: YI S-. O DO: YI. ꓒY. Gꓶ A: ꓘꓶ. Z: MI SO MI SI. L: ꓞO KO Dꓱ; Dꓯ JI DU A: ꓘꓶ. JW,= GO LI YI. ꓒꓵ: M NY RO: KUꓷ; KW O DO: M ꓕꓯ; SI 1.5~2 Bꓶ, ꓛI Bꓶ, L D, ꓥ-. YI. KO. A: ꓘꓶ. B: LI, T. LO X. LI: MI V, DU O DO: Bꓯ DU M NY 2003 ꓘO; ꓕꓯ; 1 CI 6 ꓒꓯ; G; Lꓯ: G; JI XW NY,-. 2006~2007 ꓘO; KW ꓕI: CI 15 ꓒꓯ; K Tꓯ ꓛI XW NY,-. GO LI ꓕI YI ꓒꓵ: M NY 2003 ꓘO; Dꓯ Tꓯ NYI ꓕꓯ; 150% Dꓯ L SI. KUꓷ; ꓘU: KUꓷ; B: KW LI. A: ꓘꓶ. WU: S T. ꓥ=

10 YI. KO. B: LI, T. BI NI, ꓞ MI DU O DO: NY Mꓶ: JY: SI WU: L MO L DU A LI JW,?

O DO: NY A. Xꓵ: MI Xꓵ: Dꓯ LI. LI. A: ꓘꓶ. JI M Pꓶ.

DU -. Mꓵ: KU, Dꓵ Dꓵ A: Bꓶ, Xꓵ: FOU. 6 M BI RO: KUꓷ; 20 M Sꓷ-. Xꓵ,-. ꓛꓱ ꓘW LI. Tꓶ V, ꓥ-. O DO: NY Mꓵ: ꓘU: ꓘ, BI MI: HW: M: JI Xꓵ: KW Gꓶ Tꓶ N M Pꓶ. DU-. RO: KUꓷ; A: G KO ꓕꓯ; KO MI-. Bꓶ Dꓵ: ꓕI: ꓛO; Mꓵ: ꓘU: ꓘ, Mꓵ: KW NY Mꓵ: ꓘU: ꓘ, LO Vꓯ NYI MY:-. MI HW: M JI SI. SI, Sꓶ: LO Sꓶ: Bꓯ Nꓯ. Bꓯ: Nꓯ. Xꓵ: Tꓶ M: ZO: Pꓶ. DU NI O DO: Tꓶ NY A: ꓘꓶ. ZO: N T. ꓥ-. GO LI ꓕI LI Xꓵ: Mꓵ: KW O DO: Tꓶ NY P Sꓯ; BU Gꓶ ꓒꓵ: A: ꓘꓶ. W D N T. ꓥ=

RO KUꓷ; Sꓯ. Xꓵ: Sꓯ. Jꓵ; MI: BI Mꓵ: ꓤ: LO ꓤ: MI: M M: N: N: BI A: ꓘꓶ. YI N T. M KW-. O DO: Tꓶ DU M NY Xꓵ. Mꓵ ꓝO ꓘ, KW P Sꓯ; BU ꓒꓵ: XW W M-LI: M: ꓝI-. YI. NY Mꓵ: ꓤ: LO ꓤ: Dꓯ LI. NI A: ꓘꓶ. BI PO; ZO: N T. ꓥ= O DO: Tꓶ WU: L MO L MI: M NY A: G KO ꓕꓯ; KO MI Mꓵ: -. Mꓵ: ꓘU: ꓘ, Mꓵ: KW Mꓶ: ꓝ-. A JY-. MI HW: ꓤ: Dꓯ C, SI. ꓕI Xꓵ: Mꓵ: KW Sꓯ. Xꓵ: Sꓯ. Jꓵ: BI Mꓵ: ꓤ: LO ꓤ: Dꓯ A: ꓘꓶ. ZO: N BI PO; W LI ZI-. LU: HO, HO, LO MI: M Tꓯ. ꓘ; ꓝI; W LI ZI-. Mꓵ: Sꓯ; LO Sꓯ; A: ꓘꓶ. JI LI ZI= GO LI ꓕI O DO: Tꓶ MI: M NY Mꓶ: ꓕꓯ; K. NY. SI LI. A: ꓘꓶ. JI N T. Xꓵ: WU: L MO L MI: ꓕI: Cꓶ, ꓥ=

O DO: BI O : DO: KW NI Nꓯ. Bꓯ: Nꓯ. Xꓵ: Z: DU DO DU X, V, DU M NY L: ꓝO KO Dꓱ: KO MI: Dꓯ LI. A: ꓘꓶ. JI ꓥ-.GO LI ꓕI M NY L: ꓝO KO Dꓱ: KO MI: Dꓯ A: ꓘꓶ. JI LO

Xꓵ: MI: Tꓯ. Sꓷ. NI, JW, SU-. N X, Sꓷ. NI, JW, SU BI P Sꓯ; BU LI. ꓯ: ꓘꓶ. ꓩI Bꓯ NY, ꓥ-. O DO: BI O : DO: KW NI Nꓯ. Bꓯ: Nꓯ. Xꓵ: Z: DU DO DU X, V, DU M NY Mꓵ: KU, Dꓵ Dꓵ KW ꓶ Lꓯ; MO MI: M ꓕI: ꓛO A: ꓘꓶ. WU: N M Pꓶ. DU-. YI. NY ꓕI: KUꓷ; GU ꓕI: KUꓷ; KW LI. O DO: M A: MY, Tꓶ SI. O DO: BI O : DO: KW NI Nꓯ. Bꓯ: Nꓯ. Xꓵ: Z: DU DO DU X, V, DU M Lꓯ: HW. A: ꓘꓶ. JI N Xꓵ: X, NY, ꓥ= Mꓵ: KU, Dꓵ Dꓵ KW O DO: WU: LO MI: M Tꓯ. C, NYI ꓕꓯ;-. O DO: BI O : DO: KW NI Nꓯ. Bꓯ: Nꓯ. Xꓵ: Z: DU DO DU X, V, DU M NY A: MY, X, N T. SI: ꓥ-. ꓕI M Pꓶ. DU-. RO: KUꓷ; KW O DO: A: MY, Tꓶ M NY Mꓵ: KU, Dꓵ Dꓵ KW O DO: WU: LO MI: M Tꓯ. A: ꓘꓶ. TO, JW ZO: N T. ꓥ=

RO: KUꓷ; KW O DO: BI O : DO: KW NI Nꓯ. Bꓯ: Nꓯ. Xꓵ: Z: DU DO DU X, V, DU M NY RO: KUꓷ; KW NY, SU L: ꓞO ꓕI: ꓘO; ꓕI: RO 0.56 CI LI: ꓥ-. GO LI ꓕI M NY OU.- FOU. KUꓷ; Tꓯ. 1/2 LI. M: ꓛI SI:-. A Mꓶ RO: KUꓷ; KW ꓒꓵ: ꓶ: MI: A: ꓘꓶ. NI, ꓞ BI Mꓶ: JY; JI, M CW CW-. L: ꓞO BU ꓞO JO Vꓯ; NYI Gꓶ ꓕI: NYI GU ꓕI: NYI Lꓯ: HW. A: ꓘꓶ. S LI W-. GO LI Z: DU DO DU M KW Gꓶ L: ꓞO KO Dꓱ; KO MI Dꓯ A: ꓘꓶ. JI LO Xꓵ: HW ꓕꓶ NY, ꓥ-. ꓕI M Pꓶ. DU-. RO: KUꓷ; KW O DO: WU: L MO L DU NY A: MY, JW, LO=

2 O DO: NI, ꓞ MI D M A LI ꓥ BI A MY Xꓵ: JW,?

11 NI, ꓞ MI DU O DO: M NY Mꓵ: ꓤ: LO ꓤ: A LI T. ꓕꓯ; SI. ZO: ꓥ?

O DO: NY A. Xꓵ: Mꓵ: KW LI. A: Kꓶ. BI Tꓶ Sꓯ. D Xꓵ ꓕI: Xꓵ: ꓥ-. Gꓶ SI. O DO: M A: ꓘꓶ. ZO: N BI Tꓶ JI LI ZI NY YI. Dꓯ. TO, ZO: N T. Xꓵ: A. Xꓵ: MI Xꓵ: LI. JI JI YI N LO:-. ꓕI LI M: YI NY O DO: A LI RO JI Gꓶ YI. Sꓷ: A: MY, XW W M: D-.

12 O DO: NY ꓞ Sꓯ; A LI ꓕꓯ; SI. ZO:?

O DO: NY Mꓵ: ꓤ: LO ꓤ: Lꓱ Lꓱ, ꓤ: T. Xꓵ: KW Tꓶ NY A KW LI. A: ꓘꓶ. Tꓶ ZO: ꓥ-. O DO: LI. ꓤ: BI O DO: M K ZI NY ꓞ Sꓯ; 8~15℃ KW A: ꓘꓶ. RO JI-. GO LI ꓞ Sꓯ; A. TI. ꓤ: ꓥ Bꓯ -30℃ -. A: MO ꓤ: ꓥ Bꓯ 38℃ -. ꓕI: ꓘO; NYI M: LI Xꓵ: 150 NYI K Tꓯ ꓛI KW Tꓶ ꓛꓵ ꓥ= O DO: LI. ꓤ: NY ꓞ

S∀;-20℃ KW T⅂ NY JY FI. D-. O DO: ZI A: B⅂, X∩: NY Ⅎ S∀;-30℃ KW LI. RO JI-. G⅂ SI. Ⅎ S∀; -28~-26℃ Y∀. ʞW X∩: KW T⅂ NY O DO: ZI YI. L∀; V,-. O DO: L∀: JU-. O DO: YI. NYI LI. JY FI. D ∧=

O DO: YI. dY: N∩: L G⅂ K. NY.-. Ⅎ S∀; M -4~-2℃ ƆI ZI L NY O DO: dY; YI. X∩: N∩: L DU M JY FI. YI D-. O DO: VE VE J∩, BI YI. S⅂: DƎ; J∩, ⊥∀;-. Ⅎ S∀; M -2~-1℃ Y∀. ʞW KW ƆI NY JY FI. YI SI. O DO: A: MY, XW W M: D= O DO: ZI NY Ⅎ S∀; 38~40℃ K T∀ X∩: KW T⅂ NY M⅂: Ⅎ NI ƆU T⅂ G⅂ SI. O DO: YI. dY. M M: PY. L=

O DO: YI. K NY ⊥I: ʞO; Ⅎ S∀; ⊥I: LI, ᴚ: BI BƎ G⅂ ⊥∀;16℃ G: L∀; G: JI ƆI JW,=

13 O DO: NY M⅂: Ⅎ A LI ⊥I: W ⊥∀; SI. ZO:?

O DO: NY YI. S⅂: DƎ: FI. ʞW ƆI ⊥∀;-. ⊥I: ʞO; M⅂: Ⅎ ⊥I: DU M NY 2000 J∩, ƆI ⊥I: W ZI N LO: ∧-. GO LI M⅂: Ⅎ ⊥I: ʞO; 1000 J∩, ƆI LI: ⊥I: W NY O DO: YI. S⅂: DƎ; M: JI-. O DO: YI. dY. A: ʞ⅂. M: M ∧= O DO: NY M⅂: Ⅎ L∀: HW. ⊥I: W NY O DO: YI. S⅂: L∀: HW. DƎ; JI-. O DO: YI. dY. G⅂ L∀: HW. JI-. O DO: T⅂ MI KW M⅂: Ⅎ ⊥I: M JI NY O DO: YI. S⅂: DƎ: M: JI SI. O DO: A: MY, XW W M: D-. GO LI M⅂: Ⅎ ⊥I: W KW SI. O DO: YI. S⅂: A: ʞ⅂. DƎ: JI ∧=

14 O DO: NY YI JY A LI ꓕꓯ; SI. ZO:?

O DO: Xꓵ. M: ꓕI: LI NY YI JY ꓣꓱ: ZO: DU Gꓶ M: ꓕI: LI ꓥ= GO LI O DO: YI. K NY ꓕI: ꓘO: Mꓶ: V LI DU M 800~1200 MI ꓛI JW, NY A: ꓘꓶ. ZO: D-. O DO: NY ꓕI: ꓘO; Mꓶ V 500~700 MI ꓛI JW,-. YI. Dꓯ Tꓶ ZO: LO MI: M JI JI BI YI NY YI JY M: ꓕI: Gꓶ Tꓶ ZO: D ꓥ= XI.-C. Mꓵ: KW O DO: T L V DU M NY ꓕI: ꓘO; Mꓶ: V 100 MM Yꓯ. ꓘW ꓛI ꓥ-. GO LI ꓕI KW Tꓶ V, DU O DO: M NY Mꓵ: ꓣ: LO ꓣ: YI JY JW, Mꓵ: KW Tꓶ NY N DU A: ꓘꓶ. JW, S LO=

O DO: NY ꓞ DU M Dꓯ ZI: HW. ꓥ Bꓯ Gꓶ-. MI HW: KW YI JY M: JW,-. YI JY MY: LI: LI. NI JI JI BI RO: M: JI ꓥ= LE; LE; MI: WO; M MO ꓣ B Gꓶ NY O DO: VE VE BI YI. Sꓶ: Dꓱ: DU M Dꓯ A: ꓘꓶ. ZO: ꓥ= O DO: Tꓶ MI KW MI: HW; ꓛO, NY O DO ZI YI CI M YI. M ZI: Tꓯ. YI JY M ꓛꓵ: Gꓶ SI. O DO: YI. ꓒY; NI, ꓞ ꓞ BI ꓞꓶ YI-. O DO: ZI A. TI. ꓣ: T. DU M Tꓶ Gꓶ Mꓶ: JY: SI NY Mꓵ: ꓛO,-. Tꓶ Gꓶ K. NY. SI YI JY MY: NY O DO: ZI M ꓕI: ꓕꓶ, BI ꓕI MO RO LI-. GO LI ꓕI M NY Mꓵ: ꓞU ꓛI L NY O DO: Lꓯ: V, M A: ꓘꓶ. ꓛO, LI S-. O DO: Tꓶ MI KW MI HW YI JY MY: NY MI HW; Sꓯ; M JI JI BI DO M: JI-. O DO YI CI M: ZI SI. O DO RO M: JI-. O DO: NY MI Nꓯ DI DI M: T. Xꓵ: Tꓯ, B: KW Tꓶ NY ꓕI: F. GU ꓕI: F. Xꓵ MI Nꓯ X, SI. O DO: Tꓶ M KW A: ꓘꓶ. ZO: N

BI YI W LI ZI-. LE; LE; YI JY BO S N T. KW NY YI JY M Mꓶ: Sꓯ KW JI N YI N LO: ꓥ=

15 O DO: NY Mꓵ: ꓤ: LO ꓤ: BI Nꓱ. Vꓱ; Nꓱ. MI M A LI ꓕꓯ; SI. ZO:?

O DO: NY MI Nꓯ A. TI. Tꓯ, B:-. MI HW; ꓕU-. MI HW; Nꓵ:-. Mꓶ: ꓞ ꓕI: Tꓶ. KW Tꓶ NY A: ꓘꓶ. ZO: ꓥ= MI Nꓯ DI-. Tꓯ, B: MO-. MI: VE Jꓶ: Tꓶ. KW Tꓶ NY O DO: ZI M RO M: JI SI. O DO: YI. Sꓶ: A: MY, XW W M D-. LE; LE; O DO: ZI ꓕI: Bꓱ Gꓶ NI A. TI. T. ꓕꓯ; LI MO: YI S-. GO LI Mꓵ: ꓕI: Mꓵ: KW LI. ꓥ Bꓯ Gꓶ-. Mꓵ: MO DU M M: ꓕI: LI NY O DO: ZI RO DU BI O DO XW W DU M Gꓶ M: ꓕI: LI=

O DO: ZI YI. CI. NY MI Nꓯ KW A: ꓘꓶ. Nꓯ. Nꓯ. BI ꓛꓶ JI ꓥ-. GO LI MI HW; ꓕI: MI K Tꓯ. ꓛI JW, NY O DO: A: ꓘꓶ. RO JI-. MI HW; B: LI, ꓤ: T. NY O DO: ZI JI JI BI RO M: JI SI. _ DO: YI. Sꓶ: Dꓱ; M: JI= O DO: ZI NY MI HW; Nꓵ:-. YI JY M: Bꓱ Bꓱ BI Mꓶ: Sꓯ KW JI S Xꓵ: KW NY A: ꓘꓶ. ꓤO JI-. YI JY MY:-. MI: HW YI. ꓶ, Nꓶ: Cꓵ, T. Xꓵ: JW, GU KW NY RO M: JI=

O DO: ZI NY MI: HW; YI. ꓘU: KW Kꓯ, Bꓯ LO Xꓵ: JW, -. MI HW; Tꓯ. M P.. 6.3~8.2 JW, NY A: ꓘꓶ. RO JI-. MY: MY: NY MI: HW; Tꓯ. P.. M 6.4~7.2 JW, NY Lꓯ; HW.

A: ꓘꓶ. JI= MI HW; KW ꓞ: BO BⱯ LO Xꓵ: NY 0.25% YⱯ. ꓘW KW JW, NY O DO: ZI RO JI-. ꓕI M ꓕⱯ; SI A. TI. ꓤ: MY: LI BI A: MY, MY: LI NY O DO: ZI RO M: JI-. O DO: Sꓶ: DƎ; M: JI-. FⱯ, NY O DO: ZI LI. Xꓵ: Gꓶ L KU.-.

O DO: ZI NY MI HW; LⱯ: HW. JI NY O DO: YI. Sꓶ: M LⱯ: HW. Ɐ: MY, XW W D=

MI: VE M A LI Jꓶ: ꓕⱯ; SI. O DO: WE WE JI -. O DO: Sꓶ: DƎ; JI?

O DO: Tꓶ MI KW MI: VE Jꓶ: JI NY O DO: VE YI. Hꓶ: M M ꓕI ZI GU ꓕI: ZI DⱯ A: ꓘꓶ. JI N BI YI W LI SI. O DO: YI. Sꓶ: DƎ; JI M:-LI: M: ꓞI-. O DO: LI. XW Jꓵ, ꓕⱯ; A: MY, XW W D Λ= Gꓶ SI. O DO: ZI NY MI: VE A: Bꓶ, Xꓵ: Jꓶ: L NY K; M: HW. SI. Jꓶ: ꓘƎ, YI D= ꓕI: ꓘO; NⱯ.; KW-. O DO: LⱯ; V, Nꓵ: L DU M NY Mꓵ: ꓞU:-. Mꓵ: Nꓶ FI. MI: VE A: ꓘꓶ. Jꓶ: MY: KW NY RO M: JI-. YI. Sꓶ: DƎ; M: JI-. GO LI O DO: Tꓶ NY MI: VE DⱯ K; ꓞI; LO YI MI: M JI JI BI YI SI. O DO: M A: ꓘꓶ. ZO: N BI Tꓶ W LI ZI=

16 O DO: NY SⱯ. Xꓵ: SⱯ. Jꓵ; KW Sᗡ. NI, A LI JW,?

O DO: NY KUᗡ; ꓘU: KUᗡ; B: KW LI. A: ꓘꓶ. BI Tꓶ NY, Λ-. GO LI ꓕI: Mꓵ: GU ꓕI: Mꓵ: KW YI. DⱯ ꓘU NY, LO

MI: M Gꓶ A: MY, Xꓵ: JW,-. O DO: YI. ZI MY: ꓕI: Bꓱ NY MO DU M 10~20 MI-. ꓕI: ZI ZI NY 30 MI G; Lꓯ: G; JI Xꓵ: JW, ꓥ-. O DO: ZI MY: ꓕI: Bꓱ NY 100~200ꓘO; KW Sꓯ. HW.-. ꓕI: ZI ZI NY 500 ꓘO; G; Lꓯ: G; JI ꓛI Sꓯ. HW. ꓥ=

O DO: ZI NY YI. Lꓯ. V, A: MY, JW, M Pꓶ. DU NI A: Bꓶ, ꓕI: ꓒꓱ Lꓱ:-BI T. ꓥ-. YI. KO, JI NY YI. ꓘO; A: MY, LO: T. DU M YI. Bꓶ: PO. M-LI: T.= YI. ꓒY: NY ꓒ Nꓵ: L, ꓕꓯ; LU. LU. ꓛꓶ ꓛꓶ ꓤ: BI O DO: YI. Lꓯ: V, M KW Nꓵ: L-. YI. VE NY ꓕI: ꓞU ꓕI: ꓞU BI XU: LU, ꓤ: VE ꓥ-. YI. Sꓶ: NY LU. LU. Xꓵ:-. ꓛꓶ ꓛꓶ Xꓵ: JW, ꓥ=

17 O DO: YI. K NY Sꓷ. NI, A LI JW,?

O DO: YI. K ZI NY MO DU M A: L 10~20 MI ꓛI JW,-. YI. ꓤꓶ NY A: L YI. Vꓯ ꓘO; G; Lꓯ: G; JI ꓛI Xꓵ-. YI. ꓒY: M NY LU. LU. ꓛꓶ ꓛꓶ BI NI, ꓛI: ꓛI: ꓤ: T. ꓥ-. YI. VE NY ꓕI: ꓞU ꓕI: ꓞU BI XU: LU, ꓤ: VE ꓥ=

18 KO ꓕꓯ: KW JW, LO O DO: Sꓷ. NI, A LI JW,?

KO ꓕꓯ: KW JW, LO O DO: NY ꓕI: Mꓵ: GU ꓕI: Mꓵ: M: ꓕI: LI-. GO LI YI. ZI NY MO DU M 5~20 CM G; Lꓯ: G; JI ꓛI JW,-. YI. ꓒY: M NY LU. LU. ꓛꓶ ꓛꓶ BI NI, ꓛI: ꓛI: ꓤ: T.-. YI. VE NY ꓕI: ꓞU ꓕI: ꓞU BI XU: LU, ꓤ: VE ꓥ=

19 O DO: JI DU YI. Xꓵ. M A LI SI-. A LI HW Dꓵ:?

O DO: JI DU YI. Xꓵ. SI: DU-. O DO: JI DU YI. Xꓵ. SI: DUM NY ꓘO. XO: Sꓷ. NI, M CW CW ZO: N BI SI N LO: ꓥ-. GO LI ZO: N Xꓵ: O DO: YI. Xꓵ. SI ZO: LI NY K. NY. SI O DO: Tꓶ MI: M Dꓯ A: ꓘꓶ. ZO: D=

NY, Mꓵ: LO Mꓵ: M Dꓯ ZO: N D Xꓵ: O DO: YI. Xꓵ. SI-. V ꓕI: Xꓵ: O DO: YI. Xꓵ. LI. NY, Mꓵ: LO Mꓵ: M Dꓯ ZO: LI ꓕꓯ: SI. A: ꓘꓶ. Tꓶ ZO: ꓥ-. Nꓱ. Vꓱ: B: B, BI JW, LO Mꓵ: KW NY NI, ꓝ MI LO O DO: M Tꓶ M: D-. GO LI NI, ꓝ MI Xꓵ: O DO: Tꓶ ꓥO Bꓯ YI. ZI M NI, ꓝ MO: YI S-. Bꓶ: DI Bꓶ: MI Z: S ꓥ=

V ꓕI: Mꓵ: KW LI. O DO: Tꓶ DU M Tꓯ. JI JI BI J: Gꓶ SI. Tꓶ NY, ꓥ-. GO LI ꓕI: Mꓵ: KW NY NYI: S Xꓵ: O DO: Tꓶ ꓥO Bꓯ MI Jꓵ, M A: L ꓕI: ꓛO BI MI-. O DO: ZI Dꓯ ZO: DU Kꓶ DU M Gꓶ A: LI ꓕI: LI, Xꓵ: Kꓶ ZO: N T. Xꓵ: Tꓶ-.

O DO: YI. Xꓵ. Tꓶ DU SI NY KUꓷ; ꓘU: KUꓷ; B: KW WU: DU MI: M Dꓯ JI JI BI SW: NYI-. C, NYI SI. Mꓶ: JY: SI A: ꓘꓶ. WU: S N T. Xꓵ: Tꓶ W LI ZI-.

O DO YI. Xꓵ. HW Dꓵ: DU-. O DO: YI. Xꓵ. YI. B: KW JO HW Dꓵ: DU M NY Mꓵ: Sꓯ: LO Sꓯ: ZO: M: ZO:-. MI HW: JI M: JI-. ꓕI Mꓵ: KW Tꓶ Gꓶ NY O DO: Dꓱ: JI Dꓱ: M:

JI Bꓯ LO Xꓵ: KW NI SW: NYI-. C, NYI SI. HW Dꓵ: N LO: ꓥ= Mꓵ: KU, Dꓵ Dꓵ KW O DO: NY A: MY, Xꓵ: JW, ꓥ-. GO LI ꓕI O DO: Xꓵ. HW Dꓵ: L M NY O DO: LI. ꓤ: Tꓶ Sꓯ. D M: D-. ꓕO DO: YI. Sꓶ: Dꓱ JI Dꓱ: M: Bꓯ LO Xꓵ: KW NI C, NYI SI. Tꓶ N Kꓶ= ꓕI LI ꓥ M Pꓶ. DU-. YI. B: KW JO O DO: Xꓵ. HW Dꓵ: M NY A: ꓘꓶ. BI NYI TI. =

YI. B: KW JO O DO: Xꓵ. HW Dꓵ: DU NY ꓕI NYI: Xꓵ: KW NI ꓕI LI YI-. ꓕI: NY O DO: Mꓶ: JY: SI WU: DU MI: M Tꓯ. C,-. NYI: NY O DO: Xꓵ. HW Dꓵ: L M O DO: Tꓶ Mꓵ: Tꓯ. ZO: M: ZO: M SW;-. O DO: Mꓶ: JY: SI WU: N Xꓵ: Tꓶ M Tꓯ. ꓛ, M NY O DO: A: MY, XW W M: D-. Mꓶ: JY: SI WU: M N DU M ꓕ: HW Dꓵ: W LI ZI= O DO: Xꓵ. JI N Xꓵ: HW Dꓵ: M NY O DO: Tꓶ Mꓵ: M Dꓯ A: ꓘꓶ. Jꓵ JW, ꓥ-MI-. Gꓶ SI. O DO: Xꓵ. HW Dꓵ: L LO Mꓵ: KW O DO: JI DU M Nꓯ. Bꓯ: Xꓵ: Mꓵ: KW Tꓶ Gꓶ Gꓶ Lꓯ. HW. ꓯ: ꓘꓶ. JI Xꓵ: NY Tꓶ W M: D-. YI. KO. ꓕU Xꓵ: O DO: NY Nꓯ. Bꓯ: Xꓵ: Mꓵ: KW Tꓶ Gꓶ Mꓵ: Tꓯ. A: ꓘꓶ. M: Jꓵ JW,=

YI. B: KW JO. O DO: Xꓵ. HW Dꓵ: NY O DO: Tꓶ Mꓵ: KW Mꓵ: Sꓯ: LO Sꓯ:-. MI HW Bꓯ LO Xꓵ: Tꓯ. C, N LO: ꓥ= ꓕI M Nꓯ.; KW-. Mꓵ: Sꓯ: LO Sꓯ: M NY O DO: Tꓶ M Tꓯ. A: ꓘꓶ. Jꓵ JW,= ꓕI: NY O DO Tꓶ V, DU RO Jꓵ, M KW ꓞ Sꓯ: Tꓯ. C, N LO:-. NYI: NY O DO Tꓶ V, DU RO Jꓵ, M KW MI

HW-. YI JY Bꓯ LO Xꓵ: Dꓯ SW; N LO:-. S NY O DO Tꓶ V, DU RO Jꓵ, M KW Mꓵ: ꓱU: FI. Dꓯ J: Gꓶ:-. Mꓶ: ꓕꓯ: SI O DO: Tꓶ Gꓶ M Tꓯ. JI JI BI XW ꓭ; NYI NY ꓕI VE; Xꓵ: JW, ꓥ= ꓕI: NY O DO: Tꓶ Mꓵ: KW O DO: Dꓯ A: ꓘ. JI ZO: DU MI: M Cꓵ Cꓵ J: Gꓶ: W LI ZI-. LY:-NI: Sꓶ CO. Pꓶ: PU, ꓕI: ꓛO: KW O DO: Tꓶ NY MU: ꓱU: FI. ꓘW JY Sꓯ: M Tꓯ. C, NYI N LO: ꓥ-. NYI: NY O DO: Xꓵ. HW Dꓵ: Mꓵ: KW O DO: Tꓶ V, DU M NY Nꓯ. Bꓯ O DO: Tꓶ Mꓵ: KW Mꓵ: Sꓯ: LO Sꓯ: Dꓯ C, NYI SI. Tꓶ ZO: Tꓶ M: ZO: M NYI-. S NY O DO: Xꓵ. HW Dꓵ: Mꓵ: KW O DO: Tꓶ V, DU M NY Nꓯ. Bꓯ O DO: Tꓶ Mꓵ: KW ꓱ Sꓯ: M Dꓯ C, NYI-. GO LI ꓱ Sꓯ: NY Mꓵ: MO MO ꓵ ꓵ Tꓯ. NY-. Mꓵ: W MO NY ꓱ Sꓯ: Lꓯ: HW. Nꓶ.= LI NY O DO: Xꓵ. HW Dꓵ: Mꓵ: KW O DO: Tꓶ V, DU M NY Nꓯ. Bꓯ O DO: Tꓶ Mꓵ: KW NYI: S Xꓵ: O DO: ꓕI: ꓛO JW, SI. ꓕI: LI, BI T. ꓥ-. GO LI YI. B: KW JO. O DO: Xꓵ. HW Dꓵ: NY O DO: Tꓶ Mꓵ: KW JI DU MI: M Dꓯ C, NYI SI. O DO: Xꓵ. HW Dꓵ:= ꓥW: NY Bꓶ: DI Bꓶ: MI BI Nꓯ. Bꓯ: Nꓯ. Xꓵ: M: JI M: ZO: Xꓵ: BY Mꓵ: KW ꓕI M Tꓯ. K: HW. N Xꓵ: O DO: YI. Xꓵ. HW Dꓵ: Tꓶ W LI ZI= ꓛO; NY YI. B: KW JO. O DO: Xꓵ. HW Dꓵ: NY ꓕI: Xꓵ: GU ꓕI: Xꓵ: Dꓯ ꓱU ꓱꓶ Xꓵ: HW Dꓵ: NY Nꓯ. Bꓯ Xꓵ: Mꓵ: KW G: A: ꓘ. Tꓶ ZO: ꓥ= Xꓵ: NY Mꓶ: ꓕꓯ: SI O DO: Tꓶ MI M Dꓯ JI JI

BI XW ꓭ; SI. O DO: ZO N Xꓵ: Tꓶ ZO: LI ZI-. Bꓶ: ꓘU: Bꓶ: KUꓷ; KW SI, ZI LO ZI A: ꓘꓶ. Tꓶ NI, Xꓵ SU NY A KW ꓚI ꓚI K, CO YI ꓕꓯ;-. CI. ꓚY: NI, Xꓵ Xꓵ: SI, ZI LO ZI MO YI NY CU. L SI. VE ꓘU: KW Tꓶ V,-. GO LI Tꓶ Sꓯ. M: D DU M NY CU. ꓒI Gꓶ-. Tꓶ Sꓯ. D DU M NY Lꓯ: HW. A: MY, Tꓶ W ZI-. O DO: YI. Xꓵ. HW MI: KW Gꓶ ꓕI LI Xꓵ: KW NI YI SI. JI LO O DO: M Tꓶ W ZI=

3 O DO: NI, ꓝ MI D M Tꓶ DU Sꓷ. NI,

20 A: ꓘꓶ. JI Xꓵ: O DO: F. DU YI. ZI M NY A LI Xꓵ: SI. ZO:?

A: ꓘꓶ. JI Xꓵ: O DO: F. DU YI. ZI M NY O DO: YI. Xꓵ. Tꓶ SI. ꓤO WU: L Xꓵ: ꓥ-. GO LI ꓕI A: ꓘꓶ. JI Xꓵ: O DO: F. DU YI. ZI M NY MI HW; ꓛO,-. Mꓶ: V LI MY: Dꓯ TO, HW.-. YI. Dꓯ F. V, DU O DO: ZI M NY ꓕI: ꓒꓱ Lꓱ: BI A: ꓘꓶ. JI N: RO JI N LO:-. LE; LE; NY Bꓶ: DI Bꓶ: MI BI N: DU JW, DU M Dꓯ Gꓶ K; ꓝI; HW. N LO: ꓥ= ꓕI A: ꓘꓶ. JI Xꓵ: O DO: F. DU YI. ZI M NY YI. Dꓯ F. ꓥ, LO O DO: ZI M Mꓶ: ꓕꓯ; K. NY. SI RO JI RO M: JI-. YI. Sꓶ: Dꓱ; JI Dꓱ; M: JI M Dꓯ A: ꓘꓶ. Jꓵ JO ꓥ= ꓕI LI ꓥ M Pꓶ. DU-. ꓕI A: ꓘꓶ. JI Xꓵ: O DO: F. DU YI. ZI M NY A: MY, Xꓵ: SI, ZI LO ZI Dꓯ SI SI. YI. Dꓯ F. V, DU O DO: ZI M NY ZO: N BI RO JI LI ZI-. YI. Sꓶ: Dꓱ; JI LI ZI=

ꓕI A: ꓘꓶ. JI Xꓵ: O DO: F. DU YI. ZI BI YI. ZI YI. CI M NY ZO: N BI RO JI ZI N LO:-. GO LI ꓕI O DO: F. DU YI. ZI M NY YI. Dꓯ F. V, DU O DO: ZI RO JI RO M: JI-. Bꓶ DI Bꓶ: MI BI N DU Dꓯ K; HW. K; M: HW. M Tꓯ. A: ꓘꓶ. Jꓵ JO ꓥ= A Mꓶ ꓕꓯ;-. O DO: YI. CI Dꓯ N DU NY A: MY, JW, ꓥ-. GO LI O DO: Tꓶ NY CI. ꓛY; NY, Mꓵ: KW N DU JW, DU M Dꓯ Tꓯ SI. YI. Dꓯ TO, HW. N T. Xꓵ: Tꓶ W LI ZI=

A: ꓘꓶ. JI LO Xꓵ: O DO: LI. ꓤ: Tꓶ NY Mꓶ: JY: K. NY. SI O DO: WU: L MO L MI: M Tꓯ. ZO: N BI T. ꓥ= RO: KUꓷ; KW Mꓶ: ꓕꓯ; SI MY: ꓕI: Bꓱ O DO: M NY YI. M K ZI G; Lꓯ: G; JI KW RO L Xꓵ: ꓥ-. GO LI O DO: ꓕI: ZI Dꓯ O DO: HW L SI. Tꓶ V, Gꓶ NI ꓕI: ZI GU ꓕI: ZI M: ꓕI: LI= ꓕI M Pꓶ. DU-. O DO: Tꓶ M KW NY Nꓯ. Bꓯ: Nꓯ. Xꓵ: SI, ZI Dꓯ A: ꓘꓶ. JI Xꓵ: O DO: F. SI. JI N Xꓵ: O DO: M Tꓶ W LI ZI=

21 O DO: ZI F. M KW F. DU SI, ZI LO ZI NY A MY Xꓵ: JW,?

(1) O DO:-. RO: KUꓷ; YI Nꓯ Mꓵ: ꓕI: ꓛO; KW NY LO Hꓶ:-Pꓶ:-. Hꓶ:-N:-. S.-XI.-. S.-TO.-. Pꓶ:-CI. Bꓯ LO Xꓵ: Mꓵ: KW NY O DO: ZI BI O DO: ZI Dꓯ F. SI. A: ꓘꓶ. Sꓯ. D M-LI: M: ꓝI-. YI. Sꓶ: Gꓶ NI Dꓱ; JI ꓥ= Gꓶ SI. A ꓕꓯ; Mꓶ ꓕꓯ; Gꓶ ꓕI: Xꓵ: O DO: KW-LI Tꓶ NY K. NY. SI O DO: Tꓶ

V, DU M M: JI LI-. ⊥I LI XՈ: KW O DO: T˥ V, DU M NY K. NY. SI O DO: ZI RO M KW G˥ M: ⊥I: LI-. ⊥I M P˥. DU-. O DO: F. Λ, DU M G˥ ⊥I: ZI GU ⊥I: ZI M: ⊥I: LI Λ=

TI. N˥: NYI: S ꓘO;-. M˥:-KUᗡ; NY O DO: ZI BI O: DO: ZI D∀ F. SI. F. DO L LO O DO: ZI M NY A: ꓘ˥. BI RO JI-. N DU D∀ G˥ K: ꓱI; HW. Λ-. GO LI K. NY. SI ⊥I: ⊥O: KW NY O DO: WU: L MO L MI: M T∀. CՈ CՈ NYI TI YI NY, Λ=

O DO: YI. K-. O DO: YI. K BI O DO: L∀: SƎ, M: ⊥I: LI DU M NY O DO: YI. K YI. KO. ⊥U Λ-. GO LI ⊥I O DO: YI. K MY: ⊥I: BƎ NY RO: KUᗡ; B˥ DՈ: YI M˥ ⊥I: ƆO; MՈ: KW JW,-. ⊥I O DO: YI. K M NY YI. KO. ⊥U.-. YI. S˥; BI.-. YI. ᑯY. RU XW. M P˥. DU NI YI. ᑯՈ: A: ꓘ˥. M: N=

O DO: YI. K YI. M TI ZI NY O DO: L∀: SƎ, BI N∀. B∀: N∀. XՈ: JI LO XՈ: O DO: F. NY A: ꓘ˥. D Λ-. GO LI ⊥I O DO: YI. M TI ZI D∀ O DO: F. NY S∀. S-. YI. N FO. M NI, NI, ꓱ ꓱ BI ꓘW: LI D= O DO: YI. K ZI D∀ O DO: L∀: SƎ, F. DU M NY RO: KUᗡ; T∀. YƎ:-N:-. KUI,-FOU. B∀ LO XՈ: MՈ: KW M˥ R YI G˥ SI. ZO: N BI YI ZO: LI Λ-. GO LI ⊥I M NY M˥: ⊥∀; K. NY. SI JI N XՈ: O DO: T˥ W LI ZI M T∀. JI JI BI YI M. ZO: LI W=

(4) H˥: ⊥AO. ƆO. G˥ NI ƆO. FI-. GO ⊥∀; O DO: B∀

NY, ꓥ-.GO LI YI. NY RO: KUꓷ; TO.-Pꓶ: Mꓵ: BI HW:-Pꓶ: Mꓵ: KW Mꓵ: 2000 MI ꓛI MO T. Xꓵ: KW JW,-. ꓕI O DO: ZI M NY JY -. ꓛO, -. MI HW; M: JI Xꓵ: Dꓯ Gꓶ TO, HW. SI. O DO: V ꓥ Xꓵ: M KW JY DU Dꓯ A: ꓘL. TO, HW. Xꓵ: ꓕI: Xꓵ: LO: YI= ꓕI O DO: NY YI. KO. ꓕU-. YI. ꓒY. ꓥ. XW. M Pꓶ. DU YI. ꓒꓵ: M: N-. LE; LE: YI. NY KO ꓕꓯ; KO MI KW JW, SI. ꓶ: ꓝO BU NI Tꓶ M: ꓛꓵ ꓛꓵ BI O DO: A KW ꓝꓶ NY O. KW RO ꓥ-. Gꓶ SI. ꓕI O DO: ZI Dꓯ Nꓯ. Bꓯ: Nꓯ. Xꓵ: O DO: F. NY JI Xꓵ: F. W M: D=

(5) KO ꓕꓯ; KO MI KW JW, DU O DO: NY C.-SU.-. C.-XI.-. Cꓶ:-C.-. HU:-Pꓶ:-. SI,-ꓛW.-. KUI,-FOU.-. K.-SU:-. S-XI. Bꓯ LO Xꓵ: Mꓵ: KW Mꓵ: 800~2000 MI MO Xꓵ: KW JW,-. GO LI ꓕI O DO: NY YI. Sꓶ: BI.-. YI. KO. ꓕU-. YI. ꓒY. A. TI. T. M Pꓶ. DU NI Nꓯ. Bꓯ: Nꓯ. Xꓵ: O DO: F. DU YI ꓥ=

22 O DO: ZI F. DU MI Nꓯ NY A LI SI-. A LI J: Gꓶ;?

O DO: ZI F. DU MI Nꓯ NY MI Nꓯ DI-. MI HW; JI-. Mꓶ: ꓝ ꓕI: W-. YI JY JW,-. MO DO J GU Cꓶ, S Xꓵ: KW YI-. LE; LE: MI ꓛY KW JW, DU YI JY NY 1~1.5 MI Nꓯ. N LO:-. ꓕI LI M: ꓥ NY O DO: F. DU YI ZI M YI. ꓛI ꓛꓶ M: JI-. YI

JY BƎ LI SI. FI. XՈ-. JY XՈ Ʌ= MI HW; JI-. MՈ: SⱯ; JI-. YI JY LO: NY O DO: F. Ʌ, DU M RO JI-. ⊥I M YI. B-. O DO: ZI F. V, DU M A. TI. T. ⊥Ɐ; ƆO, DU DⱯ TO, M: HW. SI. YI JY LO: N K⅂= ⊥I LI Ʌ M P⅂. DU-. ⊥I O DO: F. DU MI NⱯ SI KW NY YI JY DⱯ M: D M: SW; BI C, N LO:-. LE; LE: ⊥I O DO: F. DU MI NⱯ SI NY MI HW; KW O DO: F. DU ZI M DⱯ JI LO XՈ: JW, XՈ: SI-. M: Ʌ MI HW; KW M: JI M: ZO: XՈ: JW, NY O DO: ZI F. Ʌ, DU M RO M: JI Ʌ=

O DO: ZI F. DU MI NⱯ KW NY JI JI BI X, SI. MI HW; YI. SⱯ; DO JI ZI-. YI JY BƎ T⅂. X, W ZI-. MI NⱯ KW XՈ. ᴚ: MO: ᴚ: M ɅU O.W ZI-. B⅂: DI B⅂: MI BI N DU M TⱯ. K: ꟻI; W ZI= O DO: LI. ᴚ: A. TI. ᴚ: T. ⊥Ɐ; NY YI. CI M A: NⱯ. NⱯ. BI Ɔ⅂ SI. MI NⱯ ɅO ԀO, NY Z XW FI. NⱯ. DU M 20~25CM-. MՈ NՈ FI. NⱯ. DU M 15~20CM-. GO LI ƆO, MՈ: BI MI HW; ⊥U MՈ: KW NY NⱯ. NⱯ. CU.-. M⅂: V LI MY: BI YI JY MY: MՈ: KW NY ⊥Ɐ; ⊥Ɐ: CU.-. O DO: LI. ᴚ: CՈ. T⅂. NY YI. ʞՈ M 25~30CM NⱯ. N CU. SI. O DO: ZI M ⊥Ɐ; ⊥Ɐ: ᴚ: T⅂-. YI NⱯ MՈ: ⊥I: ƆO; KW NY Z XW FI. ⊥Ɐ; MI HW; M NⱯ. NⱯ. BI CU. SI. CI. Ԁ: K⅂-.YI JY K⅂-. MՈ: NՈ FI. NY FⱯ NI ⊥I: ʞO, NⱯ. NⱯ. BI CU. SI. NƎ. VƎ; M DI DI ƆY, G⅂ SI. T⅂. JՈ, ⊥Ɐ; T⅂ W LI ZI=

23 O DO: Xꓵ. A LI HW-. A LI XW-. A LI Tꓶ?

(1) O DO: Xꓵ. HW: O DO: Xꓵ. HW DU YI. ZI NY Bꓶ: DI Bꓶ: MI M: Z:-. N DU M: JW,-. YI. Sꓶ: M JI Xꓵ: YI. M K ZI SI N LO: ꓥ= GO LI O DO: YI. KO. NI, ꓛI: T. M Xꓵ Xꓵ BI YI. KO. P. L ꓕꓯ; XW ꓛꓵ-. O DO: Xꓵ. M ꓒ XW L ꓕꓯ; NY O DO: Nꓯ.; KW JW, LO A. Xꓵ: MI Xꓵ: LI. A: ꓘꓶ. JI SI. XW S-. O DO: Xꓵ. M XW Nꓯ: ZI NY O DO: YI. Sꓶ: A: ꓘꓶ. M: M-. GO LI O DO: Xꓵ. M Tꓶ Gꓶ NY M: RO Xꓵ: MY:-. RO: L DU M Gꓶ JI JI RO M: JI=

O DO: Xꓵ. HW DU ꓕI: Xꓵ: NY O DO: YI. ZI KW NI ꓞꓶ L ꓕꓯ; GO-. ꓕI: Xꓵ: NY O DO: YI. ZI KW O DO: YI. KO. 1/3 ꓛI P. ꓕ. ꓕꓯ; SI. K. KW NI Jꓶ: ꓞꓶ Gꓶ= O DO: Xꓵ. Tꓶ DU M NY YI. KO. P. Gꓶ ꓕꓯ; YI JY ꓕ: ꓞI; ꓞI: ꓕI: ꓛO BI Lꓰ. Gꓶ-. GO LI O DO: Xꓵ. Lꓰ NY ꓭ. ꓒY.-. HO ꓒY. ꓕꓯ; SI ꓕ: Lꓰ.-. B: LI, ꓤ: BI ꓛꓰ V, SI. YI. Tꓯ. Tꓯ. Lꓰ. ꓛO, LI ZI-. M: ꓥ NY RO M: JI=

O DO: Xꓵ. XW DU-. O DO: Xꓵ. NY XW Gꓶ V B ꓕI: M K. NY. ꓕꓯ; Tꓶ D ꓥ-. GO LI ꓕI: Bꓰ NY YI. KO, JI NI, ꓛI: Tꓵ. T. M CW CW Mꓶ: ꓞ Yꓯ. ꓘW A. ꓕI. ꓤ: Lꓰ. Gꓶ NY Tꓶ ꓛꓵ-. MY: ꓕI: Bꓰ Mꓵ: KW O DO: NY Mꓵ: Nꓵ ꓒO, L ꓕꓯ; Tꓶ-. GO LI ꓕI Mꓵ: Nꓵ ꓒO; Jꓵ, KW Tꓶ DU O DO: Xꓵ. NY ꓞ Sꓯ; 5 ℃ G: Lꓯ; G; JI-. MI: VE ꓕ BO. KO. BO. JI S Xꓵ: KW

XW-. O DO: Xꓵ. ꓕI: Bꓱ Bꓱ NY ꓕI: Xꓵ: Xꓵ: Kꓶ DU KW Kꓶ SI. ꓞ Sꓯ; ꓵ-. MI: VE JI S-. ꓛO, T. Xꓵ: XW Tꓶ. KW YI. Tꓯ. Tꓯ. Lꓱ. ꓛO, LI ZI-. ꓕI: Bꓱ Bꓱ NY SU, LAO, MO NO NYI: Tꓱ, Xꓵ: YI. ꓘU: KW ꓛO, DU Nꓯ ꓞI; M Kꓶ SI. ꓞ Sꓯ;-. MI VE M L: ꓞO NI X, N T. Xꓵ: Kꓶ Tꓶ. KW Kꓶ W LI ZI-.

O DO: Xꓵ. NY VE ꓘU: KW Kꓶ SI. ꓛO, LI ZI YI M-LI: M: ꓞI-. GO LI YI. B: KW YI JY DO YI S-. MI: VE Jꓶ: S-. Mꓶ ꓞ Tꓱ, W-. V, ꓣ: M: NY, Xꓵ: ꓘꓶ: ꓛꓵ MI KW YI. ꓘꓵ Nꓯ. DU M 0.7~I MI-. Xꓱ DU M 1~1.5 MI KW XW ꓛꓵ= ꓕI O DO: Xꓵ. XW Mꓶ: JY; SI NY O DO: M YI JY KW TI, SI. A: ꓘꓶ. M: M, BI YI JY MO: KW BU L, DU M RU ꓒI Gꓶ-. LE; LE: O DO: Xꓵ. M NY YI JY KW 2~3 NYI TI, Gꓶ ꓕꓯ; RU DO L SI. ꓘꓶ: ꓛꓵ MI KW Tꓵ. Gꓶ-. ꓕI ꓘꓵ ꓛꓵ MI KW O DO: Tꓵ. DU M NY Mꓶ: JY: SI YI. ꓘꓵ CU. ꓥ, M KW ꓘꓶ: ꓛꓵ M Lꓯ; ꓒꓯ, KW JO Tꓵ, NY YI JY M: DO L, Xꓵ: 10CM ꓕU N ꓕI: Gꓶ-. LE; LE: ꓕI M ꓕꓯ; SI NY O DO: ꓕI: Tꓱ, Kꓶ-. Fꓯ, NY ꓕI O DO: M ꓕꓯ; SI ꓘꓶ: ꓛꓵ 10CM ꓕU N ꓕI: Tꓱ, Kꓶ-. GO NY ꓕI LI ꓕI: Tꓱ, GU ꓕI: Tꓱ, Kꓶ SI. YI. ꓘꓵ CU. ꓥ, DU M Dꓯ A: L 20CM ꓛI JW, ꓕꓯ; ꓘꓶ: ꓛꓵ KW NI W: Zꓱ; M ꓕI: LI, O. ꓕI: Gꓶ-. ꓕI LI YI Gꓶ K. NY.-. ꓕI O DO: Tꓵ. V, DU M NY YI JY Bꓱ LI SI. ꓛꓵ: YI L M Pꓶ. DU-. ꓕI YI. ꓘꓵ YI. ꓘꓶ: YI. JI KW NY YI JY Mꓶ Sꓯ DO YI DU CU. N Kꓶ-. ꓕI O DO: Tꓵ, V, LO

YI. ꓘꓵ: KW NY YI. Sꓯ; DO S LI ZI Bꓯ NI-. ꓕI YI. ꓘꓵ KW NY YI. Sꓯ; DO DU SI. K. ꓛꓶ, N LO:-. Mꓵ: Nꓵ FI. ꓒ ꓒO, L LO ꓕI: Jꓵ, KW NY O DO: Tꓵ. V, DU M Dꓯ M: N: N: BI NYI N, SI. ꓕ: Bꓵ: LI ZI-. ꓕ: ꓛꓵ: LI ZI=

O DO: Xꓵ. KW; DU-. Z XW FI. KW XW V, DU O DO: Xꓵ. NY A. Xꓵ: MI Xꓵ: Gꓶ YI M: ꓛꓵ Tꓱ, Tꓱ, Tꓶ ꓕI: G-LI: ꓛꓵ-. Mꓵ: Nꓵ ꓒO, L FI. KW XW V, DU O DO: Xꓵ. NY YI JY ꓘU: KW TI, Gꓶ SI. YI JY MO: KW M: BU L, M Tꓶ-. GO LI O DO: Xꓵ. M YI. JY KW TI, DU NY ꓕI MY Xꓵ: JW, ꓥ=

O DO: Xꓵ. M YI JY YI ꓛꓵ: KW TI,-. O DO: Xꓵ. M YI JY YI ꓛꓵ: KW ꓕI: NYI Pꓶ. F. ꓕI: NYI YI JY Lꓷ. Xꓵ: 7~10 NYI TI,-. M: ꓥ NYI O DO: Xꓵ. M MO NO KW Kꓶ SI. YI JY ꓘU: KW TI, NI A: Bꓶ, Jꓵ: L ꓕꓯ; Tꓶ Gꓶ=

O DO: Xꓵ. M YI JY YI ꓛꓵ: KW TI, Gꓶ K. NY. Mꓶ: ꓝ Dꓯ Lꓱ.-. O DO: Xꓵ. M YI JY YI ꓛꓵ: KW 7~10 NYI G: Lꓯ; G; JI ꓛI TI, Gꓶ K. NY. Mꓶ: ꓝ Lꓱ. NI O DO: M YI. Bꓶ: PO L ꓕꓯ; Tꓶ Gꓶ=

O DO: Xꓵ. M YI JY Lꓱ Lꓱ Xꓵ: KW TI,-. O DO: Xꓵ. M YI JY ꓝ Sꓯ; 80℃ ꓛI JW, Xꓵ: KW Lꓯ: Xꓵ TI, NYI Lꓯ: Xꓵ Gꓱ NI YI JY M ꓛꓵ; ꓛꓵ: ꓤ: Kꓶ LI ZI-. ꓕI LI YI Gꓶ K. NY. O DO: Xꓵ. M NY ꓕI YI JY KW ꓕI: NYI Pꓶ. F. ꓕI: NYI YI JY Lꓷ. Xꓵ: 8~10 NYI TI, NI O DO: M A. ꓕI. Bꓶ: L ꓕꓯ; Tꓶ ꓛꓵ=

O DO: Xꓵ. M YI JY FU. Xꓵ: KW TI,-. O DO: Tꓶ Jꓵ, KW O DO: M A: ꓘꓶ. NI, ꓝ BI Tꓶ N T. ꓕꓯ;-. O DO: Xꓵ. M NY YI ꓝ FU. Xꓵ: YI. ꓕꓯ; SI 1.5~2 Bꓶ, ꓛI MY: N Kꓶ SI. Lꓯ: Xꓵ Gꓱ NY L: Xꓵ 2~3 Hꓶ ꓛI TI, Gꓶ-. GO LI YI JY M Gꓱ NI Lꓯ: ꓒꓯ, Nꓶ: LI. Lꓱ Lꓱ ꓣ: T. Xꓵ: KW ꓕI: NYI ꓕI: Vꓯ; TI, Gꓶ ꓕꓯ; Tꓶ Gꓶ ꓛꓵ-. ꓕI YI ꓝ FU. Xꓵ: KW NI O DO: Xꓵ. TI, DU M NY O DO: Dꓯ N DU JW, DU M LI. ꓕI, Xꓵ Gꓶ D-. Gꓶ SI. O DO: Xꓵ. YI. KO. B:-. YI. ꓒY. MO D, Xꓵ: NY ꓕI LI TI, M: D=

O DO: Xꓵ. M Xꓵ: HUI. YI JY KW NI TI,-. C, W NY-. S.-XI. ɾE:-Y: Xꓵ: KW O DO: Xꓵ. M Xꓵ: HUI. YI JY KW ꓕI: NYI Pꓶ. F. ꓕI: NYI YI JY M: Lɑ. BI 7~8 NYI TI, Gꓶ ꓕꓯ; CW DO L SI. Mꓶ: ꓝ Yꓯ. ꓘW ꓕI: NYI: Jꓵ, ꓛI Lꓱ. NI YI. Bꓶ: PO L ꓕꓯ; Tꓶ Gꓶ ꓛꓵ Bꓯ ꓥ=

O DO: Tꓶ DU YI. Jꓵ,-. O DO: NY YI Mꓶ Mꓵ: ꓕI: ꓛO; KW Z XW FI. Tꓶ-. YI Nꓯ Mꓵ: ꓕI: ꓛO; KW Mꓵ: Nꓵ ꓒO, FI. Tꓶ= Z XW FI. 10 ~11 V G; Lꓯ: G; JI Mꓶ Nꓯ ꓕꓯ; SI NYI M: TI L, ꓕꓯ; Tꓶ-. GO LI Tꓶ Nꓯ: FI-. Tꓶ Lɑ LI LI. M: D-. ꓕI: Mꓵ: Mꓵ: KW Z XW FI. O DO Tꓶ M NY O DO: XW Jꓵ, ꓕꓯ; YI. KO. M: P. P. BI Tꓶ Gꓶ-. Z XW FI. KW O DO: Tꓶ DU M NY Mꓵ: Nꓵ ꓒO, L ꓕꓯ; A: ꓘꓶ. ZO: N BI RO JI ꓥ-. Mꓵ: Nꓵ ꓒO, Jꓵ, 3~4 V G; Lꓯ: G; JI Mꓶ Nꓯ ꓕꓯ; SI NYI M: TI K.

NY. SI T⅂-. G⅂ SI. M∩: N∩ dO, J∩, KW O DO: T⅂ DU M: ZO: DU ⊥I: P⅂. M NY X∩. M∩ LO. M∩ MI: Ⅎ:-. MI: WO; B NYI MY:-. MI: HW; ƆO, SI. O DO A: ꓘ⅂. ꓤO M: JI=

O DO: T⅂ DU-. O DO T⅂ NY O DO: M MI HW; KW T T, BI T⅂ SI. RO J∩, ƆI ⊥Ɐ; TƎ, TƎ, RO W LI ZI-. X∩. X∩. GO; GO: ⊥: RO LI ZI= O DO: X∩. T⅂ NY MI NⱯ KW NⱯ. DU M 6~8CM ƆI CU. SI. T⅂-. GO LI O DO: X∩. M: T⅂ ⊥Ɐ; LI YI. S⅂. N∩: L, DU M DⱯ NYI NƎ. VƎ; M A: ⊥U, ⊥U ⊥: O.-. MI: HW; ƆO, BI O DO: YI. S⅂. M: N∩: L, X∩: T⅂ NY NƎ. VƎ; M A: ⊥U, ⊥U O-. LE; LE: NY ⊥I O DO: T⅂ V, M ⊥Ɐ; SI PO: MO: ⊥I: TƎ, dƎ: SI. Ⅎ SⱯ; M LƎ LƎ, BI T. ZI-. O DO: X∩. M: T⅂ ⊥Ɐ; LI YI. S⅂. N∩: L, X∩: T⅂ NY YI. SD. M 1MM ƆI XO: dI G⅂ SI. ZO: N BI RO JI LI ZI=

O DO: T⅂ DU YI. ꓘ∩ NY X∩ DU 50CM-. XƎ DU 25CM CU.-. ⊥I: ZI GU ⊥I: ZI KW NY 25CM K; T. ZI-. MI NⱯ 667 dI: Ր. MI KW NY O DO: 6000~7000 ZI ƆI T⅂ W ZI-. ℲI NI, T⅂ LO O DO M A: ꓘ⅂. ꓤO JI ɅO BⱯ MO SⱯ MO. 60~80CM WU: SⱯ MO. WU: TⱯ MO. 2CM ƆI RO HW. Ʌ-. GO LI ⊥I O DO: ZI M NY O DO: YI. X∩: F. DU YI Ɔ∩=

24 O DO: LI. ꓤ: T⅂ V, DU M DⱯ A LI KW;?

（1）O DO: LI. ꓤ: RO BI M: RO DU M FⱯ NI T⅂ DU-.

O DO: LI. ꓤ: RO T. ꓕI: Jꓵ, M KW NY RO JI RO M: JI DU M Tꓯ. M: N: N: BI ꓒI, NYI N LO:-. GO LI RO M: JI Xꓵ: JW, ꓥO Bꓯ NI, NI, ꓝ ꓝ BI Tꓶ Pꓱ W LI ZI-. O DO: M: RO SI. Tꓶ Pꓱ ꓕꓯ; NY O DO M A JY KW TI, SI. YI. Sꓶ. Nꓵ: L ꓕꓯ; Tꓶ-. Fꓯ NY O DO Tꓶ V, DU A: MY, ZI: N RO T. DU M Nꓱ. Vꓱ: JW, JW, Pꓱ Tꓶ-. GO NY ꓕI O DO: LI. ꓤ: M ꓕI LI Pꓱ Tꓶ SI. A Jꓵ; ꓕI: LI, BI B: LI, ꓤ: RO ZO: LI ZI=

O DO: LI. ꓤ: Dꓯ CI. ꓒ:(Jꓶ: ꓘE:) A LE Kꓶ-. YI JY A LI ꓕI: DU-. YI Nꓯ Mꓵ: ꓕI: ꓛO; Tꓯ. MO. Mꓵ: Nꓵ FI. KW NY Mꓵ: ꓛO,-. MI: VE Jꓶ: MY:-. MI HW; A: ꓘꓶ. M JI-. GO LI ꓕI Xꓵ: Mꓵ: KW O DO: Tꓶ V, DU M RO L ꓕꓯ; YI JY M: N: N: BI ꓕI: W LI ZI SI Nꓱ. Vꓱ: ꓒ: NU: NU: ꓤ: BI O. DO: LI. ꓤ: RO JI LI ZI= O DO: Tꓶ V, DU M RO ZI: LI ꓕꓯ;-. CI. ꓒ:(Jꓶ: ꓘE:) M 5-6 V KW Kꓶ W LI ZI-. YI Nꓯ Mꓵ: ꓕI: ꓛO; KW ꓕI O DO: LI. ꓤ: Tꓶ V, DU M 5-6 V KW YI JY 2~3 ꓘO, ꓕI:-. T, ꓞE: CI. ꓒ: Bꓯ DU M NYI: ꓘO, Kꓶ-. GO LI CI. ꓒ: ꓕI: ꓘO, NY 667 ꓒI: ꓞ. MI KW SUI. SU, 20 CI Kꓶ-. 7-8 V KW NY Mꓶ: V A: ꓘꓶ. LI. MY:-. GO LI CI. ꓒ: NY Mꓶ: V LI DU M Dꓯ C, NYI SI. YI JY ꓕI:-. LI: C: ꓞE: CI. ꓒ: Bꓯ DU M NY NYI: ꓘO, Kꓶ-. GO LI CI. ꓒ: ꓕI: ꓘO, NY 667 ꓒI: ꓞ. MI KW 16 CI Kꓶ-. 9 V K. NY.-. ꓕI O DO: LI. ꓤ: Tꓶ MI KW MI HW; M A. TI. ꓛO, ꓛO, ꓤ: BI T. ZI SI. ꓕI: ꓕꓶ, BI O DO: LI. ꓤ: M ꓕI

MO ꓕ: RO LI ZI-. ꓕI LI M: YI NY-. O DO: LI. ꓤ: M JY: FI. KW Xꓵ L KU.-. Mꓶ: V LI FI. ꓛI L NY-. ꓕI O DO: Tꓶ MI KW YI JY M ꓕ: Bꓱ LI ZI BI Mꓶ ꓛY JI S N YI W LI ZI-. M: ꓥ YI JY Bꓱ LI NY O DO: LI. ꓤ: YI. CI M ꓛꓵ: LI SI. Xꓵ ꓥ=

（3）O DO: Tꓶ V, LO YI. TI, XY KW ꓥO ꓒO, BI MO: ꓤ: Xꓵ. ꓤ: ꓛO, DU-. O DO: LI. ꓤ: RO Jꓵ, ꓕI ꓕI: FI. ꓕꓯ: NY O. DO: LI. ꓤ: JW, LO NYI: KO. CO. KW MI HW; M ꓥO ꓒO, SI. MI: Nꓯ YI. Sꓯ; DO JI ZI-. O DO: LI. ꓤ: Dꓯ JI DU MI HW; Bꓵ: M JI W LI ZI-. O DO: LI. ꓤ: RO JI LI ZI= O DO: LI. ꓤ: Tꓶ V, M KW MO: ꓤ: Xꓵ. ꓤ: ꓕI: HW. M NY A: MY, JW, SI. ꓤO NI, ꓝ NY MI HW; J DU M YI. W: Dꓯ JI LI GU-. Mꓶ: ꓝ Gꓶ YI. W: NI T G-. LE: LE: ꓕI Xꓵ. ꓤ: MO: ꓤ: Dꓯ N DU JW, DU M Gꓶ O DO: LI. ꓤ: Dꓯ N L KU-. ꓕI M Pꓶ. DU-. O DO: Tꓶ V, GU JW, DU MO: ꓤ: Xꓵ. ꓤ: NY NI, NI, ꓝ ꓝ BI MO: N LO:= O DO: Tꓶ V, KW MO: ꓤ: Xꓵ. ꓤ: ꓛO, NY L: ꓝO BU NI ꓶ ꓤ: ꓶ MI ꓤꓱ; SI. ꓛO,-. Jꓵ ꓘU: Jꓵ MI KW WU: T. ꓷU Nꓯ ꓝI; KW JO ꓕ: SE;-. O DO: Tꓶ V, LO NYI: KO. ꓛO. KW ꓥO ꓒO, NY Mꓶ: JY: SI ꓕI: ꓘO, NY A: L 2-4CM Nꓯ. N ꓛI ꓥO-. K. NY. SI ꓥO ꓒO, NY A: L 8-10CM Nꓯ. N ꓛI ꓥO=

O DO: Tꓶ V, LO NYI: KO. ꓛO. KW MI HW; ꓥO ꓒO, DU M NY CI. ꓒ: Kꓶ-. YI JY ꓕI: LO ꓕI: ꓛO BI YI-. GO LI V ꓕI: ꓘO, MO: ꓤ: Xꓵ. ꓤ: ꓛO, Gꓶ K. NY, CI. ꓒ: BI YI JY

M Kꓶ W LI ZI= ꓕI O DO: LI. ꓤ: Tꓶ MI KW NY ꓕI LI YI SI. MO: ꓤ: Xꓵ. ꓤ: ꓕ: JW, ZI-. MI HW; NU: NU, ꓤ: T. ZI=

O DO: LI. ꓤ: Dꓯ N DU BI Bꓶ: DI Bꓶ: MI K; ꓛI: DU-. O DO: LI. ꓤ: Tꓶ Mꓶ: JY; SI MI Nꓯ Nꓯ. Nꓯ. ꓥO ꓒO,-. Nꓯ ꓝI; ꓕI: DU M NY O DO: LI. ꓤ: Tꓶ Gꓶ ꓕꓯ; YI. CI M: ꓛꓵ:-. YI. CI N DU M: JW, ꓥ= O DO: LI. ꓤ: Tꓶ V, DU YI. CI M N T. ꓕꓯ;-. M: ꓥ NY LIO: SW. ꓕO: 1%-. M: ꓥ NY C: CI. ꓕO: PU, CI. 1000 ꓞU. ꓛI YI JY Tꓱ, SI. YI. ꓛI KW ꓕI:-. GO LI MI Nꓯ 667 ꓒI; ꓞ. MI Dꓯ Nꓯ ꓝI; M NY 250~300 ꓛY. ꓘꓶ: Kꓶ-. Fꓯ, NY Xꓵ: HUI. Hꓶ: M O DO: YI. CI KW Kꓶ=

O DO: LI. ꓤ: Dꓯ M: JI M: ZO: N Xꓵ: YI DU Bꓶ: DI NY X, PI: Bꓶ: DI-. ꓛI, ꓶ: Bꓶ: DI-. CI. ꓘUI. ꓝI Bꓶ: DI Bꓯ LO Xꓵ: ꓥ-. GO LI O DO: LI. ꓤ: Dꓯ Bꓶ: DI Bꓶ: MI M: JI M: ZO: N YI T. ꓕꓯ; NY NI, ꓝ ꓝ BI Nꓯ ꓝI; M ꓕI: W LI ZI=

25　O DO: F. V, DU　YI. ZI. NY Sꓷ. NI, A LI JW,?

O DO: YI. Xꓵ. JI-. YI. ZI A: ꓘꓶ. RO JI Xꓵ: Dꓯ O DO: F. V, DU M NY K. NY. SI KW O DO: JI N Xꓵ: F. W D M-LI: M: ꓝI-. YI. NY O DO: YI. Sꓶ: LI. Nꓯ. Bꓯ: Xꓵ: O DO: MI Tꓯ. Tꓯ. JW, M ꓕꓯ; SI Dꓱ: NI, ꓝ SI: ꓥ-.

O DO: KW NI Tꓶ SI: RO L M NY A: Jꓵ: LI. NI CI. ꓛY:

Tꓯ. MO. RO L Xꓵ: Bꓯ ꓥO-. ꓕI LI Tꓶ DO L M NY A: ꓘꓶ. Tꓶ S SI. ꓯ KW ꓛI ꓛI Tꓶ ꓛꓵ-. LE: LE: ꓕI LI Tꓶ DO L M NY Sꓯ. S-. Gꓶ SI. YI. Sꓶ: NY A ꓤ ꓤ BI Dꓱ:-. YI. Xꓵ: Gꓶ M: JI-. A Mꓶ ꓒ ꓛI-. O DO: KW NI Tꓶ DO L DU YI. ZI M NY ꓕI S Xꓵ: KW NI ꓤꓱ: ꓥ-. ꓕI: NY ꓕI O DO: ZI Dꓯ Nꓯ. Bꓯ: Xꓵ: O DO: F.-. ꓕI M NY Bꓶ: ꓘU: Bꓶ: KUꓷ; KW LI. A: ꓘꓶ. ꓤꓱ: NY,-. NYI: NY O DO: KW NI Tꓶ V, DU O DO: ZI NY ꓕI: Mꓵ: GU ꓕI: Mꓵ: Tꓶ, V,-. S NY O DO KW NI Tꓶ V, DU O DO: ZI M NY Nꓯ. Bꓯ: Nꓯ. Xꓵ: O DO: ꓕI: KW Tꓶ SI. JI LO Xꓵ: O DO: Tꓶ W LI ZI YI NY,=

26 O DO: LI. ꓤ: F. V, DU M Sꓯ. D Sꓯ. M: D M NY A. Xꓵ: Pꓶ. DU Jꓵ ꓥ?

（1）O DO: F. Gꓶ K. NY. Sꓯ. D Sꓯ. M: D M NY F. V, DU YI. M TI ZI BI YI. Xꓵ: F. V, DU O DO: Lꓯ: V, M RO F. M RO F. YI M Tꓯ. NYI N LO: ꓥ-. GO LI RO F. YI GU K. NY. NY YI. MO: ZI BI YI. Xꓵ: F, V, DU O DO: M ꓕI: ꓛO, BI YI. Xꓵ: YI. JI RO F. ZO: LI= ꓕI LI Xꓵ: YI. Xꓵ: YI. JI RO F. LI M NY YI. MO: ZI BI YI. Xꓵ: ZI NY KO: BO. CO. BO. ɾI ZO: DU M Lꓷ. P Lꓯ: ꓘO SI. YI. Xꓵ: ZI M Dꓯ A: ꓘꓶ. JI ZO: LI W=

（2）O DO: F. V, DU M Sꓯ. D Sꓯ. M: D M NY YI.

MO: ZI BI O DO: Lꓯ: V, F. DU M Tꓯ. NYI N, N LO: Λ-. Fꓯ, NY O DO: F. SU O DO: F. DU Sꓷ. NI, JW, M: JW,-. Mꓵ: JI M: JI -. NI, ꓞ RO F. S M: S Bꓯ LO Xꓵ: KW NI NYI N LO:=

27 O DO: F. V, M KW YI. FO. A LI ꓕꓯ; SI. F. LI S?

O DO: F. M KW O DO: YI. M TI ZI BI O DO: Lꓯ: V, M YI JY Sꓯ: JW, M: JW, M NY YI. Xꓵ: YI JI RO F. JI M: JI M Tꓯ. A: ꓘꓶ. Jꓵ JW, Λ-. GO LI YI JY Sꓯ: Lꓯ: HW. M: JW, NY YI. Xꓵ: YI JI Lꓯ: HW. RO F. M: JI-. O DO: YI. M TI ZI BI O DO: Lꓯ: V, M YI JY Sꓯ: M 11.75% ꓛI ꓶꓞ LI ΛO Bꓯ O DO NY F. M D=

O DO: F. M KW O DO: YI. M TI ZI BI O DO: Lꓯ: V, YI. Xꓵ: YI. JI RO F. JI M: JI M Gꓶ Mꓵ: Sꓯ: M Tꓯ. Jꓵ JW, Λ-. GO LI Mꓵ: Sꓯ: M 22~27 ℃ ꓛI JW, ΛO Bꓯ YI. Xꓵ: YI. JI Lꓯ: HW. A: ꓘꓶ. RO F. NI, ꓞ=

O DO: F. M KW O DO: YI. M TI ZI BI O DO: Lꓯ: V, YI. Xꓵ: YI. JI RO F. JI M: JI M Gꓶ Mꓵ: Sꓯ: ꓒ: JI ꓒ: M JI M Tꓯ. Jꓵ JW, Λ-. Mꓵ: Sꓯ: ꓒ: MY:-. M: LO ΛO Bꓯ LI. YI. Xꓵ: YI. JI RO F. M: JI=

28 O DO: F. DU O DO: Lꓯ: V, M A LI SI-.

O DO: F. DU O DO: Lꓯ: V, M NY O DO: YI. M K ZI A: ꓘꓶ. RO JI -. Bꓶ: DI Bꓶ: MI M: Z: T. Xꓵ: SI-. ꓕI O DO: YI. M K ZI SI JI SI M: JI M NY K. NY. SI O DO: F. V, DU JI M: JI M Tꓯ. A: ꓘꓶ. Jꓵ JW,-. GO LI ꓕI O DO: YI. M K ZI Dꓯ O DO: F. DU YI. Lꓯ: V, M NY RO: JI-. N DU M: JW,-. Bꓶ: DI Bꓶ: M M: NY, Xꓵ: SI=

29 O DO: LI. ꓤ: F. DU O DO: Lꓯ: V, A LI HW? A LI XW?

O DO: LI. ꓤ: F. DU O DO: Lꓯ: V, M NY YI, NYI Nꓵ: Jꓵ, Mꓶ: ꓕꓯ: KW LI. HW ꓛꓵ ꓥ-. ꓕI: Mꓵ: GU ꓕI: Mꓵ: KW NY Mꓵ: Sꓯ: LO Sꓯ: M: ꓕI: LI M Pꓶ. DU HW Jꓵ, Gꓶ M: ꓕI: LI-. YI Nꓯ Mꓵ: ꓕI: ꓛO; KW NY MU: ꓞU: FI. BI Nꓯ: Nꓯ: MU: Nꓵ ꓒO, FI. ꓕꓯ: JY M O NIO-. ꓕI O DO: F. DU O DO: Lꓯ: V, M NY Z XW FI. YI. Mꓶ: BI JY FI. YI. TU TU Jꓵ, KW HW-. ꓕI ꓕI: Jꓵ, M KW O DO: Lꓯ: V, HW DU M NY JI JI BI XW JI ꓥO Bꓯ A: ꓘꓶ. ꓞ. Sꓯ. D= MU: ꓞU: FI. KW A: ꓘꓶ. M: JY Xꓵ: Mꓵ: KW O DO: Lꓯ: V, HW NY MU: Nꓵ ꓒO, FI. Mꓶ: JY KW HW-. ꓕI ꓕI: Jꓵ, KW O DO: Lꓯ: V, HW V, M NY A. Xꓵ: MI Xꓵ: LI. JI N JW, SI. A: ꓘꓶ. F. Sꓯ. D ꓥ=

O DO: LI. ꓤ: F. DU O DO: Lꓯ: V, HW ꓕꓯ: NY ꓞꓶ: DO

KW NI Tꓱ, Tꓱ, ꓝꓶ:-. MO. ꓝO, KW NI ꓕ: ꓶ:-. ꓝꓶ: V, LO O DO: Lꓯ: V, ꓕI: LI, ꓤ: Xꓵ DU M NY ꓕI: KW Kꓶ SI. Hꓶ, V, ZI-. ꓕI: LI, M: T. DU O DO: Lꓯ: V, M NY YI. S: S: W LI ZI=

ꓝ FI. KW O DO: Lꓯ: V, HW V, DU M NY Lꓯ: Xꓵ HW NY Lꓯ: Xꓵ F. Gꓶ D-. Gꓶ SI. YI. Jꓵ, XW Mꓶ RW XW Gꓶ ꓕꓯ: SI. F. DU M NY A: ꓘꓶ. F. Sꓯ. M D= GO LI O DO: Lꓯ: V, HW V, DU M NY 5 NYI ꓕꓯ; SI ꓕ: XW LO, LI ZI-.

O DO: LI. ꓤ: F. DU O DO: Lꓯ: V, HW V, DU M NY Z XW FI. YI. Pꓶ. KW BI Nꓯ: Nꓯ: MU: Nꓵ ꓒO, FI. KW ꓕ BO. KO. BO. GO ꓣU-. A: ꓘꓶ. ꓝ LO Vꓯ: NYI KW GO ꓣU NY ꓛꓵ: LI S-. JY FI. ꓘW GO NY JY Xꓵ LI D= ꓕI O DO: LI. ꓤ: F. DU O DO: Lꓯ: V, XW H, DU M ꓕ BO. KO. BO. GO ꓣU T. Mꓶ: JY: SI NY ZO: N BI Hꓶ, JI LI ZI-. XW JI LI ZI-. A: ꓶ KW GO YI ꓥO Bꓯ Kꓶ DU M KW ꓕ BO. KO. BO. Pꓯ: LI Gꓶ M: N YI N T. Xꓵ: Kꓶ W ZI-.

O DO: LI. ꓤ: F. DU O DO: Lꓯ: V, M ꓒ HW L ꓕꓯ: NY A: ꓘꓶ. RW MO N BI XW V, N LO: ꓥ-. GO LI O DO: Lꓯ: V, M HW L ꓕꓯ: NY PO: MO: KW NI Hꓶ,-. ꓕ BO. KO. BO. Pꓯ: LI Gꓶ M: N YI N T. Xꓵ: KW Kꓶ W ZI-. GO ꓣU Tꓶ. KW GO ꓛI ꓕꓯ; NY PO: MO: M RU ꓒI Gꓶ SI. YI JY M: N: N: BI ꓒ: ꓒ: ꓤ: ꓕIO: W ZI=

30 O DO: LI. ꓤ: F. DU NY A MY Xꓵ: JW,

（1）O DO: YI. V, KW F. DU

O DO: YI. JI KW F. DU-. Mꓶ: JY: SI O DO: F. DU YI ZI M NY ꓶ DU KW NI Tꓱ, Tꓱ, ꓤ: ꓶ: Gꓶ -. LE: LE: NY O DO: F. DU YI. Lꓯ: V, M A. ꓕ: LI: KW NI YI. MO: JI M XO Gꓶ-. Fꓯ, NY O DO: F. DU YI. ZI M Dꓯ A. ꓕ: KW NI YI. JI B: LI, ꓕI: Tꓱ, Kꓯ. SI. O DO: F. DU YI. Lꓯ: V, M YI. ꓘU: KW Kꓯ. ꓩU-. ꓕI LI YI Gꓶ K. NY.-. O DO: F. V, KW NY PO: MO: KW NI YI. Sꓯ: M: DO N BI Hꓶ, Gꓶ-. O DO: ZI F. Mꓶ: ꓕꓯ: SI NY YI JY ꓕ: ꓕI:=

31 MU: Nꓵ ꓒO, FI. KW O DO: A LI F.?

（1）ꓕI: NY O DO: F. DU YI. Pꓶ. M NY 5CM ꓛI JW, N, LO:-. LE: LE: NY YI, Lꓵ, ꓤ: T. N Kꓶ=

（2）NYI: NY O DO: F. ꓕꓯ: O DO: F. DU YI. ZI BI O DO: F. DU M NY ꓕI: LI, ꓤ: BI ZO LI ZI=

（3）S NY O DO: F. DU YI. ZI BI O DO: F. V, DU YI. F. KW NY M NY PO: MO: KW Hꓶ, ꓕI LI ZI=

32 O DO: F. V, DU Sꓯ. D Sꓯ. M: D M NY Sꓨ. NI, A LI ꓤꓱ:?

（1）ꓕI: NY O DO: YI. Lꓯ: V, Nꓵ: L M V B NYI: M G;

Lꓯ: G; JI ꓛI ꓛI ꓕꓯ; HW SI. F.=

（2）NYI: NY O DO: F. NY MI: WO: B NYI KW F.-. F. Gꓶ S; NYI Nꓯ.; KW Mꓶ: V M: LI NY A: ꓘꓶ. Sꓯ. S=

（3）S NY O DO: F. DU YI. Lꓯ: V, M A: Bꓶ, T. NY YI. F. ZI M Gꓶ A: Bꓶ, Xꓵ: SI=

（4）LI NY O DO: F. DU M YI. JI XO: NY Sꓯ. D DU M Tꓯ. ꓕ: XO: W LI ZI=

（5）ꓥW; NY O DO: F. DU YI. ZI BI O DO: F. DU M NY YI. Sꓯ: M: DO N BI Hꓶ, ZO: LI ZI=

（6）ꓛO; NY PO: MO: NU: LI, ꓤ: Xꓵ: KW NI O DO: F. DU YI. ZI BI O DO: F. DU M NY YI. Sꓯ: M: DO N BI Hꓶ, ZO: LI ZI=

（7）Xꓵ: NY O DO: F. DU YI. Jꓵ, NY Xꓵ: V ꓞI NYI G; Lꓯ: G; JI KW F. W LI ZI-. ꓕI ꓕI: Jꓵ, M KW F. NY A: ꓘꓶ. Sꓯ. S ꓥ=

33　O DO: LI. ꓤ: ꓚU. DO L M KW ꓤ MO DU A MY JW,?

O DO: LI. ꓤ: ꓚU. DO L DU M ZO: N BI Tꓶ W LI ZI Bꓯ NI -. O DO: LI. ꓤ: ꓚU. ꓕꓯ; O DO: LI. ꓤ: ꓚU. ZO: ꓚU. M: ZO: M Dꓯ JI JI BI ꓛ; NYI-. O DO: LI. ꓤ: WU DU A MY JW,-. Tꓶ, V, DU M A LI ꓥ KW NI ZO: N SW; NYI-. C, NYI

N Kꓶ ꓥ=

（1）O DO: LI. ꓤ: CU. BI Cꓵ. Tꓶ DU-. O DO: LI. ꓤ: CU. NY YI. ꓒY: ꓞꓶ BI M: RO YI. Jꓵ, M KW CU. N LO:-. O DO: LI. ꓤ: CU. Jꓵ, KW MI: WO; A: ꓘ. ꓛO, ꓕꓯ; NY CU. Mꓶ: JY; SI ꓕI: N: KW-LI YI JY ꓕI:-. GO LI ꓕI YI NY CU. ꓷO L LO: O DO: LI. ꓤ: M Sꓯ. S ꓥ= O DO: LI. ꓤ: Tꓶ V, DU M NY ꓕI: ꓘO; Nꓯ.; KW M: N: N: BI YI. Lꓯ: V, M JI JI R MO N BI ꓞꓶ: N LO: ꓥ=

O DO: LI. ꓤ: YI. Lꓯ: V, ꓞꓶ: Gꓶ K. NY. ꓞ: ꓞ: Cꓵ. Tꓶ M: W ꓥO Bꓯ-. ꓕI CU. DO L LO: O DO: LI. ꓤ: M NY YI. CI K Tꓯ ꓕI: TO. KW Xꓵ. ꓒ: ꓒ: Xꓵ: KW NI ꓞO, TI SI. ꓕI: Xꓵ: GU ꓕI: Xꓵ: O DO: Xꓵ. LI. ꓤ: M B, Gꓶ NI Mꓵ: MO-. MI HW: NU:-. YI JY JI S T. N Xꓵ: KW Mꓶ: JY: Tꓶ V, ZI=

O DO: LI. ꓤ: B, DU-. O DO: LI. ꓤ: B, DU M NY O DO: LI. ꓤ: CU. DO L K. NY. Tꓶ Sꓯ. D M: D M Tꓯ. A: ꓘ. Tꓱ, MO ZO: T. ꓥ-. GO LI ꓕI M NY KUꓷ; C. BI CI. ꓛY: NY, Mꓵ: KW YI. FI. Tꓶ V, M CW CW JI JI BI O DO: LI. ꓤ: M CU. N LO:-. B, N LO: ꓥ= Sꓯ. M: D T. DU O DO: LI. ꓤ: NY Fꓯ NI JI JI BI Tꓶ SI. Sꓯ. S D T. ꓕꓯ; SI. CU.=

（4）O DO: LI. ꓤ: CU. DO L M A LI Kꓶ SI. Mꓶ Sꓯ KW GO DO LI-. O DO: LI. ꓤ: CU. DO L M YI. B: KW GO DO YI NY O DO: LI. ꓤ: YI. CI K Tꓯ ꓕI: TO. KW Xꓵ. ꓒ: ꓒ: Xꓵ:

KW NI ꓞO, TI SI. ꓕI: Xꓵ: GU ꓕI: Xꓵ: O DO: Xꓵ. LI. ꓤ: M B, Gꓶ NI Mꓵ: MO-. MI HW: NU:-. YI JY JI S T. N Xꓵ: KW Mꓶ: JY: Tꓶ V, ZI=

4 LI-. WO.. DO; A: ꓘꓶ. Dꓱ; Nꓯ; M YI. Lꓯ: K. HO: ꓥO:

34 WO.. DO; A: ꓘꓶ. Dꓱ; Nꓯ; M YI. ZI M A LE Xꓵ: SI. JI NE?

(1)YI. Lꓯ: K. ꓛO_Xꓵ:= ꓕI Xꓵ: NY YI. Lꓯ: K. 6~7 K. ꓛI JO-.2~3 Tꓱ, ꓛO H, ꓥ= ꓕI LI WO.. DO; ZI NY YI. K. YI. ꓒY: M Mꓵ. LU; MU T.-.MI: VI ꓒI: W Mꓶ: ꓝ KO W-. A: ꓘꓶ. MO: LE M: S-.WO.. DO; A: ꓘꓶ. Dꓱ;-. YI. K. A: ꓘꓶ. M: ꓘꓱ, YE-. MI HW: JI_M Mꓵ: BE Mꓵ: Sꓯ; JUT ꓶ. KW K: Lꓯ; ꓣ: Tꓶ ꓕ: ꓥ= YI. CI K. A: Bꓶ, LI T.-. Jꓱ LI. T. Xꓵ: MY: ꓶ Tꓶ W FI-. Fꓯ, NY YI. CI TI. Nꓶ: ꓕI: F. KW ꓕI: ꓛO: Tꓯ. SI 2~3 K. FE W FI-. T T Jꓵ: Jꓵ: ꓣO: ꓛO JE FI= T H, GU K. Nꓯ. 4~5 ꓘO; ꓕꓯ, 2 F. ꓕI: F. M KW A: Bꓶ, LI Xꓵ: YI. Lꓯ: K. 2 K. ꓛI FE FI= G: PO. CO. PO. NYI: F. KW YI. Lꓯ: K. M NYI: KO. CO. KW NY 1.5~2 MI ꓛI KU, W FI-. YI. Lꓯ: K. FE MY: ZI ꓕꓯ, YI. ꓒY: MY: ZI SI.-. Mꓶ ꓝ Tꓱ, M: W-. MI:

VI ꓒI: M: W ꓥ= Tꓶ H, GU 5~6 ꓘO; ꓕꓯ, 3 F. ꓕI: F. KW YI. Lꓯ: K. 1~2 FE W FI= 2~3 F. YI. Lꓯ; K. NYI: KO. CO. NY 0.8~1 MI KU, W FI= YI. Lꓯ: K. FE M NY ꓕI: ꓛO: Tꓯ. SI ꓕI: K. X. NE FE W FI-.ꓒ.. WU. ꓕI: F. BE 2 F. M NYI: KO. CO NY 0.5 MI FE W FI-. 2 F. BE 3 F. NYI: KO. CO. NY 0.8~1.2 MI FE W FI=

(2) YI. Lꓯ: K. M K: Lꓯ. ꓤ: RO T. Xꓵ:= ꓕI LI T. M WO.. DO; ZI NY A: Bꓶ, LI Xꓵ: M: JW,-.YI. ZI A: ꓘꓶ. RO S-. WO.. DO; A: ꓘꓶ. Dꓱ; S-.YI. Lꓯ: K. A: ꓘꓶ. HO: S-.WO.. DO; A MY ꓤO: Dꓱ; H, M A: ꓘꓶ. Sꓷ. D ꓥ= ꓕI Xꓵ: WO.. DO; ZI NY MI HW: B:-. MI HW: M: JI-. YI JY M: JO M Mꓵ: KW Tꓶ JI ꓥ= YI. Lꓯ: K. G: Lꓯ; ꓤ: T. M WO.. DO; ZI NY YI. F. Bꓱ M: ꓛꓵ-. A: Bꓶ, LI Xꓵ: 2~3 K. ꓝE H,-. YI. Lꓯ: K. ꓕI: K. ꓘW Fꓯ LO: YI. H, 2~3 H, FE H, ꓕꓯ, D W= YI. Lꓯ: H, FE M NY YI. Lꓯ: K. ꓛO Xꓵ: WO.. DO; ZI ꓕI: LI, ꓕꓯ: D W= Gꓶ SI. YI. ꓕI F. M NY TI. Nꓶ: ꓤO: KW FE W FI= 2 K. FE NY 0.6 MI KU, W FI-. 3 K FE NY 1 MI KU, W FI= YI. Lꓯ: K. HO: ꓕꓯ, A: L ꓕI: LI, ꓤ: FE W FI-. TI.. Xꓵ TI.. M: Xꓵ ꓕ: Kꓶ LE FI=

(3)Mꓵ; Lꓵ; Mꓵ T. M WO.. DO; ZI= ꓕI M NY NI, ꓞ MI D M WO.. DO; ZI NY ZI; ZI,; ꓤ: Tꓶ D M ꓥO= YI. PO M 60 LI: MI JO-. YI. ZI M A: L 6 MI JO-.YI. ZI Jꓱ LI. ꓤ: T.-.

YI. L∀: K. 15~20 K. JO-.LI ƆO: KW ƆƎ H,-.YI. ƆI T∀. ƆO: SI YI. L∀: K. M W ZI XՈ.. SI.-.NYI NYI ⊥∀, MՈ; LU; MՈ T. Λ=

35 WO.. DO; ZI KW A MY XՈ: JW, Λ∀?

(1)YI. CI TI..= ⊥Ǝ M NY YI. ƆI KW CO. YI. L∀: K. ꓒ.. WU. ⊥I: K. ꓘW ƆI LO YI. CI ⊥I: F. M T∀. B∀ Λ= ZI M NY WO.. DO; ZI A: JՈ: M T∀. ⊥O, H, DU Λ-. LI: LI: NY MI D∀: ꓘU KW CO. W: ꓘW: ꟻI; ƆՈ DU Λ=

(2) YI. ZI = ⊥Ǝ M NY YI. CI TI.. KW CO. O. NYO KW ƆI A Bꓶ, LE YI. K. M T∀. B∀ Λ-. ⊥Ǝ M NY YI. ZI LU LU. KW ZO:-. M: N: G: PO. RO TY, Λ= WO.. DO; ZI YI. L∀: K. BE YI. ꓒY: M NY A: JՈ: LI. ⊥Ǝ M KW CO. NՈ: T. Λ=

(3)YI. L∀: K.= ⊥Ǝ M NY YI. ƆI ZI LI. B∀ Λ= YI. ZI D∀ CO. YI. H, NՈ: L XՈ Λ-. ⊥Ǝ M KW NY YI. H, ꓤ: A: MY RO L KU. SE: Λ=

(4)YI. H,= ⊥Ǝ M NY YI. ZI D∀ YI. PO.. BƎ L SI. YI. H, NՈ: L M T∀. B∀ Λ= WO.. DO; ⊥I: ZI T∀. B∀ ⊥∀,-. ⊥Ǝ M NY WO.. DO; ZI WU: L MO L DU M Λ SI.-.YI. Sꓶ: M ⊥Ǝ XՈ: KW DƎ; L ΛU= YI. H, ⊥Ǝ XՈ: NY ⊥I FI. ꓤ: NՈ: L XՈ: LI. JO-. A ⊥∀, Mꓶ: ⊥∀, NՈ: H, XՈ: LI. JO Λ=

(5)YI. NYI=YI. NYI M NY YI. ZI D∀ CO. NՈ: L XՈ:

Λ= YI. ZI: ꓕI: ZI M: JO D∀ A: MY, NYI Nꓵ: L KU. Λ= YI. ZI D∀ Nꓵ: T. LO ꓒ.. WU. ꓕI: NYI KW CO. O. TU TU-. ꓕI: NYI-. NYI: NYI-. S; NYI......B∀ Λ=

36 WO.. DO; NYI NY A MY Xꓵ: JO?A LI BƎ W FI?

(1) YI. NYI= YI. NYI Nꓵ: L GU K. NY.-. YI. ZI D∀ L-. YI. ꓒY: Nꓵ: L KU. Λ= ꓕI M NY YI. WE Bꓵ. L M T∀. M: ꓕ:-. RO RO ꓤ:-.ƆƎ, ƆƎ, ꓤ: T.-. YI. GU, JI G: L: Mꓵ M: T.= WO.. G.. ZI YI. NYI M YI. NYO M NY A: B⅂, LI ꓤO: T. KU.-. NYI: ƆƎ: ꓒI, ꓒI, MU-. YI KO LO ꓕƎ ꓕƎ MU T. KU.-. Λ, NY S; GU LU.. MU T. KU. Λ=

(2) YI. WE Bꓵ,= ꓕI M NY YI. NYI Nꓵ: GU K. NY. YI. WE WE L M T∀. B∀ Λ= WO.. DO; WE NY YI. ꓒU.. WE Λ=

(3) YI. NYI ꓤ:=YI. NYI ꓤ: M DO L GU K. NY.-.YI. WE WE L LI: M: ꟻI.,-.YI. ꓒY: G⅂ Nꓵ: L KU. SI.-.YI. NYI ꓤ: M NY WHO DO; DƎ; L KU. Xꓵ: Λ=

(4) YI. V, ꓤ:= YI. V, ꓤ: M NY WO.. DO; ZI YI. V, Nꓵ: L M JI JI M: RO L-. ꓘW: ꟻI; M: JO K⅂ LE Xꓵ: Λ= YI. WE WE L GU K. NY.-. YI. KO LO KW M YI. NYO M M: JI K⅂ LE-. A: ꓘ⅂. WU: L M: HW. SI. Tꓵ. Tꓵ._M YI. V, ꓤ: LO; YE Xꓵ: Λ= ꓕI Xꓵ: NY WHO DO; ZI YI. NYO KW MY:

ꓶ Nꓵ: L KU.-. YI. CI KW Bꓵ, Bꓵ, MU M: T. L= ꓘW: ꓞI; A. TI. ꓤ: Kꓶ GO: W CI; Bꓯ YI. WE WE L KU.-. M: ꓥ ꓥO Bꓯ YI. V, ꓤ: LI. LO; YE ꓥ=

(5) ꓒY: V, ꓤ:= ꓒY: V, ꓤ: M NY WO.. DO; K. Dꓯ YI. ꓒY: Nꓵ: GU ꓥ, NY YI. ꓒY: Bꓵ. L M Tꓯ. Bꓯ ꓥ= YI. ꓒY: Bꓵ. L M YI. ZI YI. K. Dꓯ ꓕI: ꓒY: K. NY. ꓕI: ꓒY: Nꓵ: L KU. SI.-. ꓒY: V, ꓤ: Bꓯ NY, ꓥO=

(6) Nꓵ: T ꓒY:= Nꓵ: T ꓒY: M NY A KW Nꓵ: LI. CY, M: W YI. ꓒY: Nꓵ: L KU. Pꓶ. DU Nꓵ: T ꓒY: Bꓯ ꓥ= ꓕI Xꓵ: YI. ꓒY: NY A: ꓘꓶ. Nꓵ: S SI.-. A: Xꓵ, Xꓵ.. ꓛꓱ L KU. ꓥ=

(7) ꓒY: V, ꓤ:= ꓕI M NY YI. ꓒY: Nꓵ: L M KW CO. YI. NYI Nꓵ: L Xꓵ: ꓥ= ꓕI M Gꓶ NE YI. ꓒY: Nꓵ: L Xꓵ: ꓕI: Xꓵ:-. YI. WE WE L Xꓵ: ꓕI: Xꓵ: NYI: Xꓵ: JO ꓥ=

(8) ꓒY: ꓤ: Bꓵ.= ꓕI Xꓵ: NY YI. ꓒY: Nꓵ: L M NYI: ꓛꓱ: KW ꓕI: ꓛꓱ: ꓕI: M Bꓵ. L KU. ꓥ=

(9) YI. TI. ꓒY:= ꓕI M NY YI. ZI YI. FI. ꓕI: FI. KW SI. YI. ꓒY: ꓕI: ꓒY: LI: Nꓵ: L M Tꓯ. Bꓯ ꓥ=

(10) ꓒY: ZU= YI. ZI YI. FI. ꓕI: FI. Dꓯ YI. ꓒY: NYI: ꓒY: M: ꓞI., Nꓵ: L M Tꓯ. Bꓯ ꓥ=ꓕI M NY NYI: ꓒY:-. S ꓒY: -. LI ꓒY: M: ꓞI Nꓵ: L KU. SI.-. LU LU. YI. KO LO M NY YI. WE WE L KU.-. NE. Bꓯ; M NY YI. ꓒY: Nꓵ: L ꓥ= Gꓶ SI. NE YI. Xꓵ: Tꓯ. M : ꓕ:-. WO.. DO; NI, ꓞ Dꓱ; L LO

WO.. DO; ZI NY YI. FI. ⊥I; FI. KW NYI: S dY: NՈ: L KU.-. A: JՈ: LI. YI. WE WE L KU. Λ= WO.. DO; dY: ZU NY YI. L∀: K. YI. KO LO ⊥I: K. YI. dY: NՈ: GU KW CO. NՈ: L Λ=

(11) dY: BՈ,= ⊥I M NY WO.. DO; ZI KW YI. dY: NՈ: L GU K. NY.-. GO ⊥I: ꓘO; M KW YI. dY: NՈ: L Λ, NY YI. ZI D∀ L M B SI-. YI. dY: M: NՈ: L LI. BՈ, BՈ, MU JW, V,-. YI. dY: A: L NՈ: L M LI T. M T∀. B∀ Λ= dY: BՈ, ⊥I XՈ: NY YI. T∀. YI. YI. dY: NՈ: L M: KU.-. G⅂ SI. A. TI. ꓤ: LU, W LE ⊥∀, YI. dY: NՈ: L KU. Λ= dY: BՈ, A M⅂ ꓤO: JW, T. M NY WO: DO; ZI YI. XՈ: M T∀. ZO H,-.dY: BՈ, M NY M⅂ R JW, H, KU.-. P⅂. LE KU. Λ=

(12) MO: S dY:= GO ⊥I: ꓘO; KW NՈ: L GO ⊥I: ꓘO; KW LI YI. NYI NՈ; L KU. M T∀. B∀ Λ= WO.. DO; NI, Ⅎ DƎ; S LO WHO DO; ZI NY GO ⊥I ꓘO; M KW LI YI. NYI NYI TƎ, NՈ: L KU. Λ=

37 YI. L∀: K. HO: YI. dY: Ⅎ⅂, M JI GU A. XՈ: JW, V∀?

(1) WO DO; ZI M G: L∀; G: JI KW JI GU JW,_M JI JI W: ꓘW: W D Λ= YI. L∀: K. HO: YI. dY: Ⅎ⅂. M NY WHO DO; ZI BE G: L∀: G: JI KW SI, ZI LO ZI NYI: KO. CO. KW G: L∀. ꓤ: K⅂ LE SI.-. M⅂ Ⅎ ⊥Ǝ, W D-.MՈ: S∀; LO S∀; JI D-.

MI HW: JI D-. WO.. DO; ZI M A: ꓘꓶ. Sꓯ. S-.A. Xꓵ: LI. A: ꓘꓶ. YE K. ꓘO: ꓥ=

WO.. DO; Lꓯ: KO. HO: ꓥO: YE ꓕꓯ, -. YI. ZI BE YI. K.-. YI. ꓒY: M G: Lꓯ. ꓤ: YE W FI-. Mꓶ ꟻ A: ꓘꓶ. KO W FI=G: Lꓯ. ꓤ: YE W ꓕI: G; LI: ꓥO Bꓯ WO.. DO; M A: ꓘꓶ. M: JI L-. A: ꓘꓶ. M: Dꓱ; L= Mꓶ: ꟻ KO W ꓕI: G; LI: CI; ꓥO Bꓯ WO.. DO; A: ꓘꓶ. M: Dꓱ; L ꓥ=

YI. ꓒY: A: MY, ꓤO: FE.. H, M NY YI. Lꓯ: K. A: MY, ꓤO: JW, ꓒE, FI-.YI. ꓒY: A: MY, ꓤO: JW, ꓒE, FI-.WO.. DO; ZI M Mꓵ. Lꓵ; Lꓵ; T. FI DU M ꓥO=YI. ꓒY: M ZO: N JW, ꓒE, ꓕꓯ, SI. Mꓶ ꟻ Gꓶ ZO: N KO W D-. G; Lꓯ: G; JI KW SI, ZI LO ZI Tꓯ. ꓕ: LE L ꓥ= YI. Lꓯ: K. LI. HO: NY YI. ꓒY: LI. ꟻꓶ, W FI ꓕꓯ, SI. NYI: Xꓵ: A: Jꓵ: YE JI D ꓥ=

G: Lꓯ. ꓤ: Tꓶ ꓥO Bꓯ WO.. DO; ZI M A LI RO L FI WU: L FI M MY: MY: Dꓵ; JW: W FI-. Tꓶ Tꓶ. M WU: LE FI-. YI. ZI A LI RO L N, M SW; W FI-. A: MO, MO RO L-. YI. Lꓯ: K. A: MY, Bꓱ L N T.-. YI. CI KW Lꓯ: K. M ZI; ZI. YI. ꓤ: JW, FI-. G; BO. ꓤO: ꓕꓯ, YI. K. YI. V, M A: ꓘꓶ. ꓕ: JW, FI-. A: L ꓕI: LI, ꓤ: JW, H, FI= ZI; ZI. ꓤ: Tꓶ CI; ꓥO Bꓯ-. WO.. DO; ZI V ꓥ M A LI RO L WU: L FI M Tꓯ. SW; CY, NYI-. ꓕI: ZI YI. ꓒY: NE ꓕI: ZIT ꓯ. M: T W FI-. WO.. DO; ZI V ꓥ M LI. ꓕI: LI, ꓤ: RO L WU: L FI-. ꓕI: ZI ZI NY A:

ꓘꓶ. WU:-. ꓕI: ZI ZI NY A: ꓘꓶ. RO NE ꓕ: Kꓶ LE FI-. YI. ZI A: MO, MO ꓕ: Kꓶ LE FI-. YI. Lꓯ: K. A: MY, ꓕ: FE.. W FI-. MI: VI ꓒI: W FI-. A. TI. WU: L GU ꓕꓯ, A: Bꓶ, LI RO L M Tꓯ. A. TI. ꓤ: K: W FI-. YI. SE: Dꓱ; L GU ꓕꓯ, A: MO, MO ꓕ: RO L FI=

(2) WO.. DO; ꓕI: ZI M A WU ꓤO: LI: RO FI D M CY, N ꓥ=

ꓕI:-. MI Nꓯ ꓕꓯ: SI BE MI Dꓯ: ꓘU KW JI GU M ꓤꓱ: NE WO.. DO; ZI M JO: JO: ꓤ: WU: L MO L FI M ꓥO= WHO DO; ZI NY YI. CI M MI Dꓯ: ꓘU KW JO-. YI. ZI YI. K. M MI Nꓯ ꓕꓯ: SI JO SI.-. YI. CI LI. JI-. YI ZI LI. JI ꓕꓯ, SI. ZO: ꓥ= YI. CI M: JI YI. ZI RO JI LI: M: D-. YI. CI. JI YI. ZI RO M: JI LI. M: D= YI. Lꓯ: K. HO: YI. ꓒY: ꓞꓶ, M NY YI. CI BE YI. ZI M ꓕI: LI, ꓤ: WU; L MO L FI TO: Pꓶ. DU ꓥ=Gꓶ SI.-. YI. Lꓯ: K. HO: YI. ꓒY: ꓞꓶ, GU ꓕꓯ, WO.. DO; ZI A LI RO L M NY M: ꓕ:-. ꓕI M NY MI Nꓯ MI HW:-. MI Nꓯ YI JY-.W: ꓘW: ꓞI; A MY JO-. YI. Lꓯ: K. HO: YI. ꓒY: ꓞꓶ, Kꓶ M MY: MY: NE. NE.-. YI. CI M JI M: JI-.G: Lꓯ; G: JI KW A LI T. Bꓯ Xꓵ: Tꓯ. JO SE: ꓥ=

YI. ZI A: ꓘꓶ. RO JI-. YI. ꓒY: A: ꓘꓶ. MY:-. YI. WE A: ꓘꓶ. M: WE L M WO.. DO; ZI NY-. YI. Lꓯ: K. HO: YI. ꓒY: ꓞꓶ, CI; LI. YI. K. YI ꓒY: ꓕI: Bꓱ M: JO LE-. W: ꓘW: ꓞI; M

ꓕI: LI, ꓤO: Kꓶ LE SI. YI. ZI A: MO, MO Dꓯ L M Tꓯ. K: W LI LI.-. WO.. DO; A: ꓘꓶ. M: Dꓱ; L ꓥ= ꓕI M NY YI. Lꓯ: K. HO: YI. ꓒY: ꓝꓶ, Kꓶ Pꓶ. DU Kꓶ LI Xꓵ: ꓥ Bꓯ NY, ꓥO= Gꓶ LI.-. YI. WE A: ꓘꓶ. MY: L M WO.. DO; ZI NY-. YI. Lꓯ: K. HO: YI. ꓒY: ꓝꓶ, O. NYO NE ꓕI: FI. ꓕꓯ; SI. RO F. L SI.-. YI. Lꓯ: K. M: HO: YI. ꓒY: M: ꓝꓶ, M Jꓵ LI. M: JO T. KU. ꓥ=

YI. Lꓯ: K. HO: M NY MI Nꓯ MI Dꓵ: KW JI GU M ꓤꓱ: W FI LI: M: ꓝI-. YI. Lꓯ: K. HO: YI. ꓒY: ꓝꓶ, Jꓵ, M Sꓷ. LE FI-. A LI HO: A LI ꓝꓶ, M Sꓷ. ꓛꓵ ꓥ= Tꓯ ꓥO: Bꓯ-.ꓕI: ꓘO; YI. ꓘU: KW WO.. DO; ZI M A: ꓘꓶ. M: Sꓯ. T. ꓕI: Jꓵ, M KW YI. Lꓯ: K. HO: W LE CI; ꓥO Bꓯ-. YI. Lꓯ: K. W HO: ꓕꓯ, YI. ꓒY: W ZI NE-. YI. CI Tꓯ. X W KU. SI.-. YI. Lꓯ. ꓤ: A: ꓘꓶ. Nꓵ: M: D T.-. ꓕI: ZI Lꓱ. Lꓱ: ꓥ, NY ꓕI: Tꓶ. Tꓶ. M Tꓯ. X W KU. ꓥ= Tꓯ ꓥO: Bꓯ MU: NU Jꓵ, KW WO.. DO; Lꓯ: K. HO: Lꓶ.. MY: ZI-. YI. K. A: ꓘꓶ. ꓛꓱ H, GU ꓕꓯ, SI. HO: ꓥO:YE CI; Bꓯ-.W: ꓘW: ꓝI; A: ꓘꓶ. HO: YE S SI.-. YI. CI KW CO. Xꓵ L KU.-. WO.. DO; ꓕI: ZI A: Jꓵ: Tꓯ. X W L ꓥ= A: ꓘꓶ. RO JI_M WHO DO; ZI NY-. YI. NYO M ZO: N ꓝꓶ, W FI ꓕꓯ,-.YI. Lꓯ: K. BE YI. ꓒY: W FI MY: L KU. ꓥ=

ꓕI M KW CO. NYI ꓕꓯ,-. YI. Lꓯ: K. HO: YI. ꓒY: ꓝꓶ, M NY MI HW:-. MI Nꓯ A LI T. M Tꓯ. C,-. WO.. DO; ZI A

LI T. M Tꓯ. C,-. Mꓵ: Sꓯ; LO Sꓯ; BE YI. Jꓵ, Tꓯ. C,-.HO: ꓥO: ꓞꓶ, ꓥO: M Tꓯ. C,-. A LI KW HO: CO, ꓞꓶ, CO, M Tꓯ. C, NE YE LO Xꓵ: ꓕI: Xꓵ: ꓥ-. ꓕI LI YE M KW CO. ꓕI: Tꓶ. Tꓶ. M WU: L RO L M Tꓯ. K:-. ꓕI: ZI Lꓱ. Lꓱ: M A: Bꓶ, LI RO L M Tꓯ. K:-. RO M: JI Tꓶ. M RO JI FI-. M: XY, KW M XY; LE FI Xꓵ: ꓥ SI.-. A LI LI. JI JI ꓤ: SW; C, NYI ꓛꓵ-. ZO: M HO: W ꓞꓶ, W FI ꓛꓵ ꓥ=

NYI:-. YI. ZI WU: L RO L M BE YI. WE WE WO.. DO; Dꓱ; L M ZO: N Kꓶ LE D ꓥ= WH O DO; ZI M NY YI. ZI WU: L RO L MY: ZI ꓕꓯ, WO.. DO; A: ꓘꓶ. M: Dꓱ; L T. KU. ꓥ= YI. Lꓯ: K. HO: BE YI. ꓒY: ꓞꓶ, M NY YI. ZI LI. RO JI D NY WO.. DO; LI. A: ꓘꓶ. Dꓱ; L-. A: ꓘꓶ. M., KU. ꓥ= YI. Lꓯ: K. HO: BE YI. ꓒY: ꓞꓶ, NY ꓒ.. WU. ꓕI: Xꓵ: M N: YI. ZI YI. CI. YI. Lꓯ: K. M JI JI ꓤ: T. H, FI Nꓱ. Bꓯ; ꓕI: Xꓵ: M NY YI. WE A: ꓘꓶ. WE L FI-. Gꓶ LI. YI. WE WE MY: ZI FI M: D-. YI. WE BE WO.. DO; Dꓱ; L M Gꓶ ꓞꓶ, CO, ꓕꓯ, ꓞꓶ, Kꓶ SI. YI. CI YI. ZI M JI JI ꓤ: Sꓯ. L FI ꓛꓵ ꓥ= S NY YI. ZI YI. K. YI. ꓒY: M A KW MY: MY: JW, CO, M GO KW JW, ꓒE, FI-. YI. Lꓯ: K. ꓕI: Bꓱ KW WO.. DO; Dꓱ; FI-. ꓕI: Bꓱ KW YI. NYI YI. ꓒY: Nꓵ: FI-.YI. Lꓯ: K. BE YI. ꓒY: FE H, M ꓕI: ꓘO; ꓕI: ꓕO Lꓶ. P W FI SI.-. YI. ZI LI. RO JI FI NY WO.. DO; LI. Dꓱ; MY: FI=

S-. YI. K. YI. ꓒY: M ꓕI: LI, ꓤ: JW, H, ZI= WO.. DO; ꓕI: ZI Tꓯ. Bꓯ NY-. YI. ꓒY: YI. K. M M: ꓕ: KU. ꓥ-. YI. Lꓯ: K. HO: BE YI. ꓒY: ꓝꓶ, M NY WO.. DO; ZI M ꓕI: LI, ꓤ: WU: L RO L FI A NE WO.. DO; A: MY, Dꓱ; L FI M Tꓯ. JI GU A: ꓘꓶ. JO ꓥ= HO: ꓥO: ꓝꓶ, ꓥO: YE ꓕꓯ, YI. K. YI. ꓒY; A MY ꓤO: FE.. ꓒE,-. A LI HO: A LI ꓝꓶ, M JI JI SW; C, ꓛꓵ ꓥ= ꓕI: Bꓱ M NY YI. K. YI. ꓒY: A: ꓘꓶ. MY: ꓕꓯ, SI. YI. XO: ꓤ: WU: L RO KU.-. WO.. DO; Dꓱ; L KU. ꓥ= ꓕI: Bꓱ M NY M: JI LO YI. Lꓯ: K. M ꓘꓶ, ɾU SI.-. YI. K. YI. ꓒY: M RO JI FI ꓛꓵ ꓥ= YI. Lꓯ: K. HO: ꓕꓯ, NY Xꓵ Xꓵ Dꓵ. Dꓵ.-. MY: MY: NE. NE. M A LI FE.. ꓒE,-. A KW A MY ꓤO: FE.. ꓒE, M Sꓷ. ꓛꓵ= YI. ZI A: ꓘꓶ. Dꓯ MY: ZI Xꓵ: NY A. TI. ꓘꓶ, Kꓶ SI.-. NE. Bꓯ; YI. K. Tꓯ. ꓕ: X W FI-. WO.. DO; A: MY: Dꓱ; L FI= YI. Lꓯ: K. BE YI. WE A: ꓘꓶ. NE. ꓕꓯ,-. A LI LI. JI JI ꓤ: FE.. H, W FI-. YI. ꓒU WE MY: ZI CI; ꓥO Bꓯ JI JI M FE.. H,-. M: JI M ꓝꓶ, Kꓶ=

(3) WO.. DO; ZI ꓕI: LI, ꓤ: RO M: JI M Lꓶ. W D ꓥ= ①YI. ꓒY: MY: MY: NE. NE. Nꓵ:_M Lꓶ. W D-. Mꓶ: ꓝ KO M: W Tꓶ. KW Mꓶ: ꓝ KO W D SI.-. WO.. DO; ZI ꓕI: LI, ꓤ; RO JI M Tꓯ. JI GU JW, ꓥ= ② YI. CI YI. JU: BE YI. ZI YI. K. M ꓕI: LI, ꓤ; RO JI D-. W: ꓘW: ꓝI; M WO.. DO; ZI Nꓯ; KW A: ꓘꓶ: Dꓵ: YE D ꓥ= ③ YI. CI. YI. JU: BE YI. ZI YI.

K.-. YI. ꓒY: M ꓕI: LI, ꓤ: RO JI SI.WO.. DO; A: ꓘꓶ Dꓱ; L M L ꓥ= ④ YI. ꓒY: MY: ZI M Tꓯ. K: W D-. YI. WE A; ꓘꓶ. M: WE-. WO.. DO; A: ꓘꓶ. M: Dꓱ; L M K: W D-. W: ꓘW: ꓝI; A: TO Mꓶ: YE M Tꓯ. K: W D ꓥ= ⑤ YI. Lꓯ: K. M A LI ꓕI: ꓛO: KW Cꓱ JE FI-. YI. K. YI. ꓒY: YI. FI. A MY ꓤO: FE.. H,-. RO JI M: JI M Tꓯ. JI JI C, W D SI.-. A LI ꓕI: F. A LI ꓕI: Pꓶ. KW MY: ꓶ RO L WU: L FI M SW; C, JI ꓥ=WO.. DO; Lꓯ: K. HO: Kꓶ-. YI. ꓒY: ꓝꓶ, Kꓶ GU ꓕꓯ,-.Y I. ZI Nꓯ.; KW YI JY YI MI-. W: ꓘW: ꓝI; M YI. Tꓱ, YI. ꓕI: Xꓵ: Pꓶ. LE KU. SI.-. HO: ꓥO: ꓝꓶ, ꓥO: YE M NY T. ꓝI; BE YI JY YI MI A: ꓘꓶ. MY: L D ꓥ=YI. Lꓯ: K. HO: BE YI. ꓒ.,: ꓝꓶ, Kꓶ MY: MY: NE. NE. M M: ꓕ: SI.-. YI. JY YI MI BE W: ꓘW: ꓝI; K, M M: ꓕ: CI; LI.-. YI. Lꓯ: K. A: MY, HO: Kꓶ-. YI. ꓒY: A: MY, ꓝꓶ, Kꓶ ꓕꓯ, YI. NYI Nꓵ: L A NE YI. ZI Dꓯ L M Tꓯ. JI GU JO ꓥ= Gꓶ LI. YI. NYI Nꓵ: L BE YI. ZI Dꓯ L ꓕI: Jꓵ, M KW YI. Lꓯ: K. HO: BE YI. ꓒY: ꓝꓶ, CI; ꓥO Bꓯ-. T. SUI HW, HO: WU, BE T. ꓝI; M W ZI NE. LE KU. ꓥ=

38 YI. Lꓯ: K. HO: BE YI. ꓒY: ꓝꓶ, M A LI YE CO, NE?

(1) Mꓵ: ꓤ: LO ꓤ: BE G: Lꓯ: G: JI A LI T. M Tꓯ. C, ꓛꓵ=

MՈ: ᴚ: LO ᴚ: BE G: L∀: G: JI A LI T. M NY WO.. DO; ZI M T∀. A: ꓘ⅂. X W KU. Ʌ= M⅂: V LI MY:-. MI HW: ZI: NYI T. MՈ: KW NY-. M⅂: Ⅎ A: ꓘ⅂. KO M: W-. MI: VI A: ꓘ⅂. ꓒI: M: W-. WO.. DO; ZI M ⊥I: ƆƎ: SI MY: ⅂ RO JI KU. SI.-. G: L∀. ᴚ: T⅂ W FI-. YI. L∀: K. G⅂ G: L∀. ᴚ: FE.. W FI= M⅂ V A: ꓘ⅂. M: LI M MՈ: KW NY-. M⅂: Ⅎ A: ꓘ⅂. KO W-. MI: VI A: ꓘ⅂. ꓒI: W SI.-. ZI; ZI. ᴚ: T⅂ D-. YI. L∀: K. G⅂ NE A: MY, ᴚO: FE.. H, D Ʌ= MI HW: A: ꓘ⅂. M: JI M MՈ:-. T∀, B: MՈ:-. ꓘ⅂: ƆՈ DI.. MՈ: KW NY YI. ZI M A: ꓘ⅂. WU: L M: D SI.-. YI. ZI M PY.. PY.. ᴚ:-. T. YI. ZI A: ꓘ⅂. M: D∀-. YI. BO A: ꓘ⅂. BƎ XՈ: MY: ⅂ T⅂ ⊥: A: MY, F. ⊥: RO L FI-. YI. L∀: K. HO: ⊥∀, JI JI ᴚ: SW; C, W FI-. YI. NYO MY: ⅂ Ⅎ⅂, W FI-. YI. L∀: K. A: MY, ⊥: JO FI= MI HW: A: ꓘ⅂. JI MՈ:-. W: DI.. MՈ:-. YI JY A: ꓘ⅂. K⅂ S MՈ: KW NY-. YI. ZI A: ꓘ⅂. WU: L S SI.-. YI. ZI A: B⅂, LI RO L KU. XՈ: T⅂ W FI-. YI. L∀: K. HO: ⊥∀, YI. ZI M A: MO, MO FE.. W FI-. YI. BO A: ꓘ⅂. ⊥: BƎ FI-. YI. L∀: K. M A: ⅂ ᴚO: KW SI. ⊥I: K. FE.. W FI-. A. TI. ᴚ: HO: W FI= MI: VI A: ꓘ⅂. JO; M MՈ: KW NY-. PY.. PY.. ᴚO: XՈ: MY: ⅂ T⅂ W FI-. YI. ZI A MO ⊥: D∀ FI-. YI. L∀: K. A MY ⊥: FE.. W FI= NYI TI.. W: YI.. KU. M MՈ: KW NY-. MՈ: ⅎU: FI. KW YI. L∀: K. HO: ⊥∀, YI. NYI BՈ. L KU. XՈ: MY: ⅂ FE.. W

FI-. YI. WE WE TO: ꓕꓯ, SI. Fꓯ LO ꓕI: ꓕO HO: W FI SI. YI. WE A: MY, WE L FI=

(2) A LI Xꓵ: WO.. DO; Tꓶ, N T. M JI JI SW; C, W FI= YI. NYI A: ꓘꓶ. Nꓵ: M: ꓘU_M WO.. DO; NY YI. ZI Dꓯ-. YI. Lꓯ: K. A MY M: JO SI.-. WO.. DO; Dꓱ; L Jꓵ, ꓕꓯ, YI. NYI ꓝꓶ, M KW A ꓤ ꓤO: ꓝꓶ, W FI-. A: MY, ꓕ: ꓝꓶ, W FI= YI. ZI A: ꓘꓶ. M: Dꓯ-. YI. Lꓯ: K. A: ꓘꓶ. A MY M: Nꓵ: L M WO.. DO; NY YI. ZI A: ꓘꓶ. D L M: KU. SI.-. YI. NYO MY: MY: ꓝꓶ, W FI-. YI. Lꓯ: K. A: ꓘꓶ. ꓕ: FE..= YI. ZI KO LO ꓤO: ꓕI: F. M KW WO.. DO; Dꓱ; MY: L Xꓵ: NY-. A LI LI. YI Lꓯ: K. M ZO: N FE.. W FI SI.-. YI. WE A: MY, WE L FI= YI. ZI PY.. PY.. KW WO.. DO; Dꓱ; MY: M NY-. YI. Lꓯ: K. A: ꓘꓶ. ꓕ: HO:-. YI. BO A. TI. Bꓱ L FI-. YI. WE A: MY, WE L FI= MI Nꓯ A: ꓘꓶ. M: ZI: Tꓶ. KW T ꓕ: Xꓵ: NY YI. Lꓯ: K. HO: ꓕꓯ, A: ꓘꓶ. M: WU: Xꓵ: MY: MY: HO: W FI-. YI. NYO ꓝꓶ, W FI SI. A; MO, MO RO L M Tꓯ. K: W FI= MI: HW: ZI: Tꓶ. KW Tꓶ ꓕ: Xꓵ: NY YI. ZI D: M YI. NYO M Dꓶ.. W FI-. G: SI ꓕI: F. M M: JI-. WO: SI ꓕI: F. M LI: JI NE Kꓶ LI M Tꓯ. RO MO W FI= YI. ZI LU., LU. ꓤ: T. M WO.. DO; ZI NY-. A LI LI. YI. Lꓯ: K. M G: Lꓯ. ꓤ: FE.. JE FI-. YI. WE A: MY, WE L FI= YI. Lꓯ: K. TO LO. ꓤ: T. M WO.. DO; ZI NY A LI LI. YI. ZI M LU., LU. ꓤ: T. FI-.

BƎ: YE L M TⱯ. RO MO W FI=

(3) WO.. DO; ZI A WU ꓤO: T. ꓕⱯ, YI. LⱯ: K. HO: W FI N, M JI JI C, KU. FI= YI. ZI A: ꓘꓶ. RO L KU. M WO.. DO; ZI NY ꓕI: HW, L: A: MY, ꓕ: HO-. A: ꓘꓶ. ZI;_M Tꓶ. KW YI. Bꓶ, ꓤO: HO: W FI-. Gꓶ LI. JY: JY. ꓤ: HO: Kꓶ M: D-. RO RO M YI. LⱯ: K. M NY DU. DU. ꓤ: FE W FI-.G: LⱯ. ꓤ: FE.. W FI-. WO: SI K. NY. ꓕI: F. M Gꓶ JI JI ꓤ: HO: W FI= WO.. DO; ꓒ.. DƎ; L ꓕI: FI. M NY YI. ZI A: ꓘꓶ. RO M: DE; SE: ꓕI: F. M KW ƆI LI SI.-. WO.. DO; M ꓕI: ꓘO; K. NY. TI: ꓘO; DƎ; MY: L KU. Λ= ꓕI ꓕI: F. ꓤO: KW YI. LⱯ: K. HO: W ꓕⱯ, YI. ZI WU: L RO L M TⱯ. JIG U JW, LI: M: ꟻI-. WO.. DO; Gꓶ ꓕI: ꓘO; K. NY. ꓕI: ꓘO; DƎ; MY: SI.-. K. NY. ꓕI: ꓘO; KW WO.. DO; A: ꓘꓶ. DƎ; L FI M TⱯ. WW; Ɔ∩: SE: Λ= WO.. DO; A: ꓘꓶ. DƎ; L ꓕI: J∩, M KW-.YI. ZI M TⱯ. M: X W FI ꓕⱯ,-. WO.. DO; M A: Mꓶ, Mꓶ ꓤO: DƎ; H, FI Ɔ∩= YI. MO: ZI NY W: ꓘW: ꟻI; A: ꓘꓶ. M: JO SI.-. WO.. DO; A: ꓘꓶ. M: DƎ; L-. ꓕI J∩, KW YI. LⱯ: K. HO: NY YI. ZI A. MI. M: X∩ L-. WO.. DO; YI. Bꓶ, NYI: S ꓘO; DƎ; HW.-. WO.. DO; LⱯ: X∩ GO Z: W D SE: Λ=

(4) YI. LⱯ: K. A LI T. M TⱯ. C, NE HO: W FI= WO.. DO; ZI YI. LⱯ; K. JW, M BE W: KW: ꟻI; M: ꓕ: Pꓶ. DU-. YI. LⱯ: K. Gꓶ NE ꓕI: K. BE ꓕI: K. M: ꓕ:= YI. LⱯ: K. HO:

ꓕꓯ, A LI LI. YI. Lꓯ: K. A MY ꓤO: FE.. NI, Xꓵ:-. A MY ꓤO: FE.. CO, MTꓯ. C, NE HO: ꓛꓵ ꓥ= YI. ZI D: M KW YI. Lꓯ: ꓤ: Nꓵ: L Xꓵ: NY W: ꓘW: ꓝI; A MY JW, L M: KU. SI.-. A. TI. ꓤ: FE.. H NY D ꓥ-. Gꓶ SI. FE.. MY: ZI NY MI: VI A: ꓘꓶ. ꓒI: M: W-. Mꓶ: ꓝ A: ꓘꓶ. KO W M: D SI. A. TI. HO: Kꓶ ꓛꓵ ꓥ= A: Xꓵ, Xꓵ.. ꓤO: T._M YI. Lꓯ: K. NY W: ꓘW: ꓝI; A: MY, JW, L KU. SI.-. WO.. DO; ZI A: ꓘꓶ. WU: L KU. LI: M: ꓝI-.Tꓶ. Nꓶ: TI. JI KW YI. ZIT ꓯ. JI GU JO ꓥ= YI. ZI A: Bꓶ, LI RO L FI TO: NY A. TI. ꓤ: HO: Kꓶ D ꓥ= WO.. DO; A: MY, Dꓱ; L FI TO: NY YI. WE WE L FI ꓥO: Fꓱ: D ꓥ= YI. Lꓯ: K. A: ꓘꓶ. WU: YI. ꓒY: A: ꓘꓶ. Nꓵ: Xꓵ: NY W: ꓘW: ꓝI; A: ꓘꓶ. ꓛꓵ; KU. SI.-.YI. ZI A: Bꓶ, LI Kꓶ YE FI TO: ꓕꓯ, JI JI C, NYI SI. YI. NYO A. TI. ꓝꓶ, Kꓶ ꓛꓵ ꓥ= YI. ZI A: ꓘꓶ. WU: M: D T. ꓕꓯ,-. YI. Lꓯ: K. M G: Lꓯ. ꓤ: FE.. W FI-. YI. Lꓯ: K. A: MY, JW, L FI ꓥ, NY YI. ZI M A: Bꓶ, LI T. L FI ꓕꓯ,-. YI. NYO M ꓝꓶ, Kꓶ D-. ꓕI ꓕꓯ, SI. YI. NYI Nꓵ: L ꓥ=

(5) YI. CI BE YI. ZI M ꓕI: LI, ꓤ: T. FIB ꓯ M CW CW HO: W FI= WO.. DO; ZI NY YI. CI BE YI. ZI NYI: F. Bꓱ H, ꓥ= YI. ꓒY: BE YI. CI NY W: ꓘW: ꓝI; L Tꓶ. ꓥ= YI. CI BE YI. ꓒY: M NY Mꓶ: ꓝ KO W LE ꓕꓯ, JI GU JW, L KU. SI.-. ꓕI: Xꓵ: NE ꓕI: Xꓵ: Tꓯ. X W KU.-. ꓕI LI Xꓵ: W: ꓘW; DU M NY YI. ZIT ꓯ. W: ꓘO, NE W: ꓘW: LE Xꓵ: ꓥ= G: Lꓯ: G:

JI M YI. TƎ. YI ⊥I: X∩: P⅂. LE Ʌ, NY L: ℲO NE TO: TO: LU, W CI; (T∀ ɅO: B∀ YI. MI MO;-. YI JY ⊥I:-.M∩: S∀: LO S∀; M: JI SI. XW. DU ZI L-. YI. L∀: K. HO: YI. ꓒY: Ⅎ⅂, B∀ LO X∩:) ɅO B∀-. WO.. DO; ZI M YI. WU. A LI M GO LI M: T. GU-. WO.. DO; ZI M T∀. A: ꓘ⅂. X W KU.-. WO.. DO; ZI M G⅂ A: ꓤ ꓤ., P⅂. L KU. Ʌ= G⅂ LI. MI N∀ ⊥∀; SI BE MI D∀: ꓘU KW YI. WU. ⊥I: LI, M: T. M NY A: J∩: LI. M: JI B∀ X∩: M: Ʌ= MI HW: ⊥U..-. YI. JY MY: ⊥∀,-. WO.. DO; ZI M A: ꓘ⅂. WU: L KU. SI.-.WO: DO; A MY M: DƎ; L= ⊥I LI LO X∩: ZI ⊥∀,-. YI. L∀: K. HO: M: HO:-. A LI HO: M NY YI. C∩ M T∀. C, NE HO: Ɔ∩ Ʌ= T∀ ɅO: B∀-. MI HW: B:-. MI HW: M: JI X∩: KW NY MI HW: M JI LE FI-.T.-ʃE: CI. ꓒ.. A: MY, ꓤO: ꓤƎ: W FI-.LI:-ʃE: CI. ꓒ..-.C:-ʃE: CI. ꓒ.. ZO: N K⅂ W FI M ⊥I: ƆO-. YI. L∀: K. ZO: N HO: W FI-. YI. NYO A. TI. Ⅎ⅂, W FI-. ⊥I ⊥∀, SI. YI. ꓒY: T∀. JI GU JO Ʌ= MI HW: ⊥U..-.YI JY MY: M KW NY-. YI JY A. TI. K⅂ W FI M ⊥I: ƆO-. YI. L∀: K. A ꓤ: ꓤO: SI. HO: A NE YI. WE A ꓤ: SI. WE FI-. WO.. DO; A ꓤ SI. DƎ; FI ɅO: YE NE-. WO.. DO; A: MY, DƎ; L FI Ɔ∩ Ʌ= FAI, T∀ ɅO: B∀ NY-. YI. MO: ZI NY YI. ZI KW RO RO X∩:-. A. TI. X∩: YI. L∀: K. ꓤ: MY: X∩:-. YI. L∀: K. A: B⅂, LE X∩: A MY M: JOX∩: NY-. YI. CI K⅂ A MY M: ƆO-.⊥ I M G⅂ NE

YI. ZI YI. CI ꓕI: LI, ꓤ: T. Xꓵ: Λ= ꓕI LI T. M WO.. DO; ZI M A: ꓘꓶ. SA. L FI TO: NY-. YI. JY Kꓶ W FI-. MI HW: X, Lꓶ. W FI-. YI. Lꓯ: K. JI JI HO: W FI CO, Λ= YI. Lꓯ: K. HO: ꓕI: G; LI: MU-. YI. JY JI JI Kꓶ M: W CI; Bꓯ-. YI. ZI YI. ꓒY: Tꓯ. Mꓶ: ꓞ KO W LI Gꓶ W: ꓘW: ꓞI; M A: ꓘꓶ. M: JO L-. YI. CI M Gꓶ JI JI ꓤ: M: ꓛO L SI.-. YI. ZI YI. ꓒY: Tꓯ. X W L KU.-. WO.. DO; Gꓶ A MY M; Dꓱ; L KU. Λ= YI JY M: LO; ꓕꓯ, Gꓶ YI. Lꓯ: K. M JI JI HO: W FI SI.-. WO.. DO; Dꓱ; MY; ZI M Tꓯ. K: W FI ꓛꓵ-. M: Λ ΛO Bꓯ YI. CI-. YI. ZI BE YI. ꓒY: Bꓯ LO Xꓵ: M JI JI ꓤ: M: T. L Λ= WO.. DO; Dꓱ; MY: ZI Gꓶ YI. CI Tꓯ. X W L KU. SI.-.YI. ZI M M JI L KU.-.ꓕI: Bꓱ M NY Dꓱ; MY: ZI Pꓶ. DU YI. ZI LI. Xꓵ., L KU. Λ=

39 WO.. DO; Lꓯ: K. HO: M A MY Xꓵ: JW,?JI GU A. Xꓵ: JW, NE?

(1) YI. Lꓯ: K. HO: M BE YI. NYO ꓞꓶ, M= YI. Lꓯ: K. HO: M NY YI. Lꓯ: K. YI. NYO M ꓕI: ꓕO. ꓤ: Dꓶ.. ſU Kꓶ Bꓯ M ΛO= YI. NYO ꓞꓶ, M NY A: MY, ꓘO; JW, GU M YI. ZI YI. NYO ꓕI: ꓕꓱ Dꓶ.. Kꓶ M Tꓯ. Bꓯ Λ= YE ΛO: ꓕI NYI: Xꓵ: A: Jꓵ: LI. YI. ZI ꓕI: Tꓶ. Tꓶ. M A: ꓘꓶ. RO JI LE FI-. YI. BO Bꓱ L FI TO: Pꓶ. DU Λ= YI. Lꓯ: K. A LI HO:-. YI.

NYO A LI ꓞꓶ, M M: ꓕ: NY Pꓶ. L M Gꓶ M: ꓕ: ꓥ=A: ꓘꓶ. RO JI FI TO: ꓒꓶ. DU-. A: MY, ꓘO; LO; GU M YI. ZI NY YI. H, ꓤ: ꓥ, NY YI. Lꓯ. ꓤ: Nꓵ: L Tꓶ. KW ꓞꓶ, W FI=

YI. Lꓯ: K. HO: ꓕI: ꓘO; LO; GU ꓕꓯ,-. HO: ꓕꓯ, A LI BE JI JI ꓤ: ꓘꓶ, W FI N, M NY YI. NYI A MY ꓤO: Nꓵ: L M Tꓯ. C, ꓛꓵ ꓥ=

(2) YI. Lꓯ: K. HO: M BE YI. NYI Nꓵ: NY, FI M= YI. CI KW CO. G: BO. G: BO. YI. K. ꓘꓶ, Tꓯ. NY YI. Lꓯ: K. HO: Bꓯ ꓥ-.ꓕI M Tꓯ. NY YI. K. ꓘꓶ, LI. Bꓯ ꓥ= WO.. DO; ZI YI. Lꓯ: K. M MY: ZI ꓕꓯ, YI. Lꓯ: K. A. TI. HO: W FI SI.-. MI: VI ꓒI: W FI-. Mꓶ: ꓞ KO W FI ꓛꓵ ꓥ-. ꓕI ꓕꓯ, SI. YI. WE A: ꓘꓶ. WE L ꓥ= YI. Lꓯ: K. HO: M BE YI. Lꓯ: K. Dꓶ M NY M: ꓕ: ꓥ=

YI. NYI Nꓵ: NY, FI Bꓯ M NY YI. Lꓯ: K. HO: M KW ꓕI: Xꓵ: ꓥ-. ꓕI M NY YI. Lꓯ: K. M: Dꓶ Dꓶ BE-. YI. Tꓱ, YI. YI. NYI Nꓵ: NY, FI ꓥ= ꓕI LI YE M NY YI. ZI ꓕI; ZI A: Jꓵ: JO: JO. ꓤ: WU: FI M Tꓯ. JI GU JW, LI: M: ꓞI-. YI. WE WE M Tꓯ. JI GU A: ꓘꓶ JW, ꓥ= YI. Lꓯ: K. M KW YI. NYI Nꓵ: NY, FI K. NY. ꓕꓯ,-.LI: LI: YI. Lꓯ: K. ꓘꓶ, D W= ꓕI LI YI M NY YI. LI. ꓤ: ZI BE WO.. DO; A: ꓘꓶ. Dꓱ; Jꓵ, ꓛI_M WO.. DO; ZI YI. Lꓯ: K. HO: ꓕꓯ, MY: MY: ꓤꓱ: ꓥ= YI. Lꓯ: K. A: MY, JW, FI N T. Xꓵ: NY-. ꓕI: JO ꓤ: YI. Lꓯ: K. M Dꓶ

Kꓶ= YI. Lꓯ: K. MY: ZI Xꓵ: NY YI. Lꓯ: K. HO: W FI= YI. ZI M A: Bꓶ, LI Kꓶ L E CI; Bꓯ-. A ꓤ ꓤO: ꓕꓯ, SI. YI. NYI Nꓵ: L FI= YI. Lꓯ: K. HO: BE YI. NYI Nꓵ: FI M ZO: N ꓤ: YE W ꓕꓯ, SI.-. YI. ZI M JI JI ꓤ: RO L WU: L-. WO.. DO; A: MY, Dꓱ; L KU. ꓥ=

(3) YI. NYO ꓞꓶ, BE YI. NYO Dꓶ M= YI. NYO ꓞꓶ, M NY YI. ZI YI. NO KW YI. Lꓯ. ꓤ: ꓕI: F. M ꓞꓶ, Kꓶ M Tꓯ. Bꓯ ꓥ= YI. NYO Dꓶ M NY A: Xꓵ, Xꓵ.. Kꓶ LI_M YI. Lꓯ; K. YI. NYO M Dꓶ Kꓶ M Tꓯ. Bꓯ ꓥ= ꓕI LI YE M NY YI. NYO M A: Xꓵ, Xꓵ RO L-. YI. K. Xꓵ MY: ZI M Tꓯ. K: W D-. W: ꓘW: ꓞI; M YI. WE WE BE WO.. DO; Dꓱ; L M Tꓯ. W: ꓘW: LE KU.-. WO.. DO; A: MY: Dꓱ; L KU. ꓥ= YI. NYO ꓞꓶ, M NY YI. CI Tꓯ. LI. JI GU JO SI.IYI. NYI A: ꓘꓶ. Nꓵ: L S-. YI. ZI A: ꓘꓶ. Bꓱ L KU. ꓥ= ꓕI LI YE M NY YI. ZI BE YI. Lꓯ; K. M A: Bꓶ, LI T. L S-. YI. Lꓯ: K. M A: MY, F. KW ꓛꓱ L KU.-. WO.. DO; A: ꓘꓶ. Dꓱ; L KU.-. WO.. DO; A: MY, Dꓱ; L KU. ꓥ=

(4) YI. Lꓯ. ꓤ: ꓞꓶ, BE Dꓶ M= Lꓯ: ꓒꓯ, NE ꓥ, NY ꓞꓶ: Tꓯ NE YI. Lꓯ. ꓤ: Nꓵ: L M ꓞI; Kꓶ ꓥ, NY ꓞꓶ: Kꓶ M Tꓯ. NY YI. Lꓯ. ꓤ: ꓞꓶ, Bꓯ ꓥ, NY YI. Lꓯ. ꓤ: Dꓶ Bꓯ ꓥ= YI. Lꓯ. ꓤ: ꓞꓶ, M NY YI. NYO M ꓞ: ꓞ: Nꓵ: L NY, ꓕꓯ, A: ꓘꓶ. ZI; Tꓶ. KW A. TI. ꓞꓶ, Kꓶ MTꓯ. Bꓯ ꓥ= ꓕI LI YE M NY W: ꓘW:

ꟻI; M ꟻE: ꓤ: W D-. YI. Lꓯ. ꓤ: FE.. H, M NI, ꓞ WU: L D-. YI. ZI M A: B⅂, LI K⅂ LE D ꓥ= YI. NYI H, Nꓵ: L M BE YI. NYI Bꓵ. L M ꟻ⅂: K⅂ SI. M⅂: ꓞ KO W FI ꓕꓯ,-. YI. NYO YI. K. M A: B⅂, LI T. L-. YI. WE A: ꓘ⅂. WE L-. WO.. DO; A: ꓘ⅂. Dꓱ; L ꓥ= M: JI_M YI. NYI YI. NYO ꟻ⅂, K⅂ M NY-. YI. NYI YI. Lꓯ: K. M A: B⅂, LI K⅂ YI ꓕꓯ, SI. HO: K⅂ ꟻ⅂, K⅂ M ꓕꓯ; SI JI ꓥ=

(5) YI. Lꓯ: K. Cꓵ, G: K⅂ M= YI. Lꓯ: K. Cꓵ, G: K⅂ M NY JI GU A: ꓘ⅂. JO SI.-. T T. ꓤ: T. M MU: Nꓵ FI. KW YI. ZI M YI. ZI; DO ꓕꓯ,-. YI. Lꓯ: K. M P⅂ CW ꓥ, NY HO: Cꓱ, NE TI. TI. MU Cꓵ, W FI-. YI. Lꓯ: K. TI. N⅂: KW HW: GO: C. ꓥ, NY S SO Bꓯ LO NU: LI, Xꓵ: NO. W FI-. YI. GU, JI M Tꓯ. ꓕ: X W FI M ꓥO=

40 WO.. DO; NI, ꓞ Dꓱ; LO YI. ZI M A MO ꓤO: T. FI-. A WU T. FI NE?

(1) YI. FI A MO ꓤO: T. FI M= WO.. DO; ZI MO MO ꓱ ꓱ M NY YI. ZI A WU ꓤO: T.-. A LI T⅂-. A LI KW: Xꓵ: Bꓯ LO Xꓵ: Tꓯ. ZO H, ꓥ-. A LI LI. YI. Xꓵ:-.A LI RO L-. A LI T⅂ TO:-. T⅂ JI M: JI-. T⅂ ꓥO: M Tꓯ. C, NE T⅂ W FI ꓛꓵ ꓥ=

WO.. DO; NI, ꓞ Dꓱ; LO Xꓵ: NY WO.. DO; NI, ꓞ Dꓱ;

P˥. DU-. YI. ZI M RO RO ꓤ: T. KU.-. YI. ZI M 0.8~1.2 MI LI: JO Λ= WO.. DO; LI. DƎ; NY YI. ZI LI. ꓤƎ: ⊥O:_M WO.. DO; ZI NY A: B˥, LI RO L ⊥∀, SI. ꓤƎ: S SI.-. YI. ZI M 3.0 MI M: ꓝI FE.. H, D Λ=

(2) YI. ZI D∀ FI M= WO.. DO; NI, ꓝ DƎ; LO XՈ: NY T˥ H, GU GO ⊥I: ꓘO; M KW YI. ZI A MO ꓤO: D∀ FI M SW; C, D W-. LI: LI: NY A: MO, MO RO L_M YI. NYO M ꓝ˥, K˥ D W= YI. ZI A MO ꓤO: D∀ FI M C, M: DO SE: CI; ΛO B∀-. K. NY. ⊥I: ꓘO; ⊥∀, SI. G˥ C, NYI D Λ= YI. NYO M A; TO XՈ K˥ CI; ΛO B∀-. YI. NYO TI. N˥: KW M YI. NYI M FE.. H, W FI-. A: B˥, L-. RO L FI SI.-. RO L FI TO: M WU RO L GU SI. A LI FE.. CO, M C, W FI ƆՈ Λ=

41 WO.. DO; NI, ꓝ DƎ; LO WO.. DO; ZI M A LI RO L FI NE?

WO.. DO; NI, ꓝ DƎ; LO WO.. DO; ZI M A LI RO L FI M NY YI. CI ZI-. YI. L∀: K. BE ⊥I: F. GU ⊥I: F. KW M YI. NYI NՈ: L M A LI FE.. W FI M ΛO= ⊥I XՈ: NY WO.. DO; ZI M YI. WU. A LI T. M T∀. ZO H, Λ= ⊥I P˥. DU-. A LI ⊥I: F. KW YI. L∀: K. BE YI. H, A LI ꓤO: FE.. W FI Λ, NY YI. CI ZI M A WU ꓤO: RO L FI N, M JI JI SW; C, W FI-. JI JI ꓤ: FE.. W FI M ΛO=

(1) YI. F. Bꓱ NE YI. Lꓯ: K. G: Lꓯ: ꓤ: FE.. W FI M= ꓕI M Tꓯ. NY YI. CI YI. NYO JO NE FE.. W FI M LI. Bꓯ ꓥ-. ꓕI M NY YI. CI ZI JW, ꓒE, FI LO Xꓵ: ꓕI: Xꓵ: ꓥ= ꓕI M NY A: Bꓶ, LI Xꓵ: YI. Lꓯ: K. 6~7 K. JW, LE FI-.YI. Lꓯ: K. M 2~3 F. FE.. W FI M ꓥO=

ꓕI LI YE M KW YI CO, LO ꓒ.. WU. ꓕI: Xꓵ: M NY ꓕꓱ LI ꓥ= A MO ꓤO: RO L FI TO: LO GO ꓕI: ꓘO; M KW ꓥ, NY K. NY. ꓕI: ꓘO; M KW-. A MO ꓤO: RO L FI ꓥO: Fꓱ: GU ꓕꓯ,-. A: ꓘꓶ. RO JI_M YI. Lꓯ: K. BE YI. NYI Nꓵ: L_Xꓵ: YI. Lꓯ: K. M M: ꓕ: LO S ꓛꓱ: KW JW, FI. SI.-. ꓒ.. WU. ꓕI: F. KW FE.. H, W FI= Fꓱ.. Tꓶ. M NY 20 LI: MI GU, H, FI=Tꓶ H, GU 1~2 ꓘO; ꓕꓯ, ꓒ.. WU. ꓕI: F. KW FE.. H, W FI= A: MO ꓕI: F. KW FE.. H, LO YI. Lꓯ: K. YI. NYO KW ꓥ, NY ꓒ.. WU. ꓕI: F. M YI. Lꓯ: K. M Nꓶ: MY: ZI CI; Bꓯ-.YI. CI ZI M Tꓯ. X W KU.-. A: ꓘꓶ. Vꓶ ꓕꓯ, “FI. LI; MU Kꓶ LI” KU. SI.-. YI. CI ZI Tꓯ. X W L ꓥ= ꓒ.. WU. ꓕI: F. M YI. Lꓯ: K. ꓥ, NY YI. NYI FE.. H, DU M JI JI SW; C, GU ꓕꓯ,-. YI. CI ZI BE YI. NYO LI: FE.. W FINE. Bꓯ; YI. Lꓯ; K. BE YI. NYI M JI JI HO: W Ⅎꓶ, W FI=

NYI: Xꓵ: ꓕI: Xꓵ: M NY ꓕI LI YE ꓥ= WO.. DO; NI, Ⅎ Dꓱ; L KU. M WO.. DO; ZI NY-. ꓒ.. WU. ꓕI: F. M BE NYI: F. ꓕI: F. KW YI. Lꓯ: K. NYI: KO. CO. KW NY 60~80 LI: MI

KU, W FI= ꓒ.. WU. ꓕI: F. M BE NYI: F. ꓕI: F. KW YI. Lꓯ: K. M A: Bꓶ, LI T. GU ꓕꓯ,-. NYI: F. ꓕI: F. KW YI. Lꓯ: K. M FE.. D GU-. Bꓯ NYI NY 1~2 K. LI: FE.. ꓥ= ꓕI M ꓕI: ꓛO-. ꓒ.. WU. ꓕI: F. YI. Lꓯ: K. KW Gꓶ YI. H, Nꓵ: L FI D W= YI. H, ꓒ.. WU. ꓕI: H, M NY YI. CIT ꓯ. 40~60 LI: MI KU, W FI= NYI: ꓛꓱ: KW NY T T Jꓵ: Jꓵ: MU Xꓵ: YI. Lꓯ: K. NYI: K. FE.. W FI-. NYI: ꓛꓱ: KW Fꓱ.. T. LO YI. Lꓯ: K. M NY YI. F. Bꓱ W FI-. X. Lꓯ: HO ꓥ, NY TI.. Zꓱ. ꓤ: FE.. M: D=

S Xꓵ: ꓕI: Xꓵ: M NY ꓒ.. WU. ꓕI: F. BE G: Lꓯ: G: JI KW YI. H, FE.. A NE NYI: F. ꓕI: F. KW YI. H, FE.. ꓥO: YE JI FI M ꓥO= NYI: F. ꓕI: F. BE S F. ꓕI: F. NYI: KO. CO. KW NY A: ꓶ ꓤO: KU, H, ꓛꓵ SI.-. NYI: F. ꓕI: F. M YI. Lꓯ: K. M A ꓤ ꓤO: SI. FE.. W FI D ꓥ= YI. Lꓯ: K. M NYI: F. LI: FE.. CI; ꓥO Bꓯ-. NYI: F. ꓕI: F. KW YI. Lꓯ: K. 2~3 K. JW, LE FI-. WO.. DO; NI, ꓞ Dꓱ; KU. M WO.. DO; ZI NY-. NYI: F. BE S F. KO LO KW 1.5 MI KU, W FI-. FAI, NY YI. NYO ꓕI: K. M Dꓯ YI. H, Nꓵ: L FI=

LI Xꓵ: ꓕI: Xꓵ: M NY-. WO.. DO; ZI YI. Lꓯ: K. M KW YI. NYI Nꓵ: L FI= A: ꓤ ꓤO: SI. WO.. DO; Dꓱ; L Xꓵ: BE WO.. DO; NI, ꓞ Dꓱ; KU. M WO.. DO; ZI NY 7~8 ꓘO; ꓛI ꓕꓯ,-. S F. ꓕI: F. M YI. Lꓯ: K. 1~2 K. FE.. D GU-. WO.. DO; NI, ꓞ Dꓱ; KU. Xꓵ: NY NYI: F. ꓕI: F. BE S F. ꓕI: F.

NYI: KO. CO. KU, KW 1.5 MI ƆI KU, W FI-. FAI, NY YI. NYO ⊥I: K. M D∀ YI. H, N∩: L FI-. ⊥I LI YI W ⊥∀,-. YI. CI ZI M A: L FE.. ZO: GU W=

(2) M∩. LU; MU T. FI M= M∩. LU; MU T. FI M NY YI. ZI A: MO, MO M: D∀ X∩: ⊥I: X∩: Λ= ⊥I X∩: NY M: ⊥: T⅂. KW CO. YI. L∀: K. 2~4 K. FE.. W FI=

⊥I LI YE M KW d.. WU. ⊥I: X∩: M NY YI. CI ZI FE.. H, GU ⊥∀, D∀: S∀ CO. YI. NYI 3~4 M B∩. L FI= YI. ZI M NY M: ⊥: T⅂. KW YI. L∀: K. 2~4 K. FE.. W FI Λ, NY YI. NYI B∩. L T. X∩: YI. L∀: K. A. TI. FE.. W FI= YI. L∀: K. ⊥I X∩: NY YI. T∀. YI. A LI RO L GO LI T. FI D-. 30~40 LI: MI ƆI JO ⊥∀: D W= A: B⅂, LI T. LO YI. L∀: K. M NY 1~2 K. JO FI Ɔ∩ Λ= YI. L∀: K. ⊥I X∩: FE.. ⊥∀, A: L ⊥I: LI, ᴚO: FE.. W FI-. ⊥I: LI, ᴚ: RO L FI=

NYI: X∩: ⊥I: X∩: M NY-.YI. L∀: K. M JI JI FE.. H, GU ⊥∀,-. YI. H, A. TI. N∩: L FI-. M∩. ⅂U; MU T. M WO.. DO; ZI NY YI. ZI A: B⅂, LI T. M: KU. SI.-. YI. L∀: K. M A: MY, JW, FI Ɔ∩ Λ= B∀ NY YI. L∀: K. ⊥I: K. KW YI. H, 3~4 H, N∩: L FI Ɔ∩ Λ= YI. H, ⊥I X∩: NY G: BO. CO. BO. ⊥I: LI, FE.. W FI= YI. H, d.. WU. ⊥I: H, M NY YI. L∀: K. T∀. 0.5~0.7 MI KU, W FI=

S X∩: ⊥I: X∩: M NY WO.. DO; NI, Ⅎ DƎ; LO WO.. DO;

ZI NY 5 ꓘO; ꓕꓯ, Dꓱ; L KU. ꓥ= YI. Lꓯ: K. ꓒ.. WU. ꓕI: F. M FE.. ꓕꓯ, NYI: F. ꓕI: F. KW FE.. DU YI. H, A. TI. 1~2 H, JW, FI ꓛꓵ-. NYI: F. ꓕI: F. M YI. Lꓯ: K. FE.. ꓕꓯ, YI. H, 2~3 H, JW FI ꓛꓵ ꓥ= NYI: F. ꓕI: F. M YI. H, BE ꓒ.. WU. ꓕI: F. KW YI. H, NYI: KO. CO. KW NY 0.8~1.0 MI KU, W FI= ꓕI LI YI W ꓕꓯ,-. YI. CI ZI M A: L FE.. ZO: GU W=

42 WO.. DO; NI, ꓝ Dꓱ; L_M WO.. DO; LI. ꓤ: YI. Lꓯ: K. A LI HO: NE?

(1) YI. Lꓯ: K. A: ꓘꓶ. MY: Tꓶ. KW YI. K. A. TI. HO: Kꓶ= WO.. DO; ZI M YI. Lꓯ: K. A: ꓘꓶ. MY: L-. A: ꓘꓶ. WU: L ꓕꓯ,-. YI. K. YI. ꓒY: M ZI; MY: ZI SI.-.MI: VI ꓒI: M: W-. Mꓶ: ꓝ KO M: W NE T. KU. ꓥ= ꓕI Pꓶ. DU-.YI. Lꓯ: K. HO: ꓕꓯ, A. TI. ꓤ: T. M BE M: JI LO YI. Lꓯ: K. M HO: W FI-. YI. ZI CI ꓒ.. ꓕI.. KW CO. ꓘꓶ, W FI-. YI. Mꓶ. Dꓵ: A: ꓘꓶ. ꓕ: FE.. H,-. YI. FO. Mꓶ A: MY: ꓕ: JW, FI=

(2) YI. WE A: ꓘꓶ. M: WE L LO YI. Lꓯ: K. M JI JI ꓤꓱ: W FI= WO.. DO; NI, ꓝ Dꓱ; L LO YI. ZI NY WO.. DO; Dꓱ; Nꓯ;-. A: ꓘꓶ. Dꓱ; MY: SI.-. W: ꓘW: ꓝI; M A: ꓘꓶ. HO: LE KU.-. YI. Lꓯ: K. M ꓛO, Xꓵ SI.-. YI. CI KW CO. A: TO TO YI. NYI Nꓵ: L KU. ꓥ= ꓕI M NY A ꓕꓯ: Mꓶ: ꓕꓯ: MO D LO WO.. DO; NI, ꓝ Dꓱ; L LO YI. ZI Tꓯ. MO D M ꓥO= YI.

NYI ꓕI LI Nꓵ: L M Pꓶ. DU 2 ꓘO; ꓛI ꓕꓯ,_LI WO.. DO; Dꓱ; L-. A: MY, Dꓱ; L ꓥ= ꓕI LI Xꓵ: YI. NYI M NY YI. NYO CO. YI. CI KW ꓒ.. ꓛI Xꓵ L KU.-. YI. KO LO BE CO. BO. ꓕI: F. KW WO.. DO; M NY 3 ꓘO; ꓛI Dꓱ; GU ꓕꓯ, A: Jꓵ: ꓛO, Xꓵ KU.-. YI. ZI LI: ꓛY, Lꓯ.. MU ZE.. ꓒE, KU.-. YI. NYO ꓕI: F. KW LI: MU WO.. DO; Dꓱ; L KU.-.YI. Lꓯ: K. M TI. XO: MU Kꓶ LE L ꓥ= ꓕI LI Kꓶ LE M Tꓯ. K: W FI TO: Pꓶ. DU-. ꓕI LI Xꓵ: YI. Lꓯ: K. BE YI. NYI M A: ꓘꓶ. WU: S-. WO.. DO; A. MI. Dꓱ; L M Tꓯ. C, NE-. MU: Nꓵ FI. KW YI. NYO ꓝꓶ, A NE Dꓶ Kꓶ ꓥO: YE SI.-. WO.. DO; A: ꓘꓶ. Dꓱ; L Xꓵ: YI. Lꓯ: K. LO; YE FI-. A: L Xꓵ TO: M ꓘꓶ, W FI-. YI. Xꓵ: YI. NYI Nꓵ: L FI=

(3) YI. ZI BE YI. Lꓯ: K. NYI: KO. CO. KW YI. H, Nꓵ: L M ꓘꓶ, ꓩU Kꓶ= YI. ZI BE YI. Lꓯ: K. NYI: KO. CO. KW YI. H, M NY Mꓵ: NU FI. ꓕꓯ, A: ꓘꓶ. RO S-.A: ꓘꓶ. WU: L S SI.-. YI. ZI YI. NYO M M: JI Kꓶ LE-. KO; LO; MU Kꓶ LE-. A: ꓘꓶ. Vꓶ ꓕꓯ, YI. ZI YI. NYO M Xꓵ Kꓶ KU. ꓥ= ꓕI LI T. L ꓕꓯ,-. YI. H, ꓒ.. Nꓵ: L ꓕꓯ, LI ꓝꓶ: ꓩU Kꓶ= YI. ZI M A. TI. ꓤ: Kꓶ LE ꓥ, NY YI. Lꓯ: K. M T T NYO, NYO, MU RO L ꓥO Bꓯ-. YI. H, Nꓵ: L M ꓥ, NY YI. Lꓯ: K. ꓤ: Nꓵ: L M FE.. H, D-. YI. ZI YI. NYO M ꓝꓶ: ꓩU Kꓶ SI.-. WO.. DO; Dꓱ; L KU. Xꓵ: YI. Lꓯ: K. LO; YE FI=

(4) YI. CI Lꓯ: K. BE YI. ZI M ZO: N ꓤ: FE.. W FI= YI. CI BE YI. Lꓯ: K. M A: ꓘꓶ. WU: L ꓕꓯ,-. YI. ZI Dꓯ SI. YI. Lꓯ: K. M: JO M Tꓯ. RO MO W FI-. YI. Bꓱ A: ꓘꓶ. Bꓱ L FI-. ꓕI: ꓘO; KW 60~80 LI: MI Dꓶ Kꓶ D ꓥ= Dꓶ Kꓶ Tꓶ. M KW NY YI. ZI BE YI. Lꓯ: K. NYI: KO. CO. KW YI. H, Nꓵ: L FID-. ꓥ, NY YI. NYI Nꓵ: L FI D ꓥ= YI. ZI M NY ꓕI: ZI A: Jꓵ: A LI RO L FI M Tꓯ. C, NE ꓕI: ꓘO; M: JO YI. K. HO: W FI ꓛꓵ ꓥ=

43 WO.. Dꓱ; NI, ꓞ Dꓱ; L_M WO.. DO; ZI WO.. DO; Dꓱ; L FI. KW YI. Lꓯ: K. A LI HO: N T. NE?

WO.. DO; Dꓱ; FI. ꓕꓯ, WO.. DO; ZI M A: ꓘꓶ. RO TI, H, GU SI.-. YI. ZI A Bꓶ, LI M: RO L-. WO.. DO; A: ꓘꓶ. M: Dꓱ; L-. YI. ZI A: ꓘꓶ. ꓒꓱ L-. YI. K. YI. H, A: ꓘꓶ. MY: L-. YI. KO LO KW Mꓶ: ꓞ KO M: W-. YI. H, ꓤ: M A: ꓤ ꓤ ꓛO, Xꓵ GU-. YI. Lꓯ: K. K. NY. ꓕI: ꓛO: KW Gꓶ JY: Lꓯ: MO Kꓶ LE-. WO.. DO; M YI. NYO KW MY: L DE; JE-. YI. ZI NY A WU T. SI. WO.. DO; A: ꓘꓶ. M; Dꓱ; T. KU. ꓥ= ꓕI ꓕI: FI. KW YI. Lꓯ; K. HO: ꓕꓯ,-. MY: ꓶ M NY W: ꓘW: ꓞI; MY: LE FI A NE YI. ZI WU: L FIX ꓵ: WU M JI JI ꓒꓶ ꓞE, CO,-. YI. KO LO G: Lꓯ.; ꓤ: T. FI SI. Mꓶ: ꓞ KO W FI-. MI: VI ꓒI: W FI-.WO.. DO; Dꓱ; L KU. Xꓵ: YI. Lꓯ: K. M: N: JW, LE FI-.

WO.. DO; A: MY, Dꓱ; FI ꓥO: YE ꓛꓵ ꓥO=

(1) A: Bꓶ, LI Xꓵ: YI. Lꓯ: K. HO: M= WO.. DO; ZI M RO TI.. LI ꓕꓯ,-. A: Bꓶ, LI T. M YI. Lꓯ: K. M NY A: ꓘꓶ. M: ꓛO L W-. YI. Lꓯ: K. HO: ꓕꓯ, G: SI ꓕI: F. M YI. Lꓯ: K. KW YI. NYI Nꓵ: GU JW, LI FI-. YI. Lꓯ: K. KW YI. H, MY: L FI-. WO.. DO; A: ꓘꓶ. ꓕ: Dꓱ; L FI-. A: Bꓶ, LI T._M YI, Lꓯ: K. M A: ꓘꓶ. WU: L FI= YI. ZI ꓛO JE_M NY-.YI. Lꓯ: K. A: MY, ꓘO; ꓛO GU ꓥ, NY YI. PO A: ꓘꓶ. Bꓱ GU SI.-. A: ꓘꓶ. ZI;-. O. X. Mꓶ X. Kꓶ LI SI.-. Mꓶ: ꓞ KO W M: D-. A LI LI. YI. Lꓯ: K. A. TI. HO: W FI ꓛꓵ ꓥ =

(2) WO.. DO; Dꓱ; A_M YI. Lꓯ: K. M A. TI. Lꓶ. W FI= WO.. DO; Dꓱ; A_M YI. Lꓯ: K. NY WO.. DO; A: MY, ꓘO; Dꓱ; GU SI.-. A: ꓘꓶ. MO: LE S-. WO.. DO; M YI. NYI KW LI: Dꓱ; L KU. ꓥ= A: Bꓶ, LI M WO.. DO; Dꓱ; Xꓵ: YI. Lꓯ: K. NY YI. KO LO Mꓶ: ꓞ KO M: W SI.-. A: ꓘꓶ. ꓛO, Xꓵ S ꓥ= YI. Lꓯ: K. M A: Xꓵ, Xꓵ M: ꓛO JE FI Bꓯ M CW CW-. YI. NYI A: ꓘꓶ. Xꓵ_M BE YI. Lꓯ: K. ꓕꓯ: SI YI. H, ꓤ: M ꓞꓶ: W FI-. YI. Lꓯ: K. M A: ꓘꓶ. ꓕ: MY: L FI= WO.. DO; ZI M A: Xꓵ, Xꓵ T. M YI. Lꓯ: K. M RO RO ꓤ: T. FI-. YI. KO LO KW NY ꓒ.. ZO: ZO: ꓤ: YE W FI-. YI. ꓘU: KW NY A: Bꓶ, LI Xꓵ: YI. Lꓯ: K. Fꓱ.. W FI ꓛꓵ ꓥ=

(3) YI. Lꓯ: K. A: TO ꓛO_M JI JI ꓞꓶ, W FI= WO.. DO;

ZI M W MO:-. WO.. DO; Dꓱ; M W MY: NY-. A: Xꓵ, Xꓵ T. M YI. Lꓯ: K. M M: JI Kꓶ LI KU.-. LI: LI: YI. Lꓯ: K. HO: Bꓯ LO Xꓵ: NE X W Pꓶ. DU-. YI. CI ZI M KW YI. NYI ꓤ: A: ꓘꓶ. Nꓵ: L KU.-. ꓕI: Xꓵ: LI. M: ꓕ: Xꓵ: Y. K. LO; YE L KU.-. MI: VI ꓒI: M: W NE Kꓶ LI KU. ꓥ= ꓕI Pꓶ. DU-. A: TO TO YI. Lꓯ: K. ꓛO L Xꓵ: Tꓯ. NY-. “G: Lꓯ.; ꓤ: T. CI; Bꓯ A. TI. FE.. W FI-. ZI; ZI.; ꓤ: T. ꓥO Bꓯ HO: Kꓶ”ꓛꓵ-. YI. ZI M TI, TI, T. FI-. WO.. DO; A: MY, Dꓱ; L FI= WO.. DO; A: L ꓞE., L ꓤO: ꓕꓯ,-. YI. ZI M A: ꓘꓶ. M: JI Kꓶ LI GU-. WO.. DO; A: MY, M: Dꓱ; L-. YI. ZI YI. Lꓯ: K. Xꓵ: A: ꓘꓶ. ꓛO, Xꓵ L KU. SI.-. YI. Lꓯ: K. A: TO Nꓵ: L Xꓵ: NY Fꓱ.. CO, Xꓵ: FE.. W FI-. K. NY. K. MI LI: LI: YI. Lꓯ: K. Nꓵ: L FI ꓛꓵ ꓥ=

(4) M: JI_M YI. Lꓯ: K. M JI JI HO: W FI= ꓕI M NY 6 LI: MI Xꓵ M: JO-. 0.8 LI: MI WU M: JO_M YI. Lꓯ: K. BE YI. H, ꓤ: NY-. WO.. DO; A: ꓘꓶ. M: Dꓱ; L SI.-. A: Jꓵ: HO: Kꓶ ꓛꓵ ꓥ= YI. CI ZI G: Lꓯ: G: JI KW YI. NYI YI. H, A: MY, JO-. O. ꓘꓶ Mꓶ ꓘꓶ T.-. Bꓶ: DI.. NE Z:-. YI. Lꓯ: K. M ꓛO, YE GU CI; ꓥO Bꓯ A: Jꓵ: HO: Kꓶ ꓛꓵ-. ꓕI ꓕꓯ, SI. YI. ZI Tꓯ. W: ꓘW: W D-. YI. ZI KW MI: VI A: ꓘꓶ. ꓒI: W D ꓥ=

44 WO.. DO; ZI M MO: YI ꓕꓯ, A LI YE CO, NE?

WO.. DO; ZI M MO: YI ꓕꓯ, YI. Lꓯ: K. A: ꓘꓶ. ꓷO M: HW.-. YI. K. ꓤ: M ꓷO, Xꓵ KU. ꓥ=YI. Lꓯ: K. BE YI. NYO M TO.. LO.. MU Kꓶ LI-. YI. JU LO; YE KU.-. LI: LI: NY ꓕI: Xꓵ: LI. M: ꓕO: Xꓵ: YI. Lꓯ; K. A: MY, Nꓵ: L KU.-.YI. Tꓯ. YI. Xꓵ L KU. SI. WO.. DO; A MY M: Dꓱ; L W= WO.. DO; A MY M: Dꓱ; FI TO: ꓕꓯ,-. JI JI KW: Xꓵ: W FI CO, ꓥ=

(1) YI. CI ZI M YI. Xꓵ; Lꓶ. W FI= ꓕ LI YE M NY YI. CI ZI M A: Jꓵ: ꓶ; Kꓶ SI.-. YI. CI KW CO. YI. NYI Nꓵ: L FI-. YI. Lꓯ: K. JW, L FI= ꓕI M KW NY YE ꓥO: NYI: Xꓵ: JO ꓥ-. ① YI. ZI A: MO, MO T. M WO.. DO; ZI NY NYI N, NYI SI.-. YI. ZI CI KW CO. ꓶ; Kꓶ-. YI. Mꓶ. Dꓵ: KW CO. YI. NYI Nꓵ: L FI= YI. NYI Nꓵ: L GU ꓕꓯ, A LI ꓕI: ꓷO: KW FE.. ZO: M GO ꓕI: ꓷO: KW FE.. W FI-. A: ꓘꓶ. RO JI Xꓵ: 2~4 K. FE.. H, SI.-. A: Bꓶ, LI Kꓶ LE FI= ② YI. ZI A: ꓘꓶ. MO_M Mꓵ. LU; MU T. M WO.. DO; ZI NY-. YI. Lꓯ: K. A: MY, K. L: Kꓶ D ꓥ= YI. Lꓯ: K. MY: Xꓵ: NY CO. BO. ꓕI: F. KW CO. O. TU TU NE ꓕI: K. M: JO LI. YI. N. NYO M ꓶ; W FI-. Kꓶ GU ꓕꓯ, ꓕI: K. M: JO YI. NYO M ꓶ; W FI-. YI. Lꓯ: K. KW CO. YI. NYI Nꓵ: L FI=

(2) YI. CI ZI M KW CO. YI. NYI Nꓵ: L FI= YI. CI ZI M

KW ZO: LO ꓕI: Tꓶ. KW CO. ꓶ; Kꓶ SI.-.YI. NYI Nꓵ: L FI= ꓕI LI ꓶ; M KW NY-. A: Bꓶ, LI T. LO YI. Lꓯ: K. SI NE-. 50~100 LI: MI Xꓵ ꓤO: LI: FE.. W FI-. NI. Bꓯ; M A: Jꓵ: ꓶ; Kꓶ SI.-. YI. Lꓯ: K. ꓶ; Kꓶ M TI. Nꓶ: KW CO. YI. NYI Nꓵ: L FI= YI. NYI Nꓵ: L K. NY.-. A: Bꓶ, LI T. LO YI. Lꓯ: K. M G: SI ꓤO: KW CO. A: ꓘꓶ. JI Xꓵ: YI. NYI 2~3 NYI FE.. W FI=

(3) YI. H, ꓤ: Nꓵ: L FI M= A: Bꓶ, LI T._M YI. Lꓯ: K. M ZO: N T. Tꓶ. KW CO. ꓶ; Kꓶ SI.-. FAI LO: YI. Lꓯ: K. ꓕI: F. Nꓵ: L FI= ꓕI LI YE M NY-.YI. Xꓵ; YI. Lꓯ: K. NU: L S-. WO.. DO; A: ꓘꓶ. Dꓱ; L S ꓥ= YE ꓥO: M NY ꓕI LI ꓥ-. ① Fꓱ.. H, TO: M YI. Lꓯ: K. KW YI. H, ꓤ: 2~3 G; JW, ꓒE, FI= ② YI. H, ꓤ: YI. CI ꓤO: KW A. TI. ꓞꓶ: Kꓶ= ③ M: JI_M YI. Lꓯ: K. V ꓥ M A: Jꓵ: HO: Kꓶ-.ꓛO, Xꓵ-.TI. ꓕI. MU Kꓶ LE-. A: Xꓵ, Xꓵ Kꓶ LE_M YI. Lꓯ: K. M HO: W FI= ④ A: ꓘꓶ. M: JI LE_M YI. H, BE WO.. DO; A: MY, Dꓱ; Xꓵ: YI. Lꓯ: K. M A. TI. HO: W FI-. YI. Xꓵ; Nꓵ: L FI= ⑤ A: L Xꓵ: TO: M YI.Lꓯ: K. M ꓞꓶ: W FI-. YI. CI KW CO. LI: LI: YI. NYI Nꓵ: L FI= ⑥ YI. Lꓯ: K. YI. Xꓵ: ꓒ.. FE.. SE: M YI. ZI Tꓯ. NY Nꓱ. Vꓱ: ꓕI: W FI-. CI. ꓒ..-.YI JY Kꓶ W FI-. Bꓶ: DI., Lꓯ, DI., NE Z: M Bꓯ LO Xꓵ: Tꓯ. K: W FI SI.-. GO ꓕI: ꓘO; M KW YI. Xꓵ: YI NYI M: Nꓵ: L-. Mꓶ: YE TI.. LE L M Tꓯ. RO MO W FI=

45 YI. ꓶ: YI. JW, LO NI, ꓞ MI D_M WO.. DO; FI M YI. Lꓯ: K. A LI HO: N T. NE?

A Mꓶ-. RO: KUꓷ; KW WO.. DO; ZI M NY YI. ꓶ: YI. JW, Xꓵ: MY: ꓥ=WO.. DO; ZI ꓕI LI Xꓵ: NY YI. Lꓯ: K. MY: ZI WU: ZI-.WO.. DO; M YI. NYO KW MY: ꓶ Dꓱ; L-. YI. CI ZI KW A: ꓘꓶ. M: Dꓱ; L=YI. CI G: PO. RO M: HW.-. WO.. DO; A: Kꓶ. M: Dꓱ;-. MO Xꓵ: Xꓵ T. LO Xꓵ: MY: ꓥ=

(1) YI. Lꓯ: K. HO: W FI M=YI. ꓶ: YI. JW, LO WO.. DO; ZI YI. Lꓯ: K. HO: ꓕꓯ, YI. ZI A LI T. M Tꓯ. C, ꓛꓵ ꓥ=YI. CI ZI M A: Bꓶ, LE T. ꓥO Bꓯ-.YI. Lꓯ: K. M A: ꓶ ꓤO KW ꓛO JE FI D=YI. CI ZI MO: YE ꓥ, NY YI. ZI A: Bꓶ, LI M: T. CI Bꓯ-.A LI RO T. M GO LI T. FI D ꓥ=

(2) YI. Lꓯ: K. A: Bꓶ, LE Xꓵ: ꓘꓶ, M=ꓕI LI YE ꓕꓯ, WO.. DO; ZI WU: WU: RO RO BE A LI RO T. M Tꓯ. C, NE HO: W FI-.Mꓶ: ꓞ KO M: W-.YI. Lꓯ: K. A: ꓘꓶ. MY: ZI-. X. Lꓯ; M: X. Lꓯ: RO H,-. YI. NYI A: MY, Nꓵ: L-.Bꓶ: DI.. Lꓯ: DI.. Z: LO Xꓵ: YI. Lꓯ: K. MY: ꓶ HO: W FI=FE.. H, LO Xꓵ: Gꓶ ꓕI: LI, ꓤ: JW, FI ꓛꓵ-. ꓕ PO. KO PO. ꓕ: X W FI=Bꓯ NYI ꓕꓯ, K: Lꓯ; ꓤ: BE 5~7 K. ꓛI FE.. W FI-.ꓒ.. WU. ꓕI: F. KW 3~4 K. FE.. W FI-.YI. ꓶ: YI. RO JI Xꓵ: NY YI. CI ZI 3~4 ZI FE.. W FI=ꓕI: ꓘO, L: YI. Lꓯ: K. HO: MY: ZI SI. YI. ZIT ꓯ. X W M Tꓯ. RO MO W FI TO: Pꓶ. DU-. ꓕ PO.

KO PO. X. NE RO T. LO YI. Lꓯ: K. M Mꓶ: JY: HO: W FI-. ꓕI: ꓘO; A. TI. HO: W FI D ꓥ=YI. Lꓯ. ZI KW YI. Lꓯ: K. HO: Gꓶ NE ꓕI: ꓘO; A. TI. HO: W FI ꓛꓵ-.M: ꓥ ꓥO Bꓯ YI. ZI M RO MY: ZI L KU. ꓥ=YI. Lꓯ: K. A: Bꓶ, LE Xꓵ: HO: ꓕꓯ,-.YI. G: YI. JI KW YI. Lꓯ: K. M Gꓶ A. TI. ꓤ: HO: ꓛꓵ ꓥ=YI. Lꓯ: K. HO: ꓥO: 1~2 ꓘO; YE Kꓶ ꓕꓯ,-.YI. K. HO: Kꓶ M NY HO: Kꓶ N T. LO V ꓥ M YI. ꓘU: KW 40%~50% JW, LE FI ꓛꓵ ꓥ=

(3) WO.. DO; Dꓱ;_M YI. Lꓯ: K. A LI HO: N, M = YI. Lꓯ: K. A: Bꓶ, LE Xꓵ: M HO: GU K. NY. NYI: ꓘO; ꓥ, NY S ꓘO; ꓛI ꓕꓯ,-.YI. NYO Dꓶ ꓥO: BE YI. CI ZI FE.. ꓥO: MY: ꓶ YE ꓛꓵ ꓥIM: D M NY WO.. DO; Dꓱ;_M YI. Lꓯ: K. HO: ꓥO: YE ꓕꓯ,-. WO.. DO; A: ꓘꓶ. M: Dꓱ; Xꓵ: M HO: Kꓶ-.YI. ZI Dꓯ Xꓵ: YI. K. M HO: Kꓶ ꓛꓵ ꓥ=ꓕI LE YE NYI: S ꓘO; M KW NY YI. Lꓯ: K. 20%~30% HO: W FI ꓛꓵ ꓥ=

(4) YI. ZI RO DI; LE GU ꓕꓯ: YI. Lꓯ: K. HO: M=YI. ZI RO DI; LE GU ꓕꓯ,-.YI. CI ZI BE YI. Lꓯ: K. M GO LI TI. ZO: N FE.. W FI ꓛꓵ=Bꓯ NYI ꓕꓯ, YI. PO Bꓱ L M 3 ꓞU. JO ꓕꓯ, YI. Lꓯ: K. ꓛO L M NY 1 ꓞꓵ. JW, FI ꓛꓵ ꓥ=YI. PO A: ꓘꓶ. Bꓱ L CI; NY YI. ZI RO T. M A LI T. M Tꓯ. C, SI. YI. ZI BE YI. K. A LI FE.. N, M GO LI FE.. W FI CO,=ꓕI M ꓕI: ꓛO-.YI. PO Bꓱ L M NY A. DI: NI. LI. 3 ꓞU. KW 1 ꓞU. M

ꓪꓳꓺ ꓓꓳꓻ ꓓꓱꓻ ꓡ ꓩꓲ ꓛꓵ ꓥ꓿ꓕꓲ ꓕꓲꓼ ꓩꓲꓸ ꓗꓪ ꓬꓲꓸ ꓡꓯꓼ ꓗꓸ ꓧꓳꓼ ꓟ ꓠꓬ 20%~30% ꓛꓲ ꓙꓳ ꓩꓲ꓿

ꓖꓼ ꓢꓲ ꓪꓳꓺ ꓓꓳꓻ ꓡꓯꓼ ꓗꓸ ꓧꓳꓼ ꓥꓳꓼ ꓟ ꓠꓬ ꓟꓵꓼ ꓤꓼ ꓮ ꓡꓲ ꓔꓸ꓾ ꓪꓳꓺ ꓓꓳꓻ ꓜꓲ ꓟ ꓮ ꓟꓬ ꓘꓳꓻ ꓡꓳꓻ ꓖꓴ꓾ ꓮ ꓡꓲ ꓣꓳ ꓧꓹ꓾ ꓬꓲꓸ ꓡꓯꓼ ꓗꓸ ꓮ ꓟꓬ ꓙꓳ ꓐꓯ ꓡꓳ ꓮꓼ ꓟꓬꓹ ꓫꓵꓼ ꓟ ꓔꓯꓸ ꓚꓹ ꓢꓲꓸ ꓧꓳꓼ ꓪ ꓩꓲ ꓛꓵ꓾ ꓪꓴꓼ ꓪꓴꓼ ꓣꓳ ꓣꓳ ꓮ ꓡꓲ ꓩꓰꓺ ꓠ ꓔꓸ ꓟ ꓖꓶ ꓙꓲ ꓙꓲ ꓢꓪꓻ ꓚꓹ ꓪ ꓩꓲ ꓛꓵ ꓥ꓿ ꓡꓲꓼ ꓡꓲꓼ ꓠꓬ ꓬꓲ ꓙꓬ ꓮ ꓟꓬ ꓙꓳ꓾ ꓚꓲꓸ ꓒꓺ ꓮ ꓟꓬ ꓖꓶ ꓖꓴ ꓕꓲ ꓟꓬ ꓫꓴꓼ ꓟ ꓔꓯꓸ ꓚꓹ ꓛꓵ꓾ ꓟꓼ ꓥ ꓥꓳ ꓐꓯ ꓕꓲꓼ ꓫꓵꓼ ꓡꓲꓸ ꓟꓼ ꓕꓳꓼ ꓡ ꓗꓴꓸ ꓥ꓿

46 ꓟꓵꓼ ꓛꓴꓼ ꓩꓲꓸ ꓗꓪ ꓪꓳꓺ ꓓꓳꓻ ꓡꓯꓼ ꓗꓸ ꓧꓳꓼ ꓠꓬ ꓮ ꓡꓲ ꓕꓲꓼ ꓙꓵꓹ ꓟ ꓧꓳꓼ ꓕꓯꓼ ꓪ ꓜꓲ ꓜꓳ ꓠꓰ?

ꓪꓳꓺ ꓓꓳꓻ ꓡꓯꓼ ꓗꓸ ꓧꓳꓼ ꓖꓴ ꓗꓸ ꓠꓬꓸ꓾ ꓬꓲꓸ ꓜꓳꓸ ꓙꓪꓹ ꓢꓲꓸ꓾ꓬꓲ ꓙꓬ ꓐꓰ ꓪꓼ ꓘꓪꓼ ꓞꓲꓻ ꓮꓼ ꓘꓶꓸ ꓟꓶ ꓬꓰ ꓡ ꓗꓴꓸ꓾ ꓪꓳꓺ ꓓꓳꓻ ꓜꓲ ꓟ ꓫꓵ ꓡ ꓗꓴꓸ ꓥ꓿ ꓬꓲꓸ ꓙ ꓟ ꓗꓪ꓾ ꓣꓳꓼ ꓗꓴꓷꓻ ꓗꓪ ꓪꓳꓺ ꓓꓳꓻ ꓡꓯꓼ ꓗꓸ ꓧꓳꓼ ꓟ ꓠꓬ ꓬꓲꓸ ꓠꓬꓲ ꓠꓵꓼ ꓡ ꓖꓴ ꓕꓲꓼ ꓩꓲꓸ ꓟ ꓥ (ꓟꓵꓼ ꓠꓵ ꓩꓲꓸ ꓬꓲꓸ ꓗꓸ ꓧꓳꓼ)ꓮ ꓠꓰ ꓪꓳꓺ ꓓꓳꓻ ꓞꓰꓺ ꓧꓳꓼ ꓡꓰ ꓢꓲꓸ ꓬꓲꓸ ꓒꓬꓼ ꓧꓳꓼ ꓬꓰ ꓙꓵꓹ ꓕꓯꓻ (ꓙꓬ ꓩꓲꓸ)ꓕꓯꓻ ꓧꓳꓼ ꓓ ꓥ꓿ ꓧꓶꓽꓑꓰꓼ ꓠꓳꓼ ꓬꓯꓼ ꓔꓹ ꓫꓳꓼ ꓗꓪ ꓠꓬ ꓟꓵꓼ ꓠꓵ ꓩꓲꓸ꓾ ꓙꓬ ꓩꓲꓸ꓾ ꓟꓵꓼ ꓛꓴꓼ ꓩꓲꓸ ꓗꓪ ꓬꓲꓸ ꓡꓯꓼ ꓗꓸ ꓧꓳꓼ ꓥꓳꓼ ꓬꓰ ꓢꓲꓸ ꓙꓲ ꓙꓲ ꓤꓼ ꓔꓯ ꓠꓬꓲ ꓘꓶ ꓕꓯꓹ ꓕꓲ ꓡꓲ ꓚꓹ ꓪ ꓡꓰ꓾ ꓟꓵꓼ ꓠꓵ ꓩꓲꓸ ꓗꓪ ꓬꓲꓸ ꓗꓸ ꓧꓳꓼ ꓠꓬ ꓪꓳꓺ ꓓꓳꓻ ꓜꓲꓔ ꓯꓸ ꓫꓹ ꓪ ꓓꓴ ꓙꓪꓹ ꓡꓲꓸ꓾ ꓙꓬ ꓩꓲꓸ ꓕꓯꓹ ꓬꓲꓸ ꓗꓸ ꓧꓳꓼ ꓟ ꓕꓯꓼ ꓢꓲ ꓮꓸ ꓔꓲꓼ ꓜꓳꓼ ꓥ꓿

Mꓵ: Nꓵ FI. KW YI. K. HO: M NY W: ꓘW; ꟻI; M W ZI Mꓶ: LE S Λ= ꓕI M Pꓶ. DU-. W: ꓘW: ꟻI; JW, FI ꓕI: Pꓶ. KW NI. Bꓯ ꓕꓯ, Mꓵ: ꓛU: FI. KW YI. K. HO: ꓕꓯ, SI. W: ꓘW: ꟻI; A: ꓘꓶ. M: Mꓶ: YE L-. WO.. DO; W ZI DƎ; MY: Λ=Gꓶ LI. Mꓵ: ꓛU: FI. KW YI. Lꓯ: K. HO: M NY A: ꓘꓶ. M: Vꓶ FI. (11 V V ꓒU KW CO. 12 V V ꓒU) KW ꓕ: HO: W FI SI. ZO: Λ=Mꓵ: ꓛU: FI. WO.. DO; Lꓯ: K. HO: M NY 3 V V ꟻE, ꓕꓯ: HO: SI. W ZI ZO: Λ=

47 Mꓵ: Nꓵ FI. KW WO.. DO; Lꓯ: K. HO: Jꓵ, BE HO: ΛO: M A LI Λ NE?

Mꓵ: Nꓵ FI. KW WO.. DO; Lꓯ: K. HO: M NY WO.. DO; ZI I. NYI Nꓵ: L K. NY. YI. Lꓯ: K. ꓛO L ꓕꓯ: HO: Λ= YI. Lꓯ: K. HO: M KW NY YI. NYO ꟻꓶ,-. Dꓵ. Dꓵ. ꓤ: Dꓶ Kꓶ-.YI. NYI Bꓵ. L M ꟻI; Kꓶ Bꓯ LO Xꓵ: YE Λ= Tꓯ ΛO: Bꓯ-. ① YI. Lꓯ: K. NYI: ꓘO, HO: Kꓶ K. NY.-. YI. ZI A: ꓘꓶ. Dꓯ L M Tꓯ. RO MO W FI= ꓕI M KW NY YI. Lꓯ: K. KW CO. FAI LO: YI. NYI Nꓵ: L M YI. CI KW CO. ꟻI; Kꓶ-. ꓕI M NY YI; Lꓯ: K. KW YI. Hꓶ: YI. Bꓯ Nꓵ: L M ꟻI; Kꓶ M ΛO= ② YI. Lꓯ: K. KW YI. NYI Nꓵ: L M ꟻI; Kꓶ ꓕꓯ,-. WO.. DO; DƎ: Xꓵ: NY ꓕI: K. KW YI. NYI Nꓵ:_Xꓵ: 3 M M: ꟻI FE.. W FI ꓛꓵ-. A: ꓘꓶ. JI_M YI. K. 1~2 K. FE.. H, GU ꓕꓯ,-.

NI. Bꓯ; M A: Jꓵ: ꓞI; ꓭU Kꓶ= ③ Mꓵ: Nꓵ: FI. KW-. YI. Lꓯ: K. KW YI. NYI Nꓵ: H, Xꓵ: FE.. CI; Bꓯ-. YI. K. A: ꓘꓶ. M: ꓛO FI TO: ꓕꓯ, YI. NYI M Fꓶ, Kꓶ D ꓥ= ④ WO.. DO; Dꓱ: T. LO YI. Lꓯ: K. ꓕI: K. KW YI. NYI ꓕI: NYI LI: Nꓵ: L-. FAI, NY A: ꓘꓶ. Sꓯ. ꓶ SI. ꓕI M Tꓯ. K; W FI TO: ꓕꓯ,-. Mꓵ: Nꓵ: FI. ꓥ, NY ꓞ FI. ꓕꓯ, YI. NYI M Dꓵ. Dꓵ. ꓤO: Dꓶ W FI-. ꓞ FI. Dꓶ W ꓕꓯ, A: ꓘꓶ. ZO: ꓥ(Mꓵ: Nꓵ FI. KW Dꓶ Kꓶ NY YI. NYI M A: Bꓶ, LI T. L KU. ꓥ)=

5 ꓥW-. WO.. DO; NI, ꓞ Dꓱ;_M WO DO; Lꓯ: JU Dꓱ; Jꓵ, KW A LI KW: Xꓵ: JI LE FI M

48 WO.. DO; WE WE M NY A LI ꓕI: Xꓵ: ꓥ NE?

WO.. DO; ZI NY YI. ꓒU ZI BE YI. M ZI YI. WE WE Jꓵ, M M: ꓕI: LI= YI. M WE Mꓶ: JY: WE M Tꓯ. NY “YI. M ZI” Bꓯ NY,-. YI. ꓒU WE Mꓶ: JY: WE M Tꓯ. NY “YI. ꓒU ZI”Bꓯ NY, ꓥ= WO.. DO; ZI ꓕI; ZI ZI M NY YI. M WE BE YI. ꓒU WE ꓕI: ꓛO ꓤ: W L KU. SI.-. “YI. M YI. ꓒU WE ꓕI: ꓛO WE M ”Bꓯ NY, ꓥ= JI JI ꓛ: NYI ꓕꓯ,-. YI. M WE Mꓶ: JY: Mꓶ M NY YI. ꓒU WE ꓕꓯ: SI 5~8 NYI WE Nꓯ; ꓥ-. YI. ꓒU WE NY 5~6 NYI WE Lꓯ: ꓥ= WO.. K.. NY YI. ꓒU WE Mꓶ: JY: WE MY: SI.-. YI. M WE ꓕꓯ: SI 15 NYI ꓛI WE Nꓯ; ꓥ= WO.. DO; M YI. Xꓵ: M: ꓕ: Pꓶ. DU-. MY: ꓶ M NY YI. M WE YI. ꓒU WE ꓕI: ꓛO ꓤ: WE SI.-. WO.. DO; Pꓶ. ꓞI;

M ꓕ PO. KO. PO. ꓶ W D ꓥ= WO.. DO; Pꓶ. ꓩI; ꓕI LE ꓶ W LE M NY YI. Tꓯ. YI. T. KU. Xꓵ: ꓥ-. ꓕI: Mꓵ: GU ꓕI: Mꓵ: KW Mꓵ: Sꓯ; M: ꓕ: YI. Pꓶ. DU-.YI. WE WE Jꓵ, M Gꓶ M: ꓕ: ꓥ-. Gꓶ LI. YI. WE M NY WE Jꓵ, ꓕꓯ, WE L KU. ꓥ= WO.. DO; M ꓕI: Xꓵ: ꓤ: ꓥ Bꓯ Gꓶ RO Tꓶ. M: ꓕ: Bꓯ LI. YI. WE WE M A: L ꓕI: LI. ꓤ: ꓥ=

WO.. DO; Tꓶ ꓕꓯ, WO.. DO; WE A ꓕ: WE FI M NY A: ꓘꓶ. ꓒU: ꓥ= YI. WE A ꓕꓯ: WE M NY WO.. DO; A MY ꓤꓱ: Dꓱ; L-. M L M: M L Bꓯ LO A: MY, Xꓵ: Tꓯ. X W KU. ꓥ= Gꓶ SI. YI. M WE Mꓶ: JY: WE_M WO.. DO; NY YI. ꓒU WE Mꓶ: JY: WE_M ꓕꓯ: SI 3~5 MI Nꓯ; ꓥ=

WO.. DO; NI, ꓩ Dꓱ; Xꓵ: NY YI. WE NYI: ꓕO WE KU. ꓥ= NYI: ꓕO ꓕI: ꓕO YI. WE WE L M NY WO.. DO; Lꓯ: JU M ꓥO= WO.. DO; Lꓯ: JU NY A: MY, Xꓵ; T. KU.-. YI. M WE M NY YI. Jꓵ: Yꓯ. ꓘW ꓕI: ꓛO: SI WE-. YI. ꓒU WE NY G; SI ꓕI: F. KW WE ꓥ= NI. NE ꓕI: Bꓱ M NY YI. M YI. ꓒU WE ꓕI: LI, WE KU. ꓥ=

49 WO.. DO; NI, ꓩ Dꓱ: LO Xꓵ: WO.. DO; Dꓱ: M A LI ꓥ NE?

WO.. DO; NY YI. Xꓵ: M: ꓕ: Pꓶ. DU-. WO.. DO; Dꓱ; Jꓵ, M Gꓶ M: ꓕ:= WO.. DO; NI, ꓩ Dꓱ; Xꓵ: NY 2~3 ꓘO; ꓕ:

LID Ǝ; L KU.-. NI, Ⅎ M: DƎ; X∩: NY 8~10 ꓘO; ⊥∀: SI. DƎ; L KU. Λ= WO.. DO; d.. DƎ; L ⊥∀,-. YI. M WE Hꓶ. ⊥∀: WE L-. 2~3 ꓘO; GU ⊥∀, SI. YI. dU WE WE L Λ= RO DI; LE_M WO.. DO; ZI NY YI. dU WE M YI. M WE ⊥∀; SI A: MY, ɼU. MY:-. A: ꓘꓶ. MY: X∩: NY YI. ⅎI ɼU. MY: KU. SI.-. WO.. DO; A: ꓘꓶ. M: DƎ; L KU. Λ=

WO.. DO; NI, Ⅎ DƎ; KU. X∩: YI. ZI NY X∩ X∩ D∩. D∩. M: ⊥: LO X∩: YI. L∀: K. A: ꓘꓶ. N∩: L KU.-. JI JI ꓤ: T. CI; B∀ WO.. DO; DƎ; L KU. Λ= WO.. DO; NI, Ⅎ M: DƎ; LO X∩: YI. ZI NY YI. L∀: K. M A: X∩, X∩ T. L-. YI. NYI N∩: GO ⊥I: ꓘO; M KW WO.. DO; DƎ; L M: KU.-. 5~30 LI: MI_LI: JO M YI. L∀: K. ⊥∀: SI. WO.. DO; DƎ; L KU. Λ=

RO DI; LI_M WO.. DO; ZI NY YI. K. A: Bꓶ, LI T.-. D∩. D∩. ꓤO: T. X∩: ⊥∀: SI. WO.. DO; A: ꓘꓶ. DƎ; S Λ= WO.. DO; DƎ; LO YI. L∀: K. K WYI. NYO N∩: L-. LI: LI: NY WO.. DO; DƎ; H, M Y∀. ꓘW CO. YI. NYI 1~2 NYI N∩: L ⊥∀: WO.. DO; A: MY, DƎ; L Λ= WO.. DO; A MY ꓤO: DƎ; L M NY WO; DO; X∩. M JI M: JI-. RO JI M: JI-. A KW RO T. B∀ LO X∩: T∀. ZO H, Λ= B∀ NYI ⊥∀,-. WO.. DO; NY ⊥I: ⅎI. KW 1~2 M LI: DƎ;-. Gꓶ LI. 3 M M: ⅎI DƎ; X∩: Kꓶ JO Λ= YI. L∀: K. A: ꓶ KW ƆO JI X∩: KW NY WO.. DO; A: ꓘꓶ. DƎ; L S-. Mꓶ: Ⅎ A: ꓘꓶ. KO W X∩: Gꓶ WO.. DO; A:

MY, DƎ; L KU. Λ= A: ꓘꓶ. JI_M WO.. DO; L∀: K. NY GO ⊥I: ꓘO; M KW LI: LI: WO.. DO; DƎ; LO X∩: YI. NYI N∩: L KU.-. WO.. DO; DƎ; L M N∀.; KW 96.2% M NY GO ⊥I: ꓘO; M KW F∀, NE WO.. DO; DƎ; X∩: YI. NYI N∩: L KU. Λ= A: ꓘꓶ. M: JI_M YI. L∀: K. NY 30.2 % M LI: MU WO.. DO; DƎ; X∩: YI. NYI N∩: KU. Λ= WO.. DO; ZI Mꓶ: Ⅎ KO W ⊥∀, SI. JI M NY YI. ZI BƎ KU M Pꓶ. DU NE ΛO= WO.. DO; ZI M A: MY, ꓘO; LO; GU ⊥∀, WO.. DO; M YI. L∀: K. YI. NYO KW MY: ꓶ DƎ; Λ=WO.. DO; NI, Ⅎ DƎ; X∩: YI. WE NYI: ⊥O WE L X∩: Gꓶ WO.. DO; DƎ; L KU. Λ-. Gꓶ LI. WO DO; M A: ꓘꓶ. RO B∀ Gꓶ GO LI TI. M L-. F∀, NY YI. NYI N∩: L KU. SE: Λ= YI. NYI N∩: L X∩: Gꓶ YI. WU._LI YI. NYI N∩: L ⊥I: LI, JI-. WO.. DO; NI, Ⅎ DƎ; L-. WO.. DO; M Sꓶ: M Gꓶ A: Bꓶ, LI T. L KU. Λ=

50 WO.. DO; WE Hꓶ: M A LI CI. L∀: HO NE?CI. M: W ⊥∀, A LI CI. FI CO, NE?

WO.. DO; WE Hꓶ M NY MI: VI JO; ⊥∀, A KW Ɔ I Ɔ I BYƎ JE KU. Λ= WO.. DO; WE Hꓶ: M NY A: ꓘꓶ. RO SI. MO LI. MO M: MU-. MI: VI JO; L ⊥∀, YI. T∀. YI. BYƎ JE KU. Λ= OU COU BE ME COU KW SU NE ⊥O: ꓶ: BO T. M T∀. C, NYI ⊥∀,-. WO.. DO; WE Hꓶ: ⊥I: BƎ M NY A: ꓶ KW BYƎ ƆI

ꓓ ꓢꓲ.-.1 60 ꓟꓲ ꓶ ꓗꓴ, ꓧ, ꓫꓵ: ꓟꓵ: ꓗꓪ ꓡꓲ. ꓐꓬꓱ ꓛꓲ ꓓ ꓙꓳ:= ꓧꓶ;-ꓑꓰ: ꓠꓳ: ꓬꓯ: ꓔ, ꓫꓳ: ꓗꓪ ꓢꓷ. ꓠꓲ, ꓙꓳ ꓢꓴ ꓠꓰ ꓙꓲ ꓙꓲ ꓤ: ꓛ: ꓠꓬꓲ ꓗꓶ ꓕꓯ,-. ꓪꓳ.. ꓓꓳ; ꓪꓰ ꓧꓶ: ꓟ ꓮ ꓟꓬ ꓤꓳ: ꓐꓬꓱ ꓙꓰ-. ꓮ ꓶ ꓤꓳ: ꓐꓬꓱ ꓛꓲ ꓓ ꓟ ꓠꓬ ꓟꓲ: ꓦꓲ ꓮ ꓪꓴ ꓤꓳ: ꓙꓳ; ꓡ ꓟ ꓔꓯ. ꓓ, ꓦ ꓥ ꓙꓳ:= ꓟꓲ: ꓦꓲ ꓮ: ꓘꓶ. ꓙꓳ; ꓕꓯ, ꓪꓳ.. ꓓꓳ; ꓪꓰ ꓧꓶ: ꓟ ꓮ: ꓟꓬ, ꓙꓳ; ꓙꓰ ꓗꓴ.-. ꓮ: ꓶ ꓗꓪ ꓙꓳ; ꓙꓰ ꓗꓴ.-.ꓟꓲ: ꓦꓲ ꓮ: ꓘꓶ. ꓟ: ꓙꓳ; ꓕꓯ, ꓪꓳ ꓓꓳ; ꓪꓰ ꓧꓶ: ꓟ ꓔꓲ. ꓠꓶ: ꓗꓪ ꓮ: ꓟꓬ, ꓙꓳ; ꓛꓲ-. ꓶ ꓣ ꓠꓬ ꓮ. ꓔꓲ. ꓤ: ꓙꓳ; ꓛꓲ ꓓ ꓥ ꓙꓳ:= ꓪꓳ.. ꓓꓳ; ꓪꓰ ꓧꓶ: ꓟ ꓙꓳ; ꓛꓲ ꓟ: ꓓ-. ꓥ, ꓠꓬ 100 ꓟꓲ ꓟ: ꓞꓲ ꓖꓴ, ꓧ, ꓫꓵ: ꓟꓵ: ꓗꓪ ꓙꓳ; ꓛꓲ ꓝꓲ ꓠ ꓔ.-. ꓡ: ꓞꓳ ꓠꓰ ꓔꓳ: ꓔꓳ: ꓪꓳ ꓓꓳ; ꓧꓶ: ꓧꓶ ꓥꓳ: ꓬꓰ ꓛꓵ ꓥ= ꓡ: ꓞꓳ ꓠꓰ ꓔꓳ: ꓔꓳ: ꓪꓳ.. ꓓꓳ; ꓧꓶ: ꓧꓶ ꓥꓳ: ꓬꓰ ꓕꓮ, ꓪꓳ.. ꓓꓳ; ꓪꓰ ꓧꓶ: ꓟ ꓜꓲ: ꓠꓬꓲ, ꓤ: ꓔ. ꓝꓲ ꓛꓵ ꓥ= ꓐꓯ ꓠꓬꓲ ꓕꓯ,-.ꓪꓳ.. ꓓꓳ; ꓪꓰ ꓧꓶ: ꓟ ꓠꓬ 2~3 ꓠꓬꓲ ꓛꓲ_ꓡꓲ: ꓛ, ꓓ ꓥ= ꓡꓱ: ꓟꓵ: ꓤ: ꓬꓰ ꓧ, ꓔꓶ. ꓗꓪ ꓠꓬ 3~5 ꓠꓬꓲ ꓛꓲ ꓛ, ꓓ ꓥ= ꓮ: ꓘꓶ. ꓙꓬ ꓫꓵ: ꓗꓪ ꓛ, ꓟ: ꓓ-. ꓮ: ꓘꓶ. ꓛꓳ, ꓫꓵ: ꓗꓪ ꓛ, ꓟ: ꓓ= 3 ꓔꓴ, ꓛꓲ ꓡꓲ: ꓙꓳ ꓫꓵ: ꓔꓶ. ꓗꓪ ꓛ, ꓪ ꓝꓲ ꓠꓬ ꓮ: ꓡ 30 ꓠꓬꓲ ꓛꓲ ꓛ, ꓧ, ꓓ ꓥ= ꓜꓲ: ꓠꓬꓲ, ꓔ. ꓫꓵ: ꓗꓪ ꓛ, ꓧ, ꓚꓲ; ꓥꓳ ꓐꓯ ꓪꓳ.. ꓓꓳ; ꓪꓰ ꓧꓶ: ꓟ ꓜꓲ: ꓬꓰ ꓗꓴ. ꓢꓲ.-. ꓮ: ꓘꓶ. ꓛꓳ, ꓫꓵ: ꓗꓪ ꓛ, ꓧ, ꓟ: ꓓ= ꓪꓳ.. ꓗ .. ꓪꓰ ꓧꓶ: ꓟ ꓠꓬ 4 ꓔꓴ, ꓡꓲ: ꓙꓳ ꓫꓵ: ꓗꓪ ꓛ, ꓧ, ꓠꓬ 45 ꓠꓬꓲ ꓛ, ꓗꓶ ꓡꓲ.-. ꓬꓲ. ꓠꓬꓲ ꓠꓵ: ꓡ ꓗꓴ. ꓫꓵ: ꓟ 1.5% ꓙꓳ ꓢꓰ: ꓥ=

ꓪꓳ.. ꓓꓳ; ꓠꓬ ꓬꓲ. ꓪꓰ ꓕꓲ: ꓪꓰ ꓡꓲ: ꓪꓰ ꓫꓵ: ꓥ= ꓬꓲ. ꓪꓰ ꓧꓶ: ꓕꓲ: ꓐꓱ ꓟ ꓠꓬ ꓬꓲ. ꓠꓬꓲ ꓑꓶ. ꓡ ꓗꓴ. ꓥ-. ꓬꓲ. ꓪꓰ ꓧꓶ: ꓟ ꓟꓬ:

ZI ꓕꓯ, YI. JY A: ꓘꓶ. M: K, L KU.-. YI. NYI A: ꓘꓶ. M: Pꓶ. L= YI. Jꓵ, KW YI. WE Hꓶ: M CI. W LE-. YI. NYI M JO: Lꓯ. ꓤ: T. L T. L-. ZI NYI MU T. ꓕꓯ, SI. D ꓥ= YI. WE Hꓶ: M YI. NYO KW ꓞE., LI ꓕꓯ, SI. YI. NYI ꓕI: NYI: NYI LI: MU Pꓶ. L KU. ꓥ= YI. NYI Pꓶ. L TO:_M WO.. DO; WE Hꓶ: M YI. CI KW ꓞE., ꓞO LI SI. YI. NYI Bꓵ. L ꓕꓯ, SI. YI. ZI RO L KU. ꓥ= Sꓷ. NI. JI JI ꓤ: Fꓱ: NYI Kꓶ ꓕꓯ, ꓕI LI C, W ꓥ-. YI. WE M YI. NYI Pꓶ. L KU. Xꓵ: YI. NYO JW, L GU ꓕꓯ, SI. YI. ZI RO L KU.-. W: ꓘW: ꓞI; LI. JO L KU.-. A LI RO L M C, W D KU. ꓥO= 4 NYI ꓛI JO ꓕꓯ, SI. WO.. DO; WE Hꓶ: YI. NYO KW CO. ꓞE., L SI. YI. NYI Pꓶ. LI M KU. ꓥ= WO DO; ZI NY ꓕI: ZI LI: JW, Gꓶ YI. LI. ꓤ: Nꓵ: L KU. ꓥ= WO.. DO; WE Hꓶ: JO; M: ꓛI CI; LI. WO.. DO; Dꓱ; L KU.-. LI: LI: NY YI. NYI Nꓵ: L KU. ꓥ= 1962~1963 ꓘO; ꓕꓯ,-. Hꓶ:-PE: T, XO: KW CO. Sꓷ. NI, JO SU NY NI. Bꓯ; SI, WE Hꓶ: M WO.. DO; WE Tꓯ. Nꓶ; NYI ꓥO: YE A NE -.ꓯꓯ-. ꓯꓯ-. 2,4-ꓷ Bꓯ LO Xꓵ: ꓤꓱ: NYI-. LI: LI: NY YI. WE Hꓶ: M YI. NYO, KW ꓕꓱ, H, Bꓯ LO Xꓵ; YE ꓤ, NYI ꓕꓯ, LI. YI. NYI Pꓶ. L KU. ꓥ JO:=

51 WO.. DO; YI. ꓒU ZI NY 5 V ꓛI ꓕꓯ YI. NYI Nꓵ: L-. K. NY. ꓕI: ꓘO; 4 V ꓛI ꓕꓯ, RO DI; LI KU. ꓥ= YI. NYI Nꓵ: L M KW CO. YI. WE WE KW ꓛI NY A: L

ꓕI: ꓘO; ꓛꓵ ꓥ= WO.. DO; YI. ꓒU ZI NY WO DO; ZI KW YI. H, ꓤ: Nꓵ: L M ꓕI: LI, Xꓵ: ꓥ= WO.. DO; YI. ꓒU ZI YI. WE WE M NY 5 ꓕO. Bꓱ ꓥ=

(1) YI. KO, ꓥ. L Jꓵ,= YI. KO. ꓥ. L M NY YI. NYI Nꓵ: GU ꓕꓯ, YI. ꓒY: YI. Jꓵ: CI. KW CO. YI. NYI Bꓵ. L M ꓥO-. 4 V V ꓒU ꓕꓯ, YI. ꓒY: Dꓯ CO. YI. NYI Bꓵ. L M NY A ꓤ: ꓤ: G: BO. ꓥ. L SI.-. 4 V V ꓝE, ꓕꓯ, YI. Xꓵ; YI. NYI Nꓵ: Tꓶ. KW YI. G, JI 4 ꓒY. ꓥ. M L KU. M Tꓯ. Bꓯ ꓥ= YI. ꓒU ZI YI. NYI YI. G, JI ꓥ. L M NY A: ꓘꓶ. NE. ꓥ=

(2) YI. ꓒY: Nꓵ: L Jꓵ,= ꓕI M NY YI. NYI I. G, JI ꓥ. L GU ꓕꓯ,-. YI. G, JI ꓥ. L M YI. ꓘU: KW CO. YI. ꓒY: Nꓵ: L Jꓵ, M ꓥO=

(3) YI. ꓒY: CI KW Bꓵ. L Jꓵ,= 4 V V ꓝE, KW CO. 5 V V WU. KW ꓛI-. YI. ꓒU ZI YI. WE M NY YI. CI KW CO. YI. NYO KW ꓛI-. YI. ꓒY: Nꓵ: L M YI. ꓘꓶ: KW CO. Bꓵ, Bꓵ, Mꓵ T. L KU. ꓥ-. ꓕI M NY YI. ꓒU WE M ꓥO=

(4) YI. WE WE Jꓵ,= 5 V V ꓒU KW ꓛI ꓕꓯ,-. YI. ꓒU WE Bꓵ. L M KW NY A ꓤ ꓤ DI.. DI. ꓤ: Kꓶ LE-. YI. ꓘꓶ: YI. JI KW CO. YI. WE Bꓵ. L KU. ꓥ=

(5) YI. ꓒU WE WE DO Jꓵ,= 5 V V ꓒU KW CO. 6 V V WU. KW ꓛI-. YI. WE Bꓵ. L M NY YI. KO LO NY ꓕI: ꓕꓶ, ꓕI: ꓕꓶ, WE DO L KU.-. A: ꓘꓶ. MY: Xꓵ: NY 6 ꓕꓶ, JW,

KU.-. YI. NYO M NY A: Jꓵ: LI. YI. KO LO CO JE SI. YI. WE M Tꓯ. PO: H,-. YI. ꓒY: M NY YI. WE O: SI KW CO. RO DO L SI. YI. WE M Tꓯ. PO: H, KU. ꓥ= ꓕI M KW ꓛI ꓕꓯ, YI. ꓒU WE M NY Lꓱ. Lꓱ. MU ꓕI: M LO; YE SI. A: L WE BE; L W =

YI. ꓒU WE M NY GO ꓕI: ꓘO; MU: Nꓵ FI. ꓕꓯ, A. TI. ꓤ: T.-. SI: SI: ꓤO: T.-. JY FI. ꓕꓯ, NI, ꓛI. ꓤ: Pꓶ. LE KU.-. Mꓵ: ꓛU: FI. ꓕꓯ, ꓒU CY, Mꓵ; MU Kꓶ LE KU.-. K. NY. ꓕI: ꓘO; Mꓵ: Nꓵ FI. ꓕꓯ, A: Bꓶ, LI T. L KU. ꓥ= WE L GU K. NY. ꓕI: ꓘO; Mꓵ: Nꓵ FI. KW CO NY YI. Tꓯ. YI ꓕI: Xꓵ: Pꓶ. L KU.-. YI. WE Hꓶ: DO L Mꓶ: JY: ꓕI: FI. 21 NYI ꓛI KW NY YI. WE Hꓶ: Pꓶ. NY, GU-. ꓕI GU ꓕI: N: NYI ꓛI ꓕꓯ, YI. WE Bꓱ L GU= ꓕI K. NY. 2~3 ꓛI ꓕꓯ, YI. WE Hꓶ: M A: Jꓵ: JW, GU W= YI. WE M NY YI. WU. ꓕꓯ, T T. ꓤ: WE-. ꓥ, NY T T Jꓵ: Jꓵ: MU WE ꓥ-. LI: LI: NY NI, ꓛI; ꓤO: Pꓶ. LI-. ꓕI: N NYI K. NY. NY Nꓵ: LI. Kꓶ LE SI. CO. BO. TO LO Mꓵ: Kꓶ LE KU.-. A: Xꓵ, Xꓵ Kꓶ LE KU. SI.-. A: Jꓵ: WE B L W= YI. WE YI. CI KW CO. G: BO. KW ꓛI YI. WE Hꓶ: JW, L ꓥ= 2~3 NYI ꓕꓯ, ꓕI: WE Lꓱ. Lꓱ: KW YI. Hꓶ: JW, LE-. YI. WE M Xꓵ Xꓵ ꓤO: T. L KU. ꓥ= YI. WE Hꓶ: M NI, ꓞ JW, L M: JW, L M NY Mꓵ: Sꓯ; ꓞ M: ꓞ M Tꓯ. ZO H, ꓥ= Mꓵ: Sꓯ; Lꓯ: HW. ꓞ ꓕꓯ, Lꓯ: HW. JW, L S ꓥ= YI. WE Hꓶ: A:

Jꓵ: JW, GU ꓕꓯ, YI. WE M Nꓯ Nꓯ Mꓵ: T. L KU.-.YI. WE M A ꓤ ꓤ HO: LE KU. ꓥ=

52 WO.. DO; YI. M WE M A LE WE L NE?

WO.. DO; YI. M WE NY YI. NYI ꓒY: Nꓵ: L M KW CO. WE L Xꓵ: ꓥ= YI. WE M NY WO.. DO; Lꓯ: K. A: ꓘꓶ. M: RO ꓤO: Kꓶ LI GU 4~10 N: NYI (6 V 2 NYI KW CO. 7 V 14 NYI ꓘW ꓛI)ꓕꓯ, WE L KU.-. YI. WE WE Jꓵ, M NY S ꓕO. Bꓱ ꓥ= ① YI. WE Bꓵ. L Jꓵ,= ꓕI M NY WO.. DO; Lꓯ: K. M A: ꓘꓶ. M: RO ꓤO: Kꓶ LE GU 4~6 N: NYI ꓛI (6 V 2 ~16 NYI KW) KW-. YI. WE M 25%~35% Bꓵ. L GU W= ꓕI ꓕI: Jꓵ, M KW NY WO.. DO; M A: L Dꓱ; L W= ② A: L WE BE; Jꓵ,= YI. Lꓯ: K. M: RO ꓤO: Kꓶ LE 6~10 N: NYI ꓛI (6 V 16 NYI KW CO. 7 V 14 NYI)-. YI. WE M 50% M: ꓞI; WE BE; L KU.-. WO DO; M Gꓶ TI, TI, ꓤO: Kꓶ LE-.YI. ꓒY. A: L Pꓶ. L W= ③ WE HO: LI Jꓵ,=ꓕI FI. M NY RO TI, LE GU 10 N: NYI K. NY. (7 V 14 NYI)ꓕI: Jꓵ, M Tꓯ. Bꓯ ꓥ-. ꓕI Jꓵ, KW NY YI. WE Fꓯ, LO: M: WE L-. YI. ꓒY. M A: L M TI, L-. WO.. DO; M A: L ꓞE L TO: W=

YI. M WE M NY Mꓵ: ꓛU: FI. M: ꓛI ꓕꓯ,_LI Bꓵ. L GU W-. K. NY. ꓕI: ꓘO; Mꓵ: Nꓵ FI. ꓛI GU 2 N: NYI KW NI, ꓞ BE; KU.-. BE; L ꓕꓯ, YI. ꓒY: Nꓵ: L GU ꓕꓯ,-. YI. WE WE

L-. YI. WE NI, M JW, L KU. ꓥ= YI. WE M NY A: Jꓵ: ꓕꓯ, 7~15 NYI ꓕꓯ, SI. A: Jꓵ: WE B L ꓥ= WO DO; ZI ꓕI: ZI Lꓱ. Lꓱ: M: N: Pꓶ. NY, SI.-. WO.. DO; WE M Gꓶ NE ꓕI: NYI ꓕI: Tꓱ, WE L KU.-. A LI ꓕI: B, M WE L M C, M: N NE T. KU. ꓥ= YI. M WE WE L M NY ꓕI MY ꓕO. Bꓱ ꓥ= ① ꓒ.. Bꓵ. L Jꓵ,= YI. Lꓯ: K. M M: RO ꓤO: Kꓶ LE K. NY. 4~8 N: NYI (6 V 2NYI KW CO. 30 NYI)KW ꓛI KW= ② YI. WE A: L BE; L Jꓵ,= YI. Lꓯ: K. M M: RO ꓤO: Kꓶ LE GU 6~9 N: NYI KW(6 V 16 NYI KW CO. 7 V 7 NYI KW)= ③ YI. WE WE BE; Jꓵ,= YI. Lꓯ: K. M: RO ꓤO: Kꓶ LE GU 7~10 N: NYI (6 V 23 NYI KW CO. 7 V 14 NYI KW ꓛI)= ④ YI. Lꓯ: K. M: ꓤO LO; GU 10 N: NYI ꓛI KW-.ꓕI Jꓵ, M KW YI. M WE NY A LI WE_M GO LI ꓤO: ꓕI: FI. T.-. K. NY. ꓕI: ꓘO; 3 V ꓕꓯ, SI. YI. WE Bꓵ. L-. 4 V V ꓱE, ꓕꓯ, SI. YI. WE WE B L ꓥ=

53 WO.. DO; M A LI Dꓱ; L M L NE? M: ꓕ: LO YI. Jꓵ, M KW A LI Pꓶ. L KU. NE?

WO.. DO; YI. M WE BE YI. ꓒU WE Hꓶ: M ꓕI: W ꓭ; LE GU 15 NYI NY A: MY, ꓕO Pꓶ. KU.-. Pꓶ. L GU ꓕꓯ, SI. WO.. DO; Dꓱ; L ꓥ= WO.. DO; Dꓱ; L GU SI. M TI, KW ꓛI NY A: Jꓵ: ꓕꓯ, 130 NYI ꓛI JO ꓥ= LUO:-XIU,-Cꓱ.. BU NE (1998) ꓕꓯ, ꓛ: NYI H, M Tꓯ. C, NY-. WO.. DO; Dꓱ; L GU K.

NY. A Bꓶ, LI Kꓶ L L M YI. Jꓵ, M NY A: L LI. ꓕO. ꓛI JO ꓥ=

(1) WO.. DO; A: ꓘꓶ. WU: L S Jꓵ<=5 V V WU. KW CO. 6 V V WU. KW ꓛI LO 30~35 NYI M NY WO.. DO; A: ꓘꓶ. WU: L S ꓥ-. ꓕI Jꓵ, M KW WO.. DO; A: ꓘꓶ. WU: L-. A: ꓘꓶ. LI: M S SI.-. WO.. DO; M 90% M ꓕI Jꓵ, M KW WU: L ꓥO= 5 V 7~17 NYI ꓕI: Jꓵ, M KW NY ꓕI: NYI ꓕI: ꓕꓱ, WU: L NY,-. 5 V 12~22 NYI KW NY ꓕI: NYI 2 LO: M: ꓞI WU: L KU. ꓥ= WO.. DO; M A: ꓘꓶ. WU: L M ꓕI: ꓛO-. WO.. DO; KO. Gꓶ Pꓶ. L GU W-. Gꓶ LI. ꓒU ꓒU Nꓵ: LI. ꓤ: T. SE: ꓥ=

(2) M TI, L T. ꓤO: ꓕI: Jꓵ, M= 6 V V WU. KW CO. 7 V V WU. KW ꓛI LO 35 NYI M KW NY WO.. DO; KO. M A ꓤ ꓤ ꓣU L NY,-. YI. K: Y; T. L NY, GU-. W L W ꓣU L NY,-. WO.. DO; ꓒY. M A ꓤ ꓤ ꓒU LI. ꓤ: Kꓶ LE L-. A. TI. SO L GU W= GO ꓕI: Jꓵ, M KW WO.. DO; M A: L RO TI, GU-. W: ꓘW: ꓞI; M W L W MY: L NY, GU= 6 V 11 NYI M KW CO. 7 V 1 NYI KW CI LO 20 NYI M KW NY WO.. DO; ꓒY. M 13.7% KW NI. 24. .0% ꓛI RO L GU-. YI. ꓞꓶ M NY 6.91% KW CO. 29.24% ꓛI K, GU W=

(3) YI. ꓞꓶ A: ꓘꓶ. K, L MY: Jꓵ,=7 V V ꓒU KW CO. 8 V V ꓞE, KW ꓛI LO 50 NYI ~55 NYI ꓕI: Jꓵ, M KW NY WO.. DO; M RO TI, GU-. Gꓶ SI. L: Xꓵ LI: L NY, SE:-. YI. ꓞꓶ

GO LI LI. MY: L NY, SE:-.YI. ꓒY. Lꓯ: Xꓵ M TI, L NY, SE: ꓥ= YI. ꓒY. M NY 24.1% KW CO. 63.09% ꓛI TI, L NY,-. S LI. A: ꓘꓶ. SO L GU W=

(4) WO.. DO; M TI, Jꓵ,= 8 V V ꓞE, KW CO. 9 V V ꓒU ꓕI: Jꓵ, M KW-. WO.. DO; M Lꓯ: Xꓵ: LI: L NY, SE;-. YI. KO. JI M A ꓤ ꓤ Xꓵ L GU-. YI, Lꓵ. ꓤ: T. GU-. ꓕI: Bꓱ M NY Gꓶ; YI GU-. YI. KO. A: ꓘꓶ. ꓕU; S SI.-. WO.. DO; M M TI, GU W=

54 WO.. DO; M Tꓯ. YI. WE Hꓶ: A LI Nꓶ; YE FI NE?

WO.. DO; NY YI. ꓒU YI. M ZI JO-. YI. M ZI LI: Gꓶ WO.. DO; ꓷꓱ; L KU. ꓥ-. Gꓶ SI. A: MY, M: Dꓱ; L= WO.. DO; YI. M WE BE YI. ꓒU WE M ꓕI: ꓛO M: WE T. KU.-. MI: VI JO; ꓕꓯ, SI. YI. WE Hꓶ: M Nꓶ; W KU. SI.-.ꓕI: LI, ꓤ: Nꓶ; M: W-. WO.. DO; Dꓱ; L M ꓕI: ꓘO; ꓕI: Xꓵ: T. KU. ꓥ= WO.. DO; ZI NY WO DO; ꓒ.. Dꓱ; L 2~3 ꓘO; M KW NY YI. M WE LI: WE L KU.-. YI. ꓒU WE M: JO ꓥ, NY A. TI. ꓤ: WE L KU. Pꓶ. DU-.WO.. DO; A: ꓘꓶ. M: Dꓱ; L= WO.. DO; A: MY, Dꓱ; L FI TO: Pꓶ. DU-. TO: TO: L: ꓞO NE YI. WE Hꓶ: Nꓶ; LE FI ꓥO: YE D ꓥ= ꓕI M NY WO.. DO; WE ꓒ.. WE ꓕI: FI. M KW CO. A: ꓘꓶ. WE B L ꓕI: FI. M KW YE CO, ꓥ=

(1) YI. WE Hꓶ: HW M = YI. ZI A: ꓘꓶ. JI_M WO.. DO; ZI M KW CO. A; L WE TO:_M YI. ꓒU WE HW L SI. MI: VI ꓒI: Tꓶ. KW Lꓱ. W FI-. Mꓵ: Sꓯ; M NY 16~20 TU, JO FI-. YI. WE M A: Jꓵ: WE B L ꓕꓯ,-. W CI.. KW CO. YI. Hꓶ: M ꓥO: Kꓶ-. Kꓶ Tꓶ. KW Tꓶ H,= Kꓶ Tꓶ. M KW NY MI: VI ꓒI: W ꓛꓵ-. JY FI. ꓤ: T. FI(2~5 TU, ꓛI LI: JO FI)= M: ꓥ ꓥO Bꓯ ꓩ MY: ZI-. ZI; MY: ZI SI. Bꓵ; YE L KU.-. YI. WE Hꓶ: M A: ꓘꓶ. M: Nꓶ; L KU. ꓥ= YI. WE Hꓶ: M A: MY, Kꓶ W FI TO: Pꓶ. DU-. YI. WE Hꓶ: 1 KU. HW:-Xꓵ:-ꓞE 10 ꓞU. Vꓱ, D ꓥ=

(2) YI. WE Hꓶ: Nꓶ; Jꓵ, M= YI. M WE WE L M Tꓯ. C, NE-. YI. ꓒU WE Hꓶ: M NY YI. M WE A: Jꓵ: WE B L GU ꓕꓯ, SI. Nꓶ; W FI NY A: ꓘꓶ. ZO: ꓥ= GO LI ꓥ_MI-.WO.. DO; ꓕI: ZI KW YI. M WE M Gꓶ ꓕI: ꓛO ꓤ: M: WE-. A: L 7~15 NYI ꓛI YI YI L KU. ꓥ= WO.. DO; A: MY, Dꓱ; L FI TO: NY YI. ꓒU WE Hꓶ: M NYI: HW, Nꓶ; W FI ꓛU ꓥ=

(3) A LI Nꓶ; M= ꓛY: B; Mꓵ T. Xꓵ: S SO M NYI: Tꓱ, X, SI.-. YI. ꓘU: ꓕI: Tꓱ, KW NY NI. Bꓯ; Hꓶ: Vꓱ, H, Xꓵ: YI. ꓒU WE Hꓶ: ꓕꓱ, H,-. MI: VI JO; Tꓶ. KW NY, SI. ꓶ, Cꓵ,= ꓥ, NY YI. ꓒU WE Hꓶ: M YI. WO: YE JU, Kꓶ(YI. Hꓶ: 1 ꓞU. KW NY YI JY 5000 ꓞU. Kꓶ ꓛꓵ) SI. ꓒE. ꓕI: W FI= K. ꓘO: M Mꓵ: KW NY YI JY KW M ꓛꓵ BE ꓒO:-SW A TI. Vꓱ D-.

LI: LI: NY YI. ꓒY: KW ꓒE. M Tꓯ. W: NE YI. ꓒU WE Hꓶ: Nꓶ; FI ꓥO: YE D ꓥ=

55 A. Xꓵ: Pꓶ. DU YI. ꓒU WE ꓕI: Bꓱ M ꓝꓶ, Kꓶ ꓛꓵ-. A LI ꓕI: B, M ꓝꓶ, W FI-. A LI ꓝꓶ,?

WO.. DO; YI. ꓒU WE M NY A: ꓘꓶ. WE MY: SI. YI. Hꓶ: Nꓶ; M KW ꓱꓤ: GU M: D ꓕꓯ, ꓕI: Bꓱ ꓝꓶ, Kꓶ ꓛꓵ ꓥ= YI. ꓒU WE Bꓵ. L ꓕꓯ, YI JY-.BY:-. A-CI-SW Bꓯ LO Xꓵ: A: MY, ꓛꓵ; ꓥ= YI. WE WEJꓵ, M NY RO: KUꓷ; YI Mꓶ Mꓵ: KW NY JU FI. ꓥ-. YI. ꓒU WE M NY YI. M WE Yꓯ. ꓘW: Mꓵ: H, SI.-. YI JY BE W: ꓘW: ꓝI; A: ꓘꓶ. ꓛꓵ; SI. YI M WE Tꓯ. X W L W= YI. ꓒU WE M ꓝꓶ, Kꓶ M NY-. WO.. DO; ZI M KW YI JY BE W: ꓘW: ꓝI; A: ꓘꓶ. JW, D-. YI M WE M Tꓯ. JI GU JW,-. WO.. DO; A: ꓘꓶ. Dꓱ; L-. A: ꓘꓶ. M L-. YI. WE A: ꓘꓶ. WE L-. YI. NYI A: ꓘꓶ. Nꓵ: L ꓥ=

(1) YI. ꓒU WE ꓝꓶ, Jꓵ,= ꓕI M NY YI. ꓒU WE M NY NI, ꓝ ꓝꓶ, W FI ꓕꓯ, SI. ZO:-. Bꓵ. ꓶ Mꓶ: ꓕꓯ, 20 NYI ꓛI KW ꓝꓶ, W FI-. M: ꓥ NY A: ꓘꓶ. ꓕI: Jꓵ, KW ZO:-. M: ꓥ NY YI. WE WE B L T. ꓕꓯ, W: ꓘW; ꓝI; M HO: LE SI.-. YI. ZI Tꓯ. X W L ꓥ=

(2) YI. ꓒU WE JW, CO, M= WO.. DO; WE NY YI. M WE NE YI. ꓒU WE M ꓕꓯ; SI ꓕI: Bꓶ: MY: LE FI-. YI. ꓒU

ꓪꓰ ꓟ ꓞꓶꓹ ꓖꓴ ꓕꓯꓹ꓾ ꓬꓲꓸ ꓒꓴ ꓪꓰ ꓧꓶꓽ ꓟ ꓬꓲꓸ ꓟ ꓪꓰ ꓔꓯꓸ ꓠꓶꓼ ꓡꓳꓼ ꓠ ꓛꓲ ꓙꓪꓹ ꓧꓹ ꓩꓲ꓿ ꓖꓶ ꓢꓲꓸ ꓬꓲꓸ ꓒꓴ ꓪꓰ ꓮꓽ ꓘꓶꓸ ꓠꓲꓸ ꓥꓹ ꓠꓬ ꓪꓳꓻ ꓓꓳꓼ ꓜꓲ ꓮꓸ ꓔꓲꓸ ꓤꓽ ꓔꓸ ꓕꓯꓹ ꓟꓽ ꓞꓶꓹ ꓖꓶ ꓪ꓿

ꓪꓳꓻ ꓓꓳꓼ ꓠꓲꓹ ꓞ ꓓꓱꓼ ꓡ ꓗꓴꓸ ꓫꓵꓽ ꓠꓬ ꓬꓲꓸ ꓠꓬꓲ ꓤꓽ ꓠꓵꓽ ꓡ ꓟ ꓟꓬꓽ꓾ ꓬꓲꓸ ꓟ ꓪꓰ ꓟꓬꓽ ꓥ꓿ꓪꓳꓻ ꓓꓳꓼ ꓮꓽ ꓘꓶꓸ ꓓꓱꓼ ꓡ ꓖꓴ ꓕꓯꓹ꓾ ꓬꓲꓸ ꓜꓲ ꓔꓯꓸ ꓙꓲ ꓖꓴ ꓙꓪꓹ ꓥ꓾ ꓪꓳꓻ ꓓꓳꓼ ꓮꓽ ꓘꓶꓸ ꓓꓱꓼ ꓡ꓾ ꓮ ꓡꓲ ꓡꓲꓸ ꓮꓸ ꓔꓲꓸ ꓤꓽ ꓔꓸ ꓟ ꓪꓳꓻ ꓓꓳꓼ ꓟ ꓭꓼ ꓗꓶ ꓛꓵ ꓥ꓿ ꓟꓽ ꓥ ꓚꓲꓼ ꓐꓯ ꓓꓳꓼ ꓟꓬꓽ ꓜꓲ꓾ ꓮꓽ ꓘꓶꓸ ꓟꓽ ꓟ ꓡ꓾ ꓮꓽ ꓘꓶꓸ ꓦꓶ ꓕꓯꓹ ꓬꓲ ꓜꓲ ꓡꓲꓸ ꓫꓵ ꓡ ꓗꓴꓸ ꓥ꓿

(1) ꓪꓳꓻ ꓓꓳꓼ ꓮꓸ ꓔꓲꓸ ꓟ ꓭꓼ ꓙꓵꓹ꓿ ꓪꓳꓻ ꓓꓳꓼ ꓮꓸ ꓔꓲꓸ ꓫꓵꓽ ꓭꓼ ꓟ ꓠꓬ ꓬꓲꓸ ꓜꓲ ꓮ ꓡꓲ ꓔꓸ ꓟ ꓔꓯꓸ ꓚꓹ ꓠꓬꓲ ꓛꓵ꓾1 ꓒꓲꓽ ꓣ ꓟꓲ ꓗꓪ ꓪꓳ ꓓꓳꓼ 60~100 ꓟ ꓛꓲ ꓓꓱꓼ ꓔꓸ ꓥ꓿

(2) ꓪꓳꓻ ꓓꓳꓼ ꓮ ꓡꓲ ꓭꓼ ꓟ꓿ ꓮꓸ ꓔꓲꓸ ꓫꓵꓽ ꓪꓳꓻ ꓓꓳꓼ ꓭꓼ ꓗꓶ ꓟ ꓠꓬ ꓬꓲꓸ ꓗꓸ ꓮꓸ ꓔꓲꓸ ꓤꓽ ꓔꓸ ꓫꓵꓽ ꓗꓪ ꓮꓸ ꓔꓲꓸ ꓤꓽ ꓔꓸ ꓫꓵꓽ ꓪꓳꓻ ꓓꓳꓼ ꓟ ꓠꓬ ꓬꓲ ꓡꓯꓽ ꓗꓸ ꓟ ꓘꓶꓹ ꓗꓶ꓾ ꓕꓲꓽ ꓗꓸ ꓗꓪ ꓪꓳꓻ ꓓꓳꓼ 3 ꓞꓲꓸ ꓟꓽ ꓞꓲ ꓓꓳꓼ ꓧꓹ ꓫꓵꓼ ꓠꓬ꓾ ꓬꓲꓸ ꓜꓲ ꓬꓲꓸ ꓗꓸ ꓮ ꓡꓲ ꓔꓸ ꓟ ꓔꓯꓸ ꓠꓬꓲ ꓢꓲꓸ꓾ 2~3 ꓞꓲꓸ ꓛꓲ ꓩꓰꓻ ꓪ ꓩꓲ꓾ ꓪꓳꓻ ꓓꓳꓼ ꓓꓱꓼ_ꓟ ꓕꓲꓽ ꓡꓲꓸ ꓤꓽ ꓔꓸ ꓩꓲ꓾ ꓖꓶ ꓢꓲꓸ ꓠꓰ ꓪꓳꓻ ꓓꓳꓼ ꓠꓲꓹ ꓞ ꓓꓱꓼ ꓫꓵꓽ ꓟꓽ ꓥ ꓕꓯꓹ ꓭꓼ ꓗꓶ ꓟꓽ ꓓ꓿

6 ꓛO; WO.. DO; GO M BE XW ꓛ, M

56 WO.. DO; M A LI ꓕA, SI. M TI, LE NE?

YI. Xꓵ: M: ꓕ:-. Mꓵ: Sꓯ; LO Sꓯ: M: ꓕ: Pꓶ. DU WO.. DO; M TI, LI LO YI Jꓵ, M Gꓶ M: ꓕ: ꓥ= NI, ꓝ M TI, LO WO.. DO; BE A ꓣ ꓣO: SI. M TI, LO WO.. DO; M NY A: L 10~25 NYI ꓛI, KU, T. KU. ꓥ= YI: Nꓯ Mꓵ: KW Tꓶ T. M WO.. DO; NY 9 V V WU. KW CO. 9 V V ꓒU ꓕI: Jꓵ, M M TI, ꓥ= NI, ꓝ M TI, LO WO.. DO; NY 8 V V ꓒU ꓕꓯ, M TI, D ꓥ= WO.. DO; ꓕI: Xꓵ: LI: ꓥO Bꓯ LI.-. M: ꓕ: M Mꓵ: KW Tꓶ T. M WO.. DO; NY M: ꓕ; ꓥ= W: DI Mꓵ: KW NY KO ꓕꓯ: Mꓵ: KW ꓕꓯ: SI M TI, S-. MI ꓒꓶ ꓕI: ꓛO: KW M NY MI WO; ꓕI: ꓛO: M ꓕꓯ: SI M TI, S-. Mꓵ: ꓘU: ꓘ, NE T. ꓕꓯ, Mꓶ: V V MY: M ꓕꓯ: SI M TI, S ꓥ=

WO.. DO; NY A: ꓘꓶ. M TI, LE ꓕꓯ: SI. ꓨ; XW D ꓥ= G: Nꓯ; MY: ZI ꓕꓯ, YI. KU, JI ꓥ. XW.-.YI. ꓒI.. MY:-. YI. ꓝꓶ A: ꓘꓶ. M: K,-. M: SO-.XW ꓛ, M: N T. KU.= ꓨ; Lꓶ YE ꓥO Bꓯ WO.. DO; A: ꓘꓶ. ꓝE., L KU. SI. NI, ꓝ GO NY, M: Mꓶ L-.

ꓛU: YE Bꓵ; YE S ꓥ= ꓕI M Pꓶ. DU-.ꓨ; Jꓵ, ꓕꓯ, ꓨ; XW W FI M A: ꓘꓶ. dU: ꓥ= Bꓯ NYI ꓕꓯ,-. MY: NE M NY WO.. DO; KO. M NI, ꓛI; Nꓯ L-. ꓥ, NY Xꓵ Xꓵ MU Kꓶ LE-. BI: LI: MU M: T.-. WO.. DO; ꓕI: Bꓱ M YI. KO, Bꓶ.. L ꓕꓯ, -.YI. KO. A: ꓘꓶ. LU. S-.YI. dY. WU:-. A: ꓘꓶ. SO SI.-. WO.. DO; M TI, LE M Tꓯ. C, N SI.-. ꓨ; XW Jꓵ, ꓛI L ꓥO=

57 WO.. DO; M TI, LO A: ꓘꓶ. JI Jꓵ, M A LI SW; C, NE?

(1)WO.. DO; M FI. ꓕꓯ, WO.. DO; A LI Pꓶ. LE M= WO.. DO; NY YI. M WE WE L-. WO.. DO; Pꓶ. L M KW CO. M TI, NY A: L 130 NYI ꓛI JO ꓥ= ꓕI M YI. ꓘU: KW-. d.. WU. 30~35 NYI M KW NY WO.. DO; A: ꓘꓶ. WU: L-. 90% M NY A: Bꓶ, LI RO L KU. ꓥ= 110 NYI K. NY. NY A: L M FI. M ꓛI LEO= ꓕI FI. M KW WO.. DO; WU: WU: RO RO M NY A: ꓘꓶ. M: Pꓶ. GU-. Gꓶ LI. Lꓯ: Xꓵ LI: LNY SE-. A: ꓘꓶ. M TI, ꓕꓯ SI. M: LI: L ꓥ= C..-HO:-ꓕAO BU NE (1980 ꓘO;)ꓕꓯ, WO.. DO; M M: ꓕ: LO YI. Jꓵ, KW ꓨ; SI. JI JI SW; ꓛ: NYI Kꓶ ꓕꓯ, ꓕI LI Sꓷ. LEO= WO.. DO; M M KU K. NY. LI. YI. dY. M Lꓯ: Xꓵ TI, L NY,-. YI. Fꓶ M Lꓯ: Xꓵ K, L NY, SE: ꓥ= 8 V V dU KW CO. 9 V V dU V B ꓕI: M YI. ꓘU: KW NY-. ꓕI: NYI YI. dY. BE YI. ꓱꓶ MY: L M MI KW

MI 1.8%-.0.97% ZO: ꓥ= A: ꓘꓶ. M TI, LE Mꓶ: JY: 15 NYI Nꓯ.; KW-. YI. ꓒY. M ꓕI: NYI 1.45% MY: L NY,-. YI. ꓞꓶ M 1.05% MY: L NY, ꓥ= A: ꓘꓶ. M TI, LE Mꓶ: JY: 5 NYI Nꓯ.; KW-. YI. ꓒY. M ꓕI: NYI 1.14% MY: L NY,-. YI. ꓞL M 1.63% MY: L NY, ꓥ= 8 V V ꓞꓶ, KW NY YI. ꓒY. A. DI: MY: L Jꓵ, ꓥ SI.-. 8 V 15~25 NYI 10 NYI M KW-. ꓕI: NYI 2.13% MY: L NY, ꓥ= A Mꓶ RO: KUꓷ; KW WO.. DO; M NY M M: TI, ꓕꓯ, LE ꓨ: XW Xꓵ: MY:-. Mꓵ: ꓕI: Bꓱ M KW NY 8 V V WU. ꓕꓯ,_LI ꓨ; NY, SI. WO.. DO; A: ꓘꓶ. M: M-. A: ꓘꓶ. M: JI T.-. Xꓵ: WU ꓕI M Tꓯ. NYI ꓒU: ꓛꓵ ꓥ=

(2) WO.. DO; M TI, ꓕꓯ, A LI T. M BE JI M: JI M= WO.. DO; NY NI. Bꓯ; Tꓯ. M: ꓕ:-. WO.. DO; ꓒY. BE WO.. DO; KO. MI Jꓵ, M M: ꓕ:-. WO.. DO; KO. M Xꓵ Xꓵ MU Kꓶ LE ꓕꓯ, MI LEO-. Gꓶ SI. WO.. DO; NY M: M TI, T. SE:= WO.. DO; KO. M MI LE ꓕꓯ, WO.. DO; ꓨ; D W SW; NY M: ZO:-. WO.. DO; ꓒY. M M TI, LE GU ꓕꓯ, SI. ꓨ; D ꓥ=

(3) WO.. DO; ꓨ; Nꓯ; M NY WO.. DO; Tꓯ. X W DU JW, M= WO.. DO; NY A: ꓘꓶ. M TI, LE ꓕꓯ, SI. ꓨ; XW D ꓥ=ꓨ ; Nꓯ; MY: ZI NY YI. KO. LU. M: S= YI. ꓒY. M: SO-.YI ꓞꓶ GO MY M: K,-. Z: M: MI-. XW M: JI= ꓨ; Lꓯ: ZI ꓥO Bꓯ ꓞE., L S-. NI, ꓞ N: GO ꓥO Bꓯ Nꓯ ꓛꓵ: Bꓵ; MU Kꓶ LE KU.-. ꓛꓵ: YE KU. ꓥ= ꓕI M Pꓶ. DU-. ꓨ; Jꓵ, ꓕꓯ: ꓨ; W FI M NY A: ꓘꓶ. ZO: ꓥ=

58 WO.. DO; ꓨ; ꓛ: ꓥO: M=

A Mꓶ-.RO: KUꓷ; KW WO.. DO; ꓨ; M NY L: ꓝO NE JU; ꓕꓶ MY: ꓥ=WO.. DO; JO; ꓕꓯ, NY A: Xꓵ, Xꓵ T. LO M D K. ꓥ, NY SI. K. KW CO. JO; NY, ꓥ=JO; ꓕꓯ, NY K: SI JO; GU SI. WO: SI JO;-.YI. B: KW M JO; GU ꓕꓯ, SI. YI. ꓘU: KW JO; ꓥ-.LI: LI: NY WO.. DO; ꓨ; Mꓶ: JY: 15 NYI NYI ꓛI KW YI:-XI-LI. Bꓯ LO YI. ꓝI; A. TI. ꓕI: ꓘꓶ: ꓤ: Vꓱ H, LO YI WO: YI A. TI. ꓒE. W FI SI.-.YI. K, NI, ꓝ Bꓶ; L FI Gꓶ NE WO.. DO; ꓨ; ꓕꓯ, A: ꓘꓶ. WO: Hꓶ M: ꓛꓵ ꓥ=

YI:-XI-LI. Bꓯ LO YI. ꓝI; A. TI. ꓕI: ꓘꓶ: ꓤ: Vꓱ H, LO YI WO: YI ꓒE. ꓕꓯ, ꓕI MY Xꓵ: RO MO W FI ꓛꓵ ꓥ= YI:-XI-LI. WO: YIM ꓕI: ZI Lꓱ. Lꓱ: Dꓯ ꓒꓱ. W FI-.WO.. DO; V ꓥ M Tꓯ. ꓒE. W FI=YI. ꓝI; ꓕI M ꓒꓱ. GU ꓕꓯ, YI. ꓒY: M A. TI. Xꓵ LE L KU.-.ꓕI: Bꓱ ꓝꓶ L KU. ꓥ-.Gꓶ LI. JY: XW. M: ꓛꓵ=Gꓶ SI. NE YI. ZI M Xꓵ Kꓶ L SI. YI. ꓒY: A: MY, HO: YE L KU. ꓥ=ꓛO, ꓛO, ꓤ: ꓝꓶ L M BE YI. KO. LU. SI. ꓝꓶ L M NY A: ꓘꓶ. JI SI.-.WO.. DO; ꓨ; M Tꓯ. JI GU A: ꓘꓶ. JO ꓥ=ꓶ, ꓝE., L KU N LI 9 ꓕꓶ, ꓕꓯ, A: ꓘꓶ. ꓛꓵ: YE S ꓥ=Mꓶ: ꓝ KO W SI. 37 M: ꓝI ꓕꓯ, YI. ꓒY. M Nꓯ Dꓶ; MU Pꓶ. LE KU. ꓥ=Mꓶ: ꓝ A: ꓘꓶ. ꓝ ꓕꓯ, G: CI; ꓥO Bꓯ-.NI ꓝ GO W FI-.YI. KO. NI, ꓝ LU. W FI-.Lꓱ. ꓛO, LE FI=Mꓶ: V LI Jꓵ, NY WO.. DO; M NI, ꓝ M: ꓛO, YE L SI.-.M: ꓨ: M ZO: ꓥ=ꓕI M LI: M:

ꓝI-.WO.. DO; M Mꓶ ꓛY Mꓶ R ꓝꓱ., H, CI; Bꓯ NYI M: JI Kꓶ LE SI. WU: LI. A: ꓘꓶ. WU DO M: D T. KU. ꓥ=

59 WO.. DO; ꓨ; GU ꓕꓯ, YI. KO. A LI LU.?A LI ꓝI: NE?

WO.. DO; M ꓨ; L GU K. NY.-. 70% M NY YI. KO. NI, ꓛI; T. SE: SI.-. A LI LI. ꓒ.. ꓨ; L ꓕꓯ, LI YI. KO. LU. W FI-. ꓛO, LE FI ꓛꓵ ꓥ= WO.. DO; KO. NY ꓝ: Sꓯ; Dꓵ: LE M: D-. YI. JY HO: LE M: D SI.-. 37 TU, M: ꓝI ꓕꓯ,-. YI. ꓒY. M NY 40 TU, M: ꓝI GU-. ꓝ FI. ꓕꓯ, WO.. DO; M W ZI NI, ꓝ GO XW W FO ꓛꓵ ꓥ=

(1) ꓣU, H, SI. YI. KO. LU.= WO.. DO; M ꓨ; L GU ꓕꓯ, Cꓵ; ZI ꓤO: T. Xꓵ: KW ꓛ, W FI-. JI JI ꓣU, W FI= Gꓶ LI. Mꓶ: ꓝ KO W Xꓵ: KW ꓣU, M: D= ꓣU, H, GU ꓕꓯ, Xꓵ. Pꓱ. ꓥ, NY SI, ꓒY: ꓛꓵ: ꓕI: Tꓱ, ꓒꓱ: W FI= MY: ꓶ M NY 7 NYI ꓛI LI: ꓣU, GU ꓕꓯ,-. TI MY ꓛI M NY YI. KO, Bꓶ L NY, GU SI.-. SI. K. SI. MI KW CO. TI. ꓥ. D W= WO.. DO; ꓣU, NY YI. KO. M Nꓯ Dꓶ; MU Kꓶ LE N ꓕ: ꓣU,=

(2) YI:-XI-LI. WO: YI ꓤꓱ: SI. YI. KO. LU. M=WO.. DO; M ꓨ; XW GU ꓕꓯ,-. YI JY KW YI:-XI-LI. A. TI. TI: ꓘꓶ: ꓤ: Kꓶ SI. ꓕI: B, ꓤ: TI, GU ꓕꓯ,-. A: ꓘꓶ. M: ꓝ Tꓶ. KW A. TI. ꓣU, W FI-. ꓥ, NY VI ꓘU KW Kꓶ W FI-. 30 TU,-. A. ꓘꓶ.

ꓤO: ZI: Xꓵ: KW NY 5 NYI ꓛI ꓣU, W FI ꓕꓯ, 95% M YI. KO. LU. D ꓥ=ꓣꓵ, H, GU ꓕꓯ, Xꓵ. Pꓱ. A. TI. ꓒꓱ: W FI ꓥO Bꓯ-. 2 NYI ꓛI ꓕꓯ, LU. D W= ꓕI LI YE NY YI. Jꓵ, A: ꓘꓶ. M: JI-. NI ꓝ XW ꓛ W D-.WO.. DO; M A: ꓘꓶ. JI D ꓥ= Gꓶ LI. NE ꓕI LI YE ꓕꓯ, YI:-XI-LI. WO: YE M A: ꓘꓶ. ꓝ Tꓶ. KW ꓛ, M: D-. SU. LYO. Bꓯ LO Xꓵ: KW Kꓶ M: D-. Kꓶ DU YI. ꓘꓶ; M ZI; ZI. FI. H, M: D=

(3) WO.. DO; ꓞI: M= WO.. DO; KO. M LU. GU K. NY. NI, ꓝ ꓞI: W FI ꓛꓵ-. YI. KO. Nꓶ; H, Xꓵ:-. NI. ZI; BE NI. Bꓯ; M: XY Xꓵ: M JI JI ꓞI: W FI= ꓕI M KW NY ꓒYO.-Pꓯ:-ꓣE WO: YE NE ꓞI: D ꓥ= ꓕI M NY YI. ꓞI; 2 CI. KW YI. ꓝ 64 LO: KW TI, W FI SI.-. TI, JI: LI GU K. NY. YI. Pꓱ. M FE.. Kꓶ-. YI. ꓞI; ꓕI: ꓣU. ꓕꓯ, YI JY 10 ꓣU. Kꓶ W FI= WO.. DO; KO. LU. GU ꓕꓯ, YI XY NE ꓕI: ꓒO. ꓞI: Lꓯ, W FI-. ꓒYO.-Pꓯ:-ꓣE WO: YI M KW N LI 8~10 Hꓶ TI, W FI-. Xꓵ Xꓵ MU Kꓶ LE ꓕA, RU DO L SI. A. TI. Lꓯ, Kꓶ-. Lꓱ. W LE FI= PYO.-Pꓯ:=ꓣE WO: YE JU: DU NY SI, ꓒI: SI, Lꓱ: NE X, Xꓵ: ꓤꓱ: M: D=

60 ꓞI: GU ꓕꓯ, A LI Lꓱ. Nꓱ?

(1) Lꓱ. ꓛO, LE FI= WO.. DO; M JI JI ꓞI: GU ꓕꓯ, NI, ꓝ Mꓶ: ꓝ KO Lꓱ. W FI-. M BY, ꓥ, NY XW JU: Bꓯ LO Xꓵ: ꓕꓯ:

SI. ꓒYO Lꓱ. W FI-. ꓕI: Z JO: ꓛI Lꓱ. W FI-. YI JY A. TI. HO: LE ꓕꓯ, SI. A: ꓕU, ꓕU ꓤO: Lꓱ. W FI= Lꓱ. ꓕꓯ, B: B: ꓤ: Lꓱ. W FI-. ꓕI: B, ꓕI: HW, ꓛI, Lꓱ. W FI-. ꓕI: LI. ꓤ: Lꓱ. ꓛO, LE FI-. A: L 10 NYI ꓛI Lꓱ. ꓛꓵ ꓥ=

(2) ꓝ Sꓯ; ꓞU NE KO LE. W FI= Mꓶ: V V MY: M Mꓵ: KW NY WO.. DO; M Kꓶ Tꓶ. KW Kꓶ H, SI.-. VI ꓘW CO. A. TO. FI NE KO Lꓱ. D ꓥ= KO Tꓶ. KW NY MI: VI ꓒI: W FI ꓛꓵ-. A. TO. M WO: WO: FI M: D-. ꓝ Sꓯ; M 40 TU, ꓕꓯ: SI LO, YE FI M: D=

(3) YI. Sꓯ; Mꓵ DU NE Mꓵ ꓛO, LE FI= YI.Sꓯ; Mꓵ DU KW ꓝ Sꓯ; Jꓵ, Kꓶ H, SI. WO.. DO; Tꓯ. Mꓵ ꓕꓯ, Gꓶ NE A: ꓘꓶ. ꓛO, LE S ꓥO= ꓕI LI YE NY 40 TU, ꓕꓯ: SI LO, YE FI M: D-.M: ꓥ ꓥO Bꓯ YI. ꓒ.,. M M: JI L-. ꓛꓵ: YE SI. Z: M: D L KU. ꓥ=

(4) WO.. DO; A LI ꓤO: ꓛO, YE FI N, M= WO.. DO; NY ꓱꓵ; W ꓕꓯ, YI. Sꓯ; A: ꓘꓶ. JO-. A: ꓘꓶ. TI. Hꓶ: LE S-. YI ꓒY. M A: ꓘꓶ. ꓛO, ꓥ= A: ꓘꓶ>M: ꓛO, SE: M WO.. DO; NY YI JY 8% ꓛI LI JO FI D-. YI. ꓒY. KW NY 4% LI: JO FI D ꓥ=

61 WO.. DO; A LI XW ꓛ, N, NE?

LI-SU Xꓵ: MY: ꓶ M NY MU NO KW XW Kꓶ H, GU ꓕꓯ,

A. TO. Mꓶ: Sꓯ; SI. W Xꓴ: KW ꓛ, H, ꓥ-. ꓥ, NY Nꓱ. BE KW Kꓶ ꓛ, H, SI. YI. Tꓯ. YI. ꓛO, YE FI NY, ꓥ= XW ꓛ, ꓕꓯ, A. TI. JY -.A: ꓘꓶ. ꓛO, Tꓶ. Tꓶ. KW ꓛ, W FI-. Mꓴ: Sꓯ: KW YI JY M NY 50~60% LI: JO FI D-. YI. ꓘꓶ: SE; SI. XW ꓛ, H, NY A: ꓘꓶ. M: ꓛꓴ: YE L= SU. LY. Bꓯ LO Xꓴ: KW Kꓶ SI. JI JI ꓛ, H, NY A: ꓘꓶ. M: ꓛꓴ: YE L-. 25 TU, GU SI LI: JO Xꓴ: KW ꓛ, W NY 1 ꓘO; ꓛ, D ꓥ=

WO.. DO; NY YI. KO. M: ꓥ. ꓥ. XW ꓛ W ꓕꓯ, W ZI ZO:-. WO DO; ꓒ.,. XW ꓛ, ꓥO Bꓯ A LI LI. SU.. LY. Bꓯ LO YI. Sꓯ; Bꓴ YE M: D Xꓴ: KW XW Kꓶ W FI-. 1 TU, ꓛI LI JO Xꓴ: KW XW ꓛ, H, NY A: L 2 ꓘO; ꓛ, D ꓥ=

7 Xꓵ:-. WO.. DO; ZI KW Bꓶ: DI.. Lꓯ, DI.. Z: L M Tꓯ. A LI R MO M

62 Sꓯ. Xꓵ: Sꓯ. Jꓵ: Tꓯ. N Bꓯ; ꓶ H, M: ꓶ H, M ꓛ: NYI ꓥO: Zꓱ: T. M

(1) Bꓶ: Mꓵ: KW CO. Tꓯ Dꓵ: L M: D M= A: ꓘꓶ. Vꓶ LO Xꓵ: Xꓵ: WU DO L N T. Xꓵ: Sꓯ. Xꓵ: Sꓯ.Jꓵ:-. SI, ZI LO ZI-. SI, ZI LI. ꓤ:-. SI, ꓒI: LO ꓒI: Bꓯ LO Xꓵ: NY Bꓶ; KUꓷ; KW CO. Tꓯ, Dꓵ: L M: D= MI HW: M M: JI L N T. Xꓵ: Kꓶ LO Xꓵ: Gꓶ NE Tꓯ, Dꓵ: L M: D=

(2) ꓕI: Bꓱ LI: Tꓯ, Dꓵ: L FI M= ꓕI M NY Tꓯ Dꓵ: L ꓥ DI: SI.-. JI JI ꓛ: NYI GU-.YI. FI. M Tꓯ. ZO: H,-. Sꓯ. Xꓵ: Sꓯ. Jꓵ: Tꓯ, Dꓵ: L D ꓕO: ꓶ: JW,_M Sꓯ. Xꓵ: Sꓯ. Jꓵ: BE Sꓯ. Xꓵ: Sꓯ. Jꓵ: KW NE. X, DO L-. M: JI LO Xꓵ: M: K,-. Tꓶ ꓤ:-.N Bꓯ: M: H,-. DO; K, LO Xꓵ: JI JI ꓤ: BE SE; Kꓶ SI. Tꓯ, Dꓵ: L YI. FI. M Tꓯ. ZO: Xꓵ: ꓕI: Bꓱ M Tꓯ. Bꓯ ꓥ=ꓕI M LI: M: ꓞI-. YI. Jꓵ, Tꓶ-.YI. Tꓶ. Tꓶ-. A. Xꓵ: Tꓯ,

D∩: L M-. A MY T∀, D∩: L M ⊥O, ⊥I.. GU SI. T∀, D∩: L D Λ=

(3) GO V M KW Ↄ: NYI M= KUԀ; ꓘU: KUԀ; B: KW S∀. X∩: S∀. J∩: GO V M T∀. NY GO V M KW N B∀: ⅂ L M: ⅂ L M JI JI Ↄ: NYI Ↄ∩ Λ= ⊥I M KW NY N B∀: JW, M: JW,-. A. X∩: SI, ZI Λ-.SI, ZI ⊥Ǝ, DU-. GO V DU B∀ LO X∩: T∀. NY YI. T⅂. T⅂ (Ⅎ: ꓒU: N: T⅂.-. MO DO N: T⅂.-. BYƎ VI N: T⅂.-. MO DO JY GU-.⅂ L∀: MU T⅂.-. ⅂: ꓤ: XW Ↄ, T⅂. B∀ LO X∩:)SI.-.TO: TO: Ↄ: NYI SU NE Ↄ: NYI CO, Λ= Ↄ: NYI GU SI. YI. FI. T∀. ZO: LO X∩: NY T∀ D∩: L D ⊥O: ⅂: BO GO: SI. GO V FI Λ= YI. FI. T∀. M: ZO: X∩: NY N B∀: M JI JI SE; W FI Λ, NY M: NƎ W B∀ Ↄ∩ Λ=

(4) A KW CO. T∀, L M Ↄ: NYI= S∀. X∩: S∀. J∩: YI. X∩.-. YI. LI. ꓤ: M YI. WU. A LI ⊥I: M∩: KW JO-. X∩. MU MYƎ: KW CO. X, DO L OX∩: M A KW CO. X,-. A LI X, DO L M T∀. JI JI Ↄ: NYI W FI Ↄ∩-⊥I M NY M∩: KU, DU DU KW BE KUԀ; N∀.; KW N B∀: JW, M: JW, M T∀. Ↄ: NYI M KW M: YE M: D M BE A: ꓘ⅂. ꓒU: X∩: ⊥I: X∩: Λ=

(5) KUԀ; B: KW CO. HW T⅂ M T∀. Ↄ: NYI= KUԀ; B: KW CO. S∀. X∩: S∀. J∩: YI. X∩.-. LI. ꓤ: HW T⅂-. Λ, NY NI. B∀; T⅂ X∩: T⅂ J∩: T⅂ ⊥∀,-. ⊥I M T∀. MO. KW: T⅂. NE D Λ B∀ Ↄ∩-. N B∀: Ↄ: NYI MYƎ: YE T⅂. NE Ↄ: NYI

ꓛꓵ-. A MY ꓤꓱ: LI: HW Tꓶ D Bꓯ M GO MY LI: HW Tꓶ D-. HW Dꓵ: L GU K. NY. YI. FI. CW CW JI JI ꓛ: NYI W FI LI: M: ꓞI-. M: ꓕ: NE Tꓶ Tꓶ. X, H, M KW Hꓶ. ꓕꓯ: Tꓶ ꓤ, W FI ꓛꓵ ꓥ=

(6) K, CO NYI CO SU NE Tꓯ, H,-. ꓶ ꓤ: V Tꓶ. KW CO. V ſU L-. GO V MYꓱ: YE Tꓶ. Tꓯ. WO: HW SI. GO V L Xꓵ: Tꓯ. ꓛ: NYI = Mꓵ: KO, DU DU KW K, CO NYI CO SU DO DO Dꓵ: Dꓵ: ꓕꓯ, Tꓯ, L LO Sꓯ. Xꓵ: Sꓯ. Jꓵ: BE ꓕI LI LO Xꓵ: NE X, DO L_M YI. Xꓵ: YI. Jꓵ: Tꓯ. NY JI JI ꓛ: NYI WE FI ꓛꓵ ꓥ= Mꓵ: KO, DU DU BE KUꓷ; Nꓯ.; KW ꓶ ꓤ: V Tꓶ.-. BYꓱ: VI MYꓱ: YE Tꓶ.-. Mꓯ, T. MYꓱ: YE Tꓶ.-.MO DO GO V MYꓱ: YE Tꓶ. Bꓯ LO Xꓵ: KW CO. Sꓯ. Xꓵ: Sꓯ. Jꓵ: YI. Xꓵ.-. LI. ꓤ: Bꓯ LO Xꓵ: V ſU L M BE ꓛ: NYI Kꓶ_M Sꓯ. Xꓵ: Sꓯ. Jꓵ:-. YI. Xꓵ: YI. Jꓵ: M NY A LI LI. N Bꓯ: Tꓯ. ꓛ: NYIW FI ꓛꓵ ꓥ=

(7) NI, ꓞ K: W FI M= ꓒ.. ꓛ: NYI W SE: M Sꓯ. Xꓵ: Sꓯ. Jꓵ: KW N Bꓯ: M BE NI. Bꓯ; M: JI LO Xꓵ: YI. Xꓵ: YI. Jꓵ: Tꓯ. NY-. A LI LI. YI. Pꓶ. MO D LO YE ꓥO: Zꓱ: SI. NI, ꓞ SE; W FI= RO: KUꓷ; KW Sꓯ. Xꓵ: Sꓯ. Jꓵ: N Bꓯ: Tꓯ. ꓛ: NYI YI. FI. M NY-. N Bꓯ: ꓶ H, N T. LO Xꓵ: Mꓵ: ꓕI: Bꓱ M KW NY-. XI: Fꓷ, MYꓱ: YE Tꓶ. NE Jꓵ: K YI. FI. Tꓶ T. M CW CW N Bꓯ: K: Tꓶ. X, SI.-.N Bꓯ: SE; ꓥO: YE W FI= N Bꓯ: ꓛ: M: W SE: M Mꓵ: KW NY Jꓵ: K YI. FI. CW

CW PO: Tꓶ. Tꓶ SI. R MO ꓥO: YE W FI-. N Bꓯ: M L: ꓝO Tꓯ. ꓶ L M Tꓯ. K: W FI=

63 WO.. DO; ZI Tꓯ. MI DU ꓒU ꓒU T. LO YI. ꓝI; M A LI X, NE?

ꓒU ꓒU T. LO YI. ꓝI; M NY YI. ZI Tꓯ. PO: DU ꓥ-. Mꓵ: NU ꓕꓯ, Mꓶ: ꓝ A: ꓘꓶ. M: KO Tꓶ. L-. Mꓵ: ꓛU: ꓕꓯ, YI. ZI M Tꓯ. JY Sꓯ. GO MY M: ꓕO. L SI.-. N Bꓯ: Tꓯ. SE;-. Bꓶ: DI.. Lꓯ, DI.. SE; W D ꓥ= ꓒU ꓒU Xꓵ; YI. ꓝI; MI T. M NY YI. ꓝI; Kꓶ H, M M: ꓕ:-. ꓕI M KW LO MI Hꓶ: MY: ꓶ Kꓶ W ꓕꓯ, A: ꓘꓶ. ZO: ꓥ-. YI. JY TI, Kꓶ ꓕꓯ, A: ꓘꓶ. Hꓶ YE S ꓥO= XAO-Xꓵ:-HUI Kꓶ CI; ꓥO Bꓯ YI. JY KW CO. N LI NYI: S ꓕꓶ, ꓛI TI, SI. YI. ꓘU. TI, LI FI ꓛꓵ ꓥ= ꓒU ꓒU MU Xꓵ: YI. ꓝI; M YI. ZI Dꓯ MI ꓕꓯ, B: LI. ꓤ: MI W FI-. ꓕI: LI. ꓤ: MI W FI-. M: ꓥ ꓥO Bꓯ CO. PO. YE L KU. ꓥ= ꓕI LI Xꓵ: MI DU X, ꓕꓯ,-. LO MI Hꓶ: 12 CI. KW ꓝ: BO 2~3 CI. Kꓶ-. A. NO ꓒ; L; 1 CI. ꓛI-. YI JY 36~40 CI. ꓛI Vꓱ W FI-. LO MI Hꓶ: M Jꓵ: YE ꓕꓯ, SI. A. NO ꓒ; L; Vꓱ W FI=

SI, ZI Tꓯ. MI ꓕꓯ, A LI LI. G: PO. ꓥ. L_M SI, KO. JI M RU Kꓶ ꓛꓵ-. Xꓵ. Hꓶ-. SI, Fꓱ.. Bꓯ LO Xꓵ: KW CO. MI W FI-. A: Bꓶ, LI Xꓵ: YI. Lꓯ: K. BE 130 LI: MI: CO. PO. M YI. CI Tꓯ. NY ꓕI: LI, ꓤ: MI W FI= 11 V V ꓒU KW CO. NY-. YI.

LI. ꓤ:-. YI. MO: ZI-.YI. ꓒY A: ꓘꓶ. M: Nꓵ:_M BE Xꓵ Xꓵ K; K; Mꓵ Kꓶ LE_M YI. Lꓯ: K. Tꓯ. ꓒU LI. Xꓵ: YI. FI; M MI W FI ꓕꓯ, YI. ZI YI. Lꓯ: K. M YI. KU, JI M: ꓥ. L-. YI. ZI B EYI. Lꓯ: K. Tꓯ. JY Sꓯ; A: ꓘꓶ. M: ꓕO. L= WO.. DO; ZI BE YI. Lꓯ: K. ꓛꓵ: YE M Tꓯ. K: W FI TO: ꓕꓯ,-. YI. ZI YI Mꓶ ꓕI: ꓛO: BE Bꓶ Dꓵ: YI Mꓶ ꓕI: ꓛO: KW ꓒU ꓒU Xꓵ: YI. ꓞI; MI W FI-. ꓕI ꓕꓯ, Mꓶ: ꓞ Tꓶ. L M BE YI. N N L M Tꓯ. K: W D ꓥO= WO.. DO; ZI BE YI. Lꓯ: K. ꓛꓵ: YE M Tꓯ. K: W FI TO: ꓕꓯ,-. Mꓵ: ꓞU: FI. ꓕꓯ, ꓛꓵ: YE Tꓶ. M XY XY. ꓤ: CO, Kꓶ GU ꓕꓯ, SI. ꓒU ꓒU T. LO YI. ꓞI; MI W FI-. ꓕI ꓕꓯ, JY Sꓯ; ꓕO. W M BE Bꓶ: DI.. Lꓯ, DI.. JW, L M Tꓯ. K: W D LI: M: ꓞI-. YI. ZI YI. K. ꓛꓵ: YE M Tꓯ. Gꓶ K: W D ꓥO=

64 Xꓵ:-LIU:-HO:-CI. M A LI X, NE?

Xꓵ:-LIU:-HO:-CI. M NY Bꓶ: DI.. SE;-. N Bꓯ: SE; DU ꓕI: Xꓵ: ꓥ= Nꓯ ꓞI; ꓕI M NY ꓒ.. C. DO L ꓕꓯ, SI: SI: MU T.-. YI ꓛI, ꓤ: T.-. B. ꓩU ꓛꓵ: ꓕI: LI, ꓛꓵ: NU: ꓥ= YI JY KW TI, Kꓶ ꓕꓯ, A: ꓘꓶ. JI: YE S-. YI. ꓘU: KW NY LIꓵ:-HW,-Kꓯ. BE LIU:-Tꓯ.-LIU:-SW-Kꓯ. MY: ꓶ Kꓶ, ꓥ= LI: LI: NY YI. Sꓯ; A: ꓘꓶ. HO: YE S ꓥ= C. DO L ꓕꓯ, NI, ꓞ M: ꓤꓱ: CI. ꓥO Bꓯ-. A LI LI. YI. ꓘꓶ: JI JI ꓞI: H, ꓛꓵ-.ꓥ, NY B: LI. Xꓵ: NE ꓒꓱ: H, ꓛꓵ ꓥ= Nꓯ ꓞI; GO Xꓵ: NY L: ꓞO KU, JI Tꓯ. Nꓶ:

ꓪ ꓩꓲ ꓟꓽ ꓓ꓾ ꓟꓽ ꓥ ꓐꓯ ꓮꓽ ꓘꓶꓸ ꓬꓯꓽ ꓬꓰ ꓢ꓾ ꓢꓯꓸ ꓫꓵꓽ ꓢꓯꓸ ꓙꓵꓽ ꓗꓪ ꓟꓶ ꓣ ꓗꓶ ꓚꓲꓸ ꓥꓳ ꓐꓯ ꓡꓽ ꓝꓳ ꓗꓳ ꓓꓱꓽ ꓔꓯꓸ ꓫ ꓪ ꓗꓴꓸ ꓥ꓿

(1) ꓚꓸ ꓥꓳꓽ ꓬꓰ꓿ ꓡꓲꓴꓽ-ꓧꓪꓽ 2 ꓚꓲꓸ꓾ ꓡꓳ ꓟꓲ ꓧꓶꓽ 1 ꓚꓲꓸ꓾ ꓬꓲ ꓙꓬ 10 ꓚꓲꓸ ꓤꓱꓽ ꓛꓵ꓿ ꓡꓲꓴꓽ-ꓧꓪꓽ ꓧꓶꓽ ꓟ ꓬꓲ ꓙꓬ ꓮꓸ ꓔꓲꓸ ꓤꓽ ꓗꓶ ꓢꓲꓸ ꓬꓲꓸ ꓑꓼ ꓡꓼ ꓙꓴꓽ ꓗꓶ꓾ ꓩꓯꓹ ꓠꓬ ꓬꓲꓸ ꓙꓬ ꓡꓳꓼ ꓠ ꓗꓶ ꓢꓲꓸ ꓚꓸ ꓩꓲ ꓩꓲ ꓖꓴ ꓕꓯꓹ꓾ ꓡꓲꓴꓽ-ꓧꓪꓽ ꓑꓼ ꓡꓼ ꓟ ꓗꓶ ꓢꓲꓸ ꓡꓯꓽ ꓫꓵ ꓗꓶ ꓡꓯꓽ ꓫꓵ ꓖꓴꓺ ꓪ ꓩꓲ꓾ ꓮꓸ ꓔꓳꓸ ꓮꓽ ꓐꓶꓹ ꓡꓲ ꓩꓲ ꓢꓲꓸ ꓠ ꓡꓲ 40 ꓧꓶ ꓛꓲ ꓚꓸ ꓪ ꓩꓲ꓾ ꓚꓸ ꓠꓰ ꓫꓵ ꓫꓵ ꓟꓵ ꓔꓸ ꓖꓴ ꓢꓲꓽ ꓡꓲꓹ ꓤꓽ ꓗꓶ꓾ ꓩꓮꓲ ꓡꓳ ꓫꓵ ꓠꓯ ꓠꓯ ꓤꓽ ꓗꓶ ꓡꓰ ꓕꓯꓹ ꓓ ꓪ꓿ ꓚꓸ ꓕꓯꓹ ꓮ ꓡꓲ ꓡꓲꓸ ꓮꓸ ꓡꓴꓽ ꓗꓪ ꓬꓲ ꓙꓬ ꓮ ꓟꓬ ꓤꓳꓽ ꓗꓶ ꓠ ꓔꓸ ꓟ ꓚꓹ ꓗꓴꓸ ꓡꓰ ꓩꓲ꓾ꓬꓲ ꓝ ꓩꓲꓸ ꓪ ꓩꓲ꓾ꓟꓽ ꓥ ꓥꓳ ꓐꓯ ꓚꓸ ꓢꓰꓺ ꓡꓰ ꓗꓴꓸ ꓥ꓿ ꓚꓸ ꓓꓳ ꓡ ꓕꓯꓹ ꓬꓲꓸ ꓑꓱꓸ ꓗ ꓩꓰꓺ ꓗꓶ ꓕꓯꓹ ꓓ ꓪ꓿

(2) ꓮ ꓡꓲ ꓤꓱꓽ ꓟ꓿ ꓫꓵꓽ-ꓡꓲꓴꓽ-ꓧꓳꓽ-ꓚꓲꓸ ꓠꓬ ꓐꓶꓽ ꓓꓲꓺ ꓢꓰꓼ꓾ ꓠ ꓐꓯꓽ ꓔꓯꓸ ꓢꓰꓼ ꓓꓴ ꓥ ꓢꓲꓸ꓾ ꓢꓲꓹ ꓜꓲ ꓡꓳ ꓜꓲ꓾ ꓢꓲꓹ ꓪꓰ ꓡꓳ ꓪꓰ ꓗꓪ ꓠꓬꓸ ꓟ ꓤꓽ ꓐꓯ ꓡꓳ ꓐꓶꓽ ꓓꓲꓺ ꓔꓯꓸ ꓗꓽ ꓪ ꓓ꓾ ꓬꓲꓸ ꓒꓬꓽ ꓬꓲꓸ ꓗꓸ ꓟ ꓒꓴ ꓒꓴ ꓙꓬꓼ ꓡꓯꓼ ꓟꓴꓽ ꓗꓶ ꓡꓰ ꓟ ꓔꓯꓸ ꓗꓽ ꓪ ꓓ꓾ ꓬꓲꓸ ꓜꓲ ꓬꓲꓸ ꓗꓸ ꓛꓵꓽ ꓡꓰ ꓟ ꓔꓯꓸ ꓣ ꓟꓳ ꓪ ꓓ ꓥ꓿ ꓬꓲꓸ ꓝꓲꓼ ꓖꓳ ꓟ ꓗꓹ ꓗꓹ ꓤꓳꓽ ꓤꓱꓽ ꓥꓹ ꓠꓬ ꓬꓲꓸ ꓙꓬ ꓮꓽ ꓟꓬꓹ ꓤꓳꓽ ꓗꓹ ꓩꓲ ꓟ ꓠꓬ ꓮꓸ ꓫꓵꓽ ꓜꓲ ꓥ꓾ ꓐꓶꓽ-ꓓꓲꓺ ꓡꓯꓹ ꓓꓲꓺ ꓮ ꓟꓬ ꓙꓳ꓾ ꓟꓵꓽ ꓢꓯꓼ ꓡꓳ ꓢꓯꓼ ꓮ ꓡꓲ ꓔꓸ ꓟ ꓔꓯꓸ ꓚꓹ ꓛꓵ꓾ꓬꓲꓸ ꓝꓲꓼ ꓟ ꓗꓹ ꓟꓬꓽ ꓜꓲ ꓥꓹ ꓠꓬ ꓟꓵꓽ ꓢꓯꓼ ꓝ ꓟꓬꓽ ꓜꓲ꓾ꓙꓬ ꓟꓬꓽ ꓜꓲ ꓕꓯꓹ ꓐꓶꓽ ꓓꓲꓺ ꓡꓯꓹ ꓓꓲꓺ ꓮꓽ ꓘꓶꓸ ꓙꓪꓹ ꓡ ꓢ ꓥ꓿ ꓐꓯ ꓠꓬꓲ ꓕꓯꓹ꓾ ꓟꓵꓽ ꓝꓴꓽ ꓩꓲꓸ ꓗꓪ ꓐꓰ ꓟꓵꓽ ꓠꓵ ꓩꓲꓸ ꓛꓲ ꓡ ꓔꓸ ꓕꓲꓽ ꓙꓵꓹ ꓟ ꓗꓪ ꓠꓬ ꓬꓲꓸ ꓝꓲꓼ ꓮꓸ ꓔꓲꓸ ꓤꓽ ꓗꓹ ꓫꓵꓽ ꓤꓱꓽ ꓪ ꓩꓲ꓾ ꓢꓲꓹ ꓜꓲ ꓬꓲꓸ ꓠꓬꓲ ꓐꓵꓸ ꓡ ꓔꓸ

ꓤO: ꓕꓯ, YI. ꓞI; M KW YI JY YI. Bꓶ, Kꓶ W FI-. ꓞ FI. ꓕꓯ, YI. ꓞI; W ZI A. TI. ꓤO: Kꓶ W FI= Xꓵ:-LIU:-HO:-CI. M DI.. H, GU K. NY YI. Pꓱ. LI: LI: YI. ZI YI. K. Tꓯ. MI D-. YI. ZI YI. K. ꓛꓵ: YE L-. Yꓯ: YE L M Tꓯ. R MO W D ꓥ= Gꓶ SI.-.ꓤꓱ: ꓕꓯ, ꓕI MY Xꓵ: R MO W FI= ꓕI:-. Xꓵ:-LIU:-HO:-CI. ꓤꓱ: Mꓶ: JY KW-. A LI LI. C, DU KW CO. YI. ꓞI; K, M: K, M C, W FI-. ꓤꓱ: CO, M CW CW YI JY Kꓶ W FI-. JI JI Vꓱ, Kꓶ ꓕꓯ, SI. ꓤꓱ: W= NYI:-. YI. ꓞI; X, DU LIꓵ:-HW: Hꓶ: M NY A: ꓘꓶ. Hꓶ: ꓛꓵ-. LO MI Hꓶ: M NY YI. ꓘU. T. ꓛꓵ= S-. Sꓶ, Sꓶ:-. SI: CW.-.SI: ꓒꓶ:-.S I: ꓛꓵ BE A. ꓒU;-. A. NO Bꓯ LO Xꓵ: Tꓯ. X, W KU. ꓥ= LI-.HW: ꓞꓶ K, Xꓵ:-. ꓕO: ZI; ꓘ, PO-ꓯ -TO-Yꓯ,-. Bꓯ LO Xꓵ: ꓕI: ꓛO ꓕ: ꓤꓱ: W FI= ꓥW:-. ꓞ FI. KW (32 TU, M: ꓞI JO)-. Mꓵ: Nꓵ FI. (4 TU. GU SI ZO:)ꓕꓯ, ꓤꓱ: M: D=

65 PO-ꓯ-TO-Yꓯ, M A LI X, ? A LI ꓤꓱ: NE?

PO-ꓯ-TO-Yꓯ, M NY A: ꓘꓶ. ꓤꓱ: ꓕO:-. YI. WU. LI: ꓤꓱ: C:_M Bꓶ: DI.. SE; Nꓯ ꓞI; ꓥ= Nꓯ ꓞI; GO M NY Bꓶ: DI.. Bꓶ: MI Tꓯ. A: ꓘꓶ. SE; W D-. YI. ZIT ꓯ. X W DU M: JO SI.-.A: ꓘꓶ. ꓒU: Xꓵ: ꓕI: Xꓵ: ꓥ= PO-ꓯ-TO-Yꓯ, M NY A: ꓘꓶ. JI_M ZO Lꓯ Nꓶ; T. Xꓵ: ꓕI: Xꓵ: ꓥ= PO-ꓯ-TO-Yꓯ, WO: YI M NY NI, ꓛI; ꓛI, ꓤO: T.-. YI. Sꓶ; Lꓶ; ꓥ H, KU.-. M:

JI YI L-. Mꓶ R ꓛY, GU ꓕꓯ, DI.. YI KU. ꓥ= PO-ꓯ-TO-Yꓯ, Nꓯ.; KW NY LIU:-SW-ꓕO: MY: ꓶ K, ꓥ-. YI JY TI, ꓕꓯ, JI YI D-.SI, ZIT ꓯ. A: ꓘꓶ. X W M: KU.= ꓕI M Pꓶ. DU-. PO-ꓯ-TO-Yꓯ, X, ꓕꓯ, LO MI Hꓶ: W MY W ZO:-. Nꓶ: LI. Nꓶ; S NY Bꓶ: DI.. Lꓯ, DI.. Tꓯ. LI. A: ꓘꓶ. SE; Xꓵ: D ꓥ= M: ꓥ ꓥO Bꓯ Bꓶ: DI.. Lꓯ, DI.. Tꓯ. 10~15 NYI LI: K: W D-. A: ꓘꓶ. Bꓯ LI. 30 NYI ꓛI LI: K: W D ꓥ=

(1) X, ꓥO:= PO-ꓯ-TO-Yꓯ, M NY LIꓵ:-SW-ꓕO: BE LO MI Hꓶ: NE X, DO L Xꓵ: ꓥ= NI, ꓛI; T.-. BYꓱ; Lꓱ; Lꓱ: T. Xꓵ: LIU:-SW ꓕO: BE A: ꓘꓶ. JI_M LO MI Hꓶ: ꓘU. M NE X, Xꓵ: ꓥ= YI JY KW TI, JI: Kꓶ GU_M LO MI Hꓶ: M NY ꓤꓱ; D LI. 30%~50% ꓩU. ꓛI Kꓶ ꓛꓵ-. MI KW MI YI JY KW TI, JI: GU SI. FE.. Kꓶ-. A LI ꓤO: Vꓱ, N T. M Vꓱ, Kꓶ ꓕꓯ, D W= TO: TO: ꓕI Xꓵ: X, Tꓶ. JO M Tꓶ Tꓶ. NY LIꓵ:-SW-ꓕO: WO: YI ꓕI: Bꓶ: TI,-. LO MI Hꓶ: ꓕI: Bꓶ: TI, ꓛ, H, GU ꓕꓯ,-. Lꓯ: Xꓵ: GU Vꓱ,-. Lꓯ: Xꓵ: Kꓶ Tꓶ. KW Kꓶ H, SI.-.NI, ꓛI; ꓛI; ꓤ: Pꓶ. LE-. YI. SE; Lꓶ; A. TI. JO L ꓥO Bꓯ PO-ꓯ-TO-Yꓯ, X, DO L W= ꓕI LE Xꓵ: X, Tꓶ. M: JO ꓥO Bꓯ-. YI. JY A. TI. ꓤ: Kꓶ SI. LO MI: Hꓶ: WO: YE X, Kꓶ-. MY: ꓶ M NY LIU:-SW-ꓕO: TI, Kꓶ-. LO MI Hꓶ: M GU Nꓶ, GU., ꓕꓯ, LIU:-SW-ꓕO: WO: YE M ꓕI: W Vꓱ, SI.-. Lꓯ: Xꓵ Kꓶ Lꓯ: Xꓵ Vꓱ, ꓕꓯ, D W= ꓕI LI X, DO L Xꓵ: M NY SI, Bꓯ: ꓕU:

BE YI. JY Tꓶ DU M KW Kꓶ HW FI-. HO: NE X, DO L Xꓵ: Kꓶ DU KW ꓕ: Kꓶ= PO-ꓯ-TO-Yꓯ, X, DO GU ꓕꓯ, FAI LO YI JY Kꓶ M: D W= PO-ꓯ-TO-Yꓯ, M NY ꓤꓱ: ꓕO: M CW CW X, W FI ꓛꓵ ꓥ=

(2) A KW ꓤꓱ: M= PO-ꓯ-TO-Yꓯ, NY SI, ZI Tꓯ. YI. N N L ꓕꓯ, dE. DU ꓕI: Xꓵ: ꓥ= ꓕI M NY SI, ZI Dꓯ dE. H, ꓕꓯ, ꓕI: Tꓱ, GU Kꓶ SI. Bꓶ:- DI.. Lꓯ, DI.. Tꓯ. K: W D-. SI, ZI Tꓯ. PO: W D ꓥ= ꓕI M LI: M: ꟻI-. PO-ꓯ-TO-Yꓯ, WO: YE Nꓯ.; KW ꓕO: K, M NY SI, ZI KW Jꓵ, Dꓵ: YE D SI.-. SI, ZI LO ZI A: ꓘꓶ. Sꓯ. L S ꓥ=

(3) A LI ꓤꓱ: M= LO MI Hꓶ: A: MY, Kꓶ LO Xꓵ: PO-ꓯ-TO-Yꓯ, M NY WO.. DO; ZI M JY; Lꓯ; BO LO MU Kꓶ LE L-. Nꓯ Dꓶ; JY; Lꓯ: MU Kꓶ LE L-.ꓛꓵ: YE L-. ꓛO, Xꓵ L M Tꓯ. A: ꓘꓶ. RO MU W D ꓥ=

(4) R MO N, M= ① LO MI Hꓶ: Kꓶ SI. X, DO L_M PO-ꓯ-TO-Yꓯ, NY SI, ZI LO ZI Tꓯ. M: X L-. Nꓯ ꟻI; NI, M YI. Pꓶ. A: ꓘꓶ. MO S-. A: ꓘꓶ. M: Nꓶ; L KU. ꓥ= LO MI Hꓶ: A: MY, M: Vꓱ, H, LO PO-ꓯ-TO-Yꓯ, M NY SI, ZI LO ZI Tꓯ. X W KU.-. Nꓯ ꟻI; M YI. Pꓶ. GO MY M: MO L-.A: ꓘꓶ. Nꓶ; L KU. SI. ZO: N ꓤ: ꓤꓱ: W FI ꓛꓵ ꓥ= ② MI: Gꓵ; ꟻI;-.ꓕO: ZI; ꓘ,-. Xꓵ:-LIU:-HO:-CI. -. ɾU: K, LO Bꓶ: DI SE; Nꓯ ꟻI;-. HW: ꟻꓶ HW: MI Bꓯ LO Xꓵ: ꓕI: ꓛO ꓤꓱ: M: D= ③ NYI

LI Jꓵ, KW Kꓶ NY SI, ZI LO ZI Tꓯ. A: ꓘꓶ. X W KU.-. B.. YE ꓕꓯ, SI. Kꓶ W FI= ④ PO-ꓯ-TO-Yꓯ, X, ꓕꓯ,-.LIU:-SW;-ꓕO: BE LO MI Hꓶ: WO: YI M NY A: ꓘꓶ. ꓞ ꓕꓯ, DI.. YI KU.-. PO-ꓯ-TO-Yꓯ, NY HO Tꓯ. Nꓶ; W ꓕꓯ, JI: A: ꓘꓶ. Z: L KU.-. ꓤꓱ: DO ꓕꓯ, NI, ꓞ ꓞI: Kꓶ ꓛꓵ ꓥ= ⑤ A. NO Hꓶ:-.A. NO WO:YI-.ꓥ, NY NI. Bꓯ; Vꓱ, T D SE: ꓥ=

ꓞ:-YO: ꓞI; M A LI X, M= ꓞ: YO: ꓞI; M NY ꓞ: YO: BE NI. Bꓯ: Vꓱ, T SI. X, DO L_M Bꓶ: DI SE; Nꓯ ꓞI; ꓕI: Xꓵ: ꓥ= ꓕI M NY YI. ꓒY: HO: YI Jꓵ, KW ꓤꓱ: ꓕꓯ,-. Mꓵ: ꓛU: FI. KW NY. M Bꓯ LO Bꓶ: DI NY, L M BE ꓕI LI Xꓵ: YI. ꓩU YI. ꓤ: Tꓯ. SE; W D ꓥ= YI. ꓞI; ꓕI M NY SI, ZI LO ZI BE Mꓵ: Sꓯ; LO Sꓯ; Tꓯ. X W DU M: JO-. Mꓶ R ꓤꓱ: D ꓥ-ꓞ: YO: ꓞI; M NY A: ꓘꓶ. ꓘ, M: ꓘ, M Tꓯ. C, NE X, ꓤꓱ: ꓛꓵ-. ꓞ: YO MY: NE Kꓶ Xꓵ: BE NI. NE Kꓶ NYI: Xꓵ: JO ꓥ=

(1) ꓞ: YO: A. TI. ꓤ: Kꓶ M= ꓕI M NY ꓞ: YO BE YI JY ꓕI: Xꓵ: 2 CI.-. MI: Gꓵ; ꓞI; 60 LO: ꓤꓱ: SI. X, ꓥ= MI: Gꓵ; ꓞI; M YI. Hꓶ: B: Kꓶ SI. YI ꓞ KW TI, JI: LE FI-.ꓞ: YO: M 70 TU, JW, LO YI ꓞ KW TI, W FI (Lꓯ: ꓒꓯ, TI. M: D ꓤO: ꓞ FI-. C. ꓞ FI NY M: D ꓞ ꓞ T. LO ꓞ: YO: M YI ꓞ TI, JI H, M MI; Gꓵ; ꓞI: KW Kꓶ SI.-.Lꓯ: Xꓵ Kꓶ Lꓯ: Xꓵ Gꓵ W FI-. Fꓯ, NY Nꓯ ꓞI; WO: YE ꓒE. DU KW CO. NYI: ꓕO ꓒE. W FI-. ꓞ: YO M 48.5% JW, FI= YI JY 10 M ꓞ: YO: ꓕꓯ: SI 10 ꓩU.

MY: NE Kꓶ SI. ꓤꓱ: NE WO.. DO; YI. NYI M Tꓯ. ꓒE. CI; Bꓯ Bꓶ: DI Lꓯ, DI Tꓯ. A: ꓘꓶ. K: W D ꓥ= WO.. DO; Tꓱ; Jꓵ, KW ꓤꓱ: W ꓥO Bꓯ ꓝ: YO 1 ꓣU. ꓕꓯ, YI JY 100 ꓣU. Kꓶ W FI ꓛꓵ ꓥ=

8 VE;-. A: ꓘꓶ. JI_M WO.. DO; Tꓶ Sꓷ. NI,

66 A: ꓘꓶ. JI_M WO.. DO; Tꓶ Sꓷ. NI, NY NY A MY Xꓵ: JO NE?

(1) Tꓶ Tꓶ. M JI Xꓵ: HW W FI=ꓕI M NY “KUꓷ; C BE ꓕI: Mꓵ: GU ꓕI: Mꓵ: KW A: ꓘꓶ. JI_M Tꓶ Tꓶ. Tꓯ. Tꓯ ZO: FI”Bꓯ_M CW CW ꓛO W FI Bꓯ NY, M ꓥO= Tꓶ Tꓶ. SI ꓕꓯ, A: MY, Tꓶ JI Tꓶ. KW SI W FI-.MI HW: JI Xꓵ: SI W FI-.A: ꓘꓶ. JI_Xꓵ: W: ꓘW: ꓝI; M 2% JW, LE FI-.YI JY YI MI JW, FI-. Mꓵ: Sꓯ; JI Xꓵ: Mꓵ: SI W FI-. JY CY, LO T 5 ꓕꓶ, YI. ꓘU: KW M: XY Xꓵ: ꓶ L Tꓶ. ꓕ: JW, FI-. Tꓶ Tꓶ. KW KW: Xꓵ: S FI-. YI JY-. J: ꓤꓱ: S FI-. JY GU JY MI K. ꓘO: LE FI (Mꓵ: Sꓯ; FI-. YI JY JO-. MI HW: JI FI)=

(2) WO.. DO; LI. ꓤ: M SI ZO: LE FI= WO.. DO; Tꓶ ꓕꓯ, GO Xꓵ: Mꓵ: Tꓯ. Tꓶ ꓕ: Xꓵ: MY: ꓶ Tꓶ W FI= NE. Bꓯ; Mꓵ: KW CO. HW Tꓶ Xꓵ: NY JI JI Tꓶ ꓤ, NYI GU ꓕꓯ, SI.

Tᒣ D Λ= A: ꓘᒣ. Tᒣ ꓕ: XՈ: WO.. DO; 8 ɾU. ꓕ∀, NE. B∀; ꓕI: ɾU. ƆI Tᒣ D-.Λ, NY A: ꓘᒣ. Tᒣ ꓕ: XՈ: NYI XՈ: M: ꟻI M ꓕI: W Tᒣ W FI= A: ꓘᒣ. JI_M WO.. DO; LI. ꓤ: F. Tᒣ ꓕ∀, KUɑ; C NE Λ, NY GO XՈ: MՈ: NE YI. FI. Tᒣ T. M T∀. ZO: XՈ: Tᒣ ƆՈ Λ=

(3) WO.. DO; Tᒣ Sɑ. NI,= ① Tᒣ JՈ,=Tᒣ JՈ, M NY JY FI. SI, dY: ꟻE., HO: ꓕI: FI. M KW CO. MՈ: NU SI, dY: YI. NYI NՈ: FI. ꓕ∀, Tᒣ W FI= ② A LI Tᒣ N, M= ꓕI M NY Tᒣ Tᒣ. KW MՈ: ꓤ: LO ꓤ: A LI T.-. Tᒣ Sɑ. NI, A MY ꓤO: JO M T∀. C, NE ZI; ZI; Tᒣ Λ, NY G: L∀; ꓤ: Tᒣ M C, NYI W FI= B∀ NYI ꓕ∀,-. 5~6 MI ƆI-. Λ, NY 7~8 MI ƆI KU, NE Tᒣ W FI-. WO DO; ZI Y∀. ꓘW NY Z WO: LO WO: Tᒣ XՈ: NY 6~8 MI Λ, NY 10~12 MI ƆI KU, W FI ƆՈ= WO DO; NI, ꟻ DƎ; L XՈ: NY 3~4 MI KU, W FIΛ, NY 4~5 MI KU, W FI= ③ Tᒣ Tᒣ. X, M BE X, ΛO:=Tᒣ ꓕᒣ. M NY 11 V KW CO. K. NY. ꓕI: ꓘO; 3 V KW X, W FI=YI. ꓘU.. CU. M NY G: PO. CO. PO. M MI KW MI 100 LI: MI JW, FI-.YI. ꓘU: KW Kᒣ DU NƎ. VƎ: BE D∀: S∀ ꓕI: DU NƎ. VƎ: M YI. ꓘᒣ: KW Ɔ, W FI= YI. ꓘU.. ꓕI: ꓘU: KW NY JՈ: ꓘE: CI. d.. 50~60 CI. Kᒣ W FI-.D∀: S∀ ꓕI: DU NƎ. VƎ: M ꓕI: W BE: GU ꓕ∀, SI. Tᒣ Tᒣ. KW Kᒣ W FI= ④ WO.. DO; ZI Tᒣ T. Mᒣ: JY: KW ƆՈ: YE-.ꓘƎ, YE XՈ: YI. CI M SI W FI= Tᒣ ꓕI: B, M NY NE. ZI; d;

L; Kꓶ W FI-. “ꓕI: ZI Tꓶ ꓕꓯ,S Xꓵ: Kꓶ W FI-. NYI: F. TO; NYI. W FI”Bꓯ M CW CW YE W FI-. YI. LI. ꓤ: M LU., LU. ꓤ: Tꓶ W FI-. YI. LI. ꓤ: M YI. CI ꓛO W FI-. YI. LI. ꓤ: M MI Nꓯ ꓕꓯ: SI 2~3 LI:-MI ꓛI DO L FI=

(4) CI. ꓒ.. BE YI. JY Tꓯ. KW: Xꓵ: M= ① MI HW: Tꓯ. KW: M= WO.. DO; LI. ꓤ: Tꓶ H, GU ꓕꓯ, JI JI RO L FI TO: Pꓶ. DU-. YI. MI MO; ꓛꓵ-. Nꓱ. Vꓱ: GO: ꓕI: ꓛꓵ ꓥ= WO.. DO; ZI A. LI. ꓤ: T. SE: ꓕꓯ, NY A. NO-. LU: ſꓱ Bꓯ LO Xꓵ: Tꓶ CY; D ꓥ= ꓕI: Xꓵ: LI. M: Tꓶ CY; H, M WO.. DO; Tꓶ Tꓶ. KW NY MO; A MY ꓤO: JW, L M Tꓯ. C, NE YI. MI MO; W FI-. ꓕI: ꓘO; M: JO LI. 4 V V ꓝE, KW CO. 8 V V ꓒU ꓕI: Jꓵ, M NY YI. MI MO; ꓛꓵ-. NE. Vꓱ: GO: ꓕI: ꓛꓵ= A: L 3~4 ꓕO ꓛI MO; ꓛꓵ ꓥ= A: Bꓶ, LI Kꓶ LI_M WO.. DO; ZI NY M: D: M NY YI. ZI CI KW ꓥ.. ꓒO, ꓛꓵ ꓥ= ꓕI M NY Mꓵ: NU FI.-. ꓝ FI.-.JY FI. KW ꓥ.. ꓒO, W FI= Mꓵ: NU FI. NY YI. NYI Nꓵ: FI. G: Lꓯ: G: JI ꓥ.. ꓒO, W FI-. Mꓵ: NU FI. KW BE JY FI. KW NY Mꓶ: V LI GU K. NY. SI. ꓥ.. ꓒO, D ꓥ= ꓥ.. ꓒO, GU ꓕꓯ, MO; ꓤ: Xꓵ. ꓤ: M YI. CI KW PO: ꓕI: W FI ꓛꓵ= ꓥ.. ꓒO, M NY A: MY, ꓘO; LO; Xꓵ: ꓕꓯ, W ZI Nꓯ. NE ꓥ.. W FI ꓛꓵ-.A: L 60~80 LI: MI Nꓯ. NE ꓥ.. W FI-.Xꓱ SI MO. M NY 50 LI: MI ꓛI ꓥ.. ꓒO, W FI-. Gꓶ ꓶI. NE YI. CI Tꓯ. CU. W FI M: D-. ꓕI: ꓘO; 2 ꓕO ꓥ.. ꓒO, W FI=

② CI. d.. A MY ꓣO: K⅂ M NY MI HW A LI T.-. WO DO; ZI RO JI RO M: JI B∀ LO X∩: T∀. C, A NE M: ⊥: M VYI; NYI KW WO DO; ZI A LI T. M T∀. C, NE K⅂ W FI Ɔ∩= J∩: ꓘE: CI. d.. MY: ⅂ K⅂ W FI-. HW, ɾE: CI. d.. A. TI. ꓣO: LI: K⅂ W FI= CI. d.. M NY YI. ZI CI. G: L∀: G: JI KW CO LO LO K⅂ W FI= ③ YI JY K⅂ M= 3~4 V NY M∩: NU FI. CI. d.. K⅂-.YI. MI MO; FI. Λ SI.-. YI. NYI N∩: L ⊥I: J∩, M KW YI JY K⅂ W FI= 5~6 V NY YI. WE WE-. WO.. DO; DƎ; J∩, Λ SI. YI JY A: MY. K⅂ W FI Ɔ∩-. M∩: ꓘU: ꓘ, NE T. L CI; B∀ YI. JY NI, Ⅎ ꓣO: K⅂ W FI Ɔ∩ Λ= 10~11 V NY YI. dY: HO: YE FI. Λ SI.-. CI. d.. K⅂ M T∀. C, NE YI JY A: MY, ꓣO: ⊥I: HW, K⅂ W FI= YI JY L∀.. T⅂. KW ZO: ΛO B∀ YI JY M X∩ W FI=

(5) YI. L∀: K. HO: M =WO.. DO; T⅂ T⅂. KW M∩; S∀: LO S∀;-. MI HW:-. A. X∩: T⅂ ⊥:-. A LI KW: X∩: NY, B∀ LO X∩: T∀. C, NE YI. L∀: K. HO: W FI Ɔ∩-. ⊥I M NY M: D M N: M⅂: Ⅎ KO W FI-. MI: VI JO; W FI-. WO.. DO; M YI. NYI KW_LI: DƎ; L M T∀. RO MO W FI-. YI. ZI BE YI. L∀; K. FƎ.. H, M ZO: N K⅂ LE FI-. WO.. DO; A: MY, DƎ; L FI TO: M ΛO=

(6) WO.. DO; WE BE WO.. DO; T∀. PO: M= WO.. DO; WE WE J∩, KW NY TO: TO: L: ꟻO NE YI. WE H⅂: N⅂; LE

FI ꓥO: YE SI.-. WO.. DO; A: MY, Dꓱ; L FI ꓛꓵ ꓥ= ꓕI M NY WO.. DO; ZI M A LI T. M Tꓯ. C, NE YI. WE BE YI. Lꓯ: K. M JI JI HO: W FI-. A. TI. ꓤ: M WO.. DO; Lꓯ: K. BE ꓕI LI Xꓵ: YI. K. Dꓯ Dꓱ; H, M WO.. DO; M HO: W FI-. WO.. DO; M ꓕI: LI, ꓤO: Dꓱ; L FI=

(7) Bꓶ: DI Lꓯ, DI Tꓯ. K: M = “K: M NE YI. CI YE-.-. Sꓷ. N, JO JO K: W FI-.Jꓵ: K CW CW YE W FI-.JI ꓥO: MY: ꓶ ꓤꓱ; W FI”Bꓯ M Tꓯ. ꓛO=Bꓶ: DI Lꓯ, DI A LI JW, L-.ꓒU A MY Tꓶ: LI KU. M Tꓯ. C, NE-.Sꓷ. NI, ꓤꓱ: W FI-. Bꓶ: DI Lꓯ, DI JW, M M Tꓯ. K: W FI= SI, ZI Tꓶ M Tꓯ. KW: Sꓷ. NI,-. MYꓱ: YE Sꓷ. NI,-. Sꓯ. Xꓵ: Sꓯ. Jꓵ: Tꓶ Sꓷ. NI, Bꓯ LO A: MY, Xꓵ: ꓤꓱ: SI. NE K: W FI= KUꓷ; C NE Sꓯ. Xꓵ: Sꓯ. Jꓵ: Tꓶ M KW N Bꓯ: ꓶ M Tꓯ. K: W FI Bꓯ M Tꓯ. ꓛO W FI-. L: ꓞO Tꓯ. N Bꓯ: ꓕ: ꓶ W FI= A: ꓘꓶ. Tꓶ ꓕ: Tꓶ. KW Tꓶ W FI-. YI. N N L-. Bꓶ: DI Lꓯ, DI JW, L M Tꓯ. TO, HW. LO Xꓵ: WO.. DO; MY: ꓶ Tꓶ W FI= Tꓶ H, GU ꓕꓯ, JI JI KW: Xꓵ: W FI-. YI. MI MO;-. NE. Vꓱ: ꓕI: W FI-. YI. Lꓯ: K. HO: W FI-. Bꓶ: DI Lꓯ, DI ꓕ: JW, L FI-. Tꓶ Tꓶ. KW XY XY G; G; ꓤ: YE W FI-. Sꓯ. Xꓵ: Sꓯ. Jꓵ: MY: L FI-. KUꓷ; C NE ꓤꓱ: M: D Bꓯ LO Xꓵ. MU Nꓯ ꓞI; ꓤꓱ: M: D-. DO; A: ꓘꓶ. M: K, Xꓵ: Xꓵ. MU Nꓯ ꓞI; ꓤꓱ: W FI-. Xꓵ. MU Nꓯ ꓞI; M ꓕI: FI. KU, GU ꓕꓯ, SI. ꓕI: HW, ꓤꓱ: W FI=

(8) WO.. DO; TI. M= WO.. DO; NY ꓝE., Jꓵ, ꓛI ꓕꓯ, JI JI TI. W FI ꓛꓵ= Gꓶ LI. YI. Jꓵ, ꓛI SI. TI. D-. M: M ꓕꓯ, LI TI. M: D=

(9) WO.. DO; XW M BE GO V M= WO.. DO; NY A: ꓘ. JI_M DO; M: K, LO Xꓵ: SU. LY. ꓒY. NE ꓕꓱ, W FI-.ꓥ, NY ZI: MU NO NE Kꓶ W FI= GO V DU M NY XY XY ꓤ: T. ꓛꓵ-. DO; K, Xꓵ: ꓕI: W Kꓶ M: D-. ꓕI: W GO M: D= XW ꓛ, ꓕꓯ, JY FI. ꓤ: T.-. MI: VI ꓒI: W-. ꓛO, ꓛO, ꓤ: T.-. Mꓶ: V ꓕO, M: W-. DO; M: JW,-. XY XY ꓤ: T. Xꓵ: KW ꓛ, W FI=

A: ꓘ. JI_M WO.. DO; NY JI_M Mꓵ: KW Tꓶ T.-. JI JI ꓨ; XW H,-. JI JI GO V W-. Xꓵ. MU Nꓯ ꓝI; M: Kꓶ H,-. M: XY LO Xꓵ: A: ꓘ. ꓶ M: W-. KUꓷ; C NE YI. FI. Tꓶ T. M Tꓯ. Tꓯ ZO: LO Xꓵ: WO.. DO; Tꓯ. Bꓯ ꓥ= ꓕI LI LO Xꓵ: NY Tꓶ-. ꓨ; XW-. GO V-.JI M: JI M ꓛ: NYI Bꓯ LO Xꓵ: A: Jꓵ: LI. Tꓯ DU CW C WYE W-. ꓕI M Tꓯ. MO. KW: Tꓶ. NE ꓛ: NYI-.ꓤ, NYI GU SI. D Bꓯ ꓝE, ꓛꓵ-. LI: LI: NY Sꓷ ꓕI: F. M XI: Fꓷ, MYꓱ: YE Tꓶ. NE D ꓥ Bꓯ ꓝE, GO: ꓛꓵ ꓥ=

(1) A: ꓘ. JI_M WO.. DO; Tꓶ Tꓶ. JW, LE FI= A: ꓘ. JI_M WO.. DO; Tꓶ Tꓶ. NY A LI LI. Sꓯ. Xꓵ: Sꓯ. Jꓵ: MY:-. TI. Nꓶ: TI. JI KW YI. Xꓵ: YI. Jꓵ: X, WU: Tꓶ. M: JO-. Fꓯ, NY LO ꓒꓱ-. MO DO JY GU-. BYꓱ VI N: Tꓶ.-. MO DO N: Tꓶ.-. ꓝ: ꓒU: N: Tꓶ. Bꓯ LO Xꓵ: Tꓯ. ꓶ R KU, W FI-. M: XY

ꓫꓵ: ꓩꓴꓔ ꓶ. ꓕ: ꓙꓳ ꓝꓲ= ꓪꓳ.. ꓓꓳ; ꓔꓶ ꓔꓶ. ꓗꓪ ꓠꓬ ꓟꓵ: ꓢꓯ; ꓙꓲ ꓛꓵ-. ꓟꓲ ꓧꓪ: ꓙꓲ ꓛꓵ-. ꓬꓲ ꓙꓬ ꓗꓶ ꓢ ꓛꓵ= ꓡꓲ: ꓡꓲ: ꓕꓲ ꓡꓲ ꓡꓳ ꓫꓵ: ꓮ: ꓙꓵ: ꓡꓲ. ꓗꓴꓷ; ꓚ ꓫꓵ. ꓟꓴ ꓟꓬꓱ: ꓬꓰ ꓟ ꓔꓯ. ꓗꓪ: ꓔꓶ. ꓠꓰ ꓬꓲ. ꓝꓲ. ꓫꓪ ꓭ; ꓧ, ꓟ ꓔꓯ. ꓔꓯ ꓜꓳ: ꓛꓵ ꓥ= ꓔꓶ ꓔꓶ. ꓗꓪ ꓠꓬ ꓙꓲ ꓫꓬ ꓫꓬ ꓤ: ꓬꓰ ꓪ ꓝꓲ-. ꓒꓴ: ꓡꓳ ꓓꓵ: ꓔꓶ. ꓐꓯ ꓡꓳ ꓫꓵ: ꓗꓪ ꓚꓳ. ꓑꓶ. ꓛꓵ: ꓑꓶ. ꓠ ꓫꓪ ꓡ ꓫꓵ: ꓧꓳ. ꓟ: ꓓ-. ꓗꓳ ꓬꓯ: ꓟꓬꓱ: ꓬꓰ ꓔꓶ. ꓗꓪ ꓚꓳ. ꓟ: ꓫꓬ ꓫꓵ: ꓬꓲ ꓙꓬ ꓬꓲ ꓟꓲ ꓩꓴ ꓓꓳ ꓟ: ꓓ-. ꓡꓳ ꓒꓱ ꓗꓪ ꓬꓲ ꓙꓬ ꓟ: ꓫꓬ ꓗꓶ ꓡꓰ ꓝꓲ ꓟ: ꓓ-. ꓟ: ꓥ ꓥꓳ ꓐꓯ-. ꓧꓳ ꓕꓱ ꓧꓳ ꓟꓲ ꓐꓯ ꓡꓳ ꓫꓵ: ꓓꓲ.. ꓬꓰ ꓡ ꓢꓲ.-. ꓪꓳ.. ꓓꓳ; ꓔꓶ ꓔꓶ. ꓐꓰ ꓬꓲ ꓙꓬ ꓗꓪ ꓟ: ꓙꓲ ꓠꓰ ꓡ ꓗꓴ. ꓥ=

(2) ꓮ: ꓘꓶ. ꓙꓲ ꓡꓳ ꓫꓵ: ꓪꓳ.. ꓓꓳ; ꓔꓶ ꓔꓶ. ꓟ ꓮ ꓡꓲ ꓜꓳ: ꓤ: ꓠ, ꓟ ꓬꓲ. ꓝꓲ. ꓔꓶ ꓪ ꓝꓲ= ꓮ: ꓘꓶ. ꓙꓲ ꓫꓵ: ꓪꓳ.. ꓓꓳ; ꓔꓶ ꓟ ꓠꓬ ꓟꓲ ꓧꓪ:-. ꓚꓲ. ꓒ..-. ꓔꓶ ꓥꓳ:-. ꓑꓳ: ꓥꓳ: ꓕꓲ ꓟꓬ ꓫꓵ: ꓔꓯ. ꓜꓳ ꓧ, ꓥ-. ꓕꓲ ꓟꓬ ꓫꓵ: ꓟ ꓬꓲ ꓙꓲ ꓡꓰ ꓕꓯ, ꓮ: ꓘꓶ. ꓙꓲ ꓫꓵ: ꓪꓳ.. ꓓꓳ; ꓔꓶ ꓪ ꓓ ꓥ= ꓮ ꓡꓲ ꓡꓲ. ꓟ: ꓕ: ꓟ ꓪꓳ.. ꓓꓳ;-. ꓟ: ꓕ: ꓟ ꓬꓲ. ꓫꓵ: ꓐꓱ ꓠꓰ ꓔꓶ ꓪ ꓝꓲ ꓚꓳ,-. ꓔꓶ ꓟꓵ: ꓮ ꓡꓲ ꓔ. ꓟ ꓔꓯ. ꓚ, ꓠꓰ ꓔꓡ ꓪ ꓝꓲ ꓚꓳ,-. ꓙꓲ ꓡꓳ ꓢꓷ. ꓠꓲ, ꓤꓱ: ꓗꓴ. ꓛꓵ-. ꓢꓷ. ꓠꓲ, ꓙꓳ ꓙꓳ ꓔꓶ ꓤ, ꓒꓰ ꓡ ꓝꓲ-. ꓟꓲ ꓧꓪ: ꓫ, ꓡꓶ.-. ꓚꓲ. ꓒ.. ꓗꓶ-. ꓬꓲ ꓙꓬ ꓗꓶ-. ꓬꓲ. ꓡꓯ: ꓗ. ꓧꓳ:-. ꓑꓳ: ꓥꓳ: ꓗꓪ: ꓥꓳ:-. ꓐꓶ: ꓓꓲ ꓡꓯ, ꓓꓲ ꓔꓯ. ꓗ: ꓥꓳ:-. ꓬꓲ. ꓙꓵ, ꓚꓪ ꓚꓪ ꓪꓳ.. ꓓꓳ; ꓨ; ꓥꓳ-. ꓪꓳ ꓓꓳ; ꓐꓱ ꓫꓪ ꓥꓳ:-. ꓖꓳ ꓦ ꓥꓳ: ꓮ: ꓙꓵ: ꓡꓲ. ꓢꓷ. ꓠꓲ, ꓚꓪ ꓚꓪ ꓬꓰ ꓛꓵ ꓥ=

(3) ꓐ: ꓓꓲ ꓡꓯ, ꓓꓲ ꓜ: ꓡ ꓟ ꓔꓯ. ꓣ ꓟꓳ ꓮ ꓠꓰ ꓗ: ꓪ ꓝꓲ-. ꓫꓵ.

MU Nꓯ ꓝI; ꓤꓱ: M Tꓯ. JI JI KW: W FI= WO.. DO; ZIT ꓯ Gꓶ NE Bꓶ, DI Lꓯ, DI A: ꓘꓶ. Z: L KU. SI.-. JI JI JI ꓤ: R MO W FI ꓛꓵ ꓥ= ꓕI M KW M: D M NY WO.. DO; Tꓶ Tꓶ. KW Sꓯ. Xꓵ: Sꓯ. Jꓵ: JW, LE FI-. WO.. DO; ZI Tꓯ. JI JI KW: W FI-. Sꓯ. Xꓵ: Sꓯ. Jꓵ: Tꓯ. PO: W D LO Xꓵ: Tꓶ T W FI-. Jꓱ: ꓤ: M ꓝI NE ꓒY, Nꓶ; L M Tꓯ. R MO W FI ꓛꓵ= Xꓵ. MU Nꓯ ꓝI; ꓤꓱ: Tꓯ. SI Bꓯ NY YI. Pꓶ. MO D-. YI. DO; A: ꓘꓶ. M: K,-.Mꓵ: ꓤ: LO ꓤ: Tꓯ. X M: W Xꓵ: MY: ꓶ ꓤꓱ: W FI-. DO; K, LO Xꓵ: A: ꓘꓶ. ꓕ: ꓤꓱ:-. Tꓯ ꓥO: Bꓯ C:-P,-YI:-. YI:-P,-C:-. JIU-XAO,-LI:-. TUI,-LIU:-LI:-. C:-CI-TUI,-LIU:-LI:-.C:-A-LI:-.C:-CI-YI.-YI:-LI:-.Y:-HW,-LO:-KO..-.LI:-A-.ꓘꓶ:-Pꓯ:-WE..-.ꓕI.-MI.-WE..-.LI:-T-. ME-ɾU:-Sꓷ Bꓯ LO Xꓵ: ꓕ: ꓤꓱ: W FI= A-WE:-Cꓱ.-SU. NY YI. DO; A: ꓘꓶ. K, SI. A: ꓘꓶ. JI Xꓵ: WO.. DO; Tꓶ M KW ꓤꓱ: M: D-. Gꓶ SI. ꓕI Xꓵ: YI. ꓝI; Vꓱ SI. X, DO L_M Xꓵ. MU Nꓯ ꓝI; NY YI. ꓝI; A. TI. ꓤ: Vꓱ H, (1.8% GU SI LI: JO ꓕ:)ꓕ: ꓤꓱ: D ꓥ=

(4) Sꓷ. NI, JO JO CI. ꓒ.. Kꓶ W FI= WO DO; Tꓶ Tꓶ. KW NY Jꓱ: ꓘE: CI. ꓒ.. BE A: MY, Xꓵ: Vꓱ H, M CI. ꓒ.. Kꓶ W FI-. HW, ɾE: CI. ꓒ.. Kꓶ ꓕꓯ, A: ꓘꓶ. R MO W FI-. WO.. DO; BE MI HW: Tꓯ. X W L M Tꓯ. R MO W FI-. HW, ɾE: CI. ꓒ.. BE Jꓱ: ꓘE: CI. ꓒ.. Kꓶ D-. T. ꓝI; K, Xꓵ: BE T. ꓝI; M: K, Xꓵ: Kꓶ M NY A: L TI MY ꓛI ZO: LE FI=

(5)WO.. DO; M A: ꓘꓶ. JI M: JI M ꓛ: NYI W FI= ꓕI M NY WO.. DO; ꓭ; L GU ꓕꓯ, Tꓯ DU YI. FI. M Tꓯ. ZO: FI-. Fꓯ, NY JI JI ꓣ: ꓛ: NYI GU SI.-. Xꓵ. MU Nꓯ ꓝI;-. HO ꓱꓕ Bꓯ LO M: JI Xꓵ: YI. Xꓵ: YI. Jꓵ: K, M NY KUꓷ; C NE Tꓯ DU YI. FI. Tꓶ T. M Tꓯ. ZO: ꓛꓵ-. Kꓶ DU-. GO V ꓥO:-.GO V DU ꓕI MY Xꓵ: M A: Jꓵ: LI. XY XY ꓣ: T. ꓛꓵ-.YI. Bꓵ; ꓕ: JW, FI=

67 MI HW: KW M: XY LO Xꓵ: ꓶ L N, M A MY Xꓵ: JO NE?

MI HW: KW M: XY LO Xꓵ: ꓶ L Bꓯ M NY MI HW: M KW M: JI LO Xꓵ: JW, L M Tꓯ. Bꓯ ꓥ= ꓕI LI LO Xꓵ: NY MI HW: Tꓯ. X W KU.-. WO.. DO; ZI M M: JI L KU.-. WO.. DO; M M: JI L KU. ꓥ= LI: LI: ꓕI LI LO Xꓵ: NY ꓝO ꓣ: KO Dꓱ: Tꓯ. LI. A: ꓘꓶ. X W L KU. ꓥ= ꓕI M LI: LI. M: ꓝI SE:-. M: JI LO Xꓵ: ꓕI Xꓵ: NY Mꓵ: Sꓯ; KW ꓝO LE SI. Mꓵ: Sꓯ; M Tꓯ. Kꓶ A: ꓘꓶ. X W L KU. ꓥ= ꓕI M NY MI HW: KW DO; K, LO Xꓵ: M A: MY, JW, LE ꓕꓯ,-. Sꓯ. Xꓵ: Sꓯ. Jꓵ: Nꓯ.; KW Dꓵ: LE-. YI. Sꓶ: KW Dꓵ: LE KU.-. KO Dꓱ: Tꓯ. X W L ꓥ= MI HW: Tꓯ. X W L KU. M NY ꓕI MY Xꓵ: JW, ꓥ=

(1) HW, ɾE: CI. ꓒ.. Bꓯ LO Xꓵ:= MI HW: KW NY HW, ɾE: CI. ꓒ.. Bꓯ LO Xꓵ: BE MO; SE; Nꓯ ꓝI; NE ꓶ W M MY:

ꓥ= Tꓯ ꓥO: Bꓯ LU:-LU:-LU: Nꓯ ꓝI;-. S T BE A,-Xꓵ.-CI. Bꓯ LO Xꓵ:= LI: LI: NY LIU:-LI: BE M-L:-LIU:-LI: Bꓯ LO Xꓵ. MU Nꓯ ꓝI; Bꓯ LO Xꓵ:-. A-CI-C:-SW-Cꓵ Bꓯ LO Xꓵ: NY MI HW: KW Dꓵ: LE K. NY. Bꓱ WU. M: N-. LI: LI: NY Mꓶ R LI. M: HO: YE L-. MI HW: Tꓯ. A: ꓘꓶ. X W L ꓥ=

KO Yꓯ: MYꓱ: YE M KW ꓤꓱ: M: ꓕO: Xꓵ:“S Xꓵ: ”M KW NY HW: ꓝꓶ HW: MI K, LO Xꓵ: A: MY, JO ꓥ-. Tꓯ ꓥO: Bꓯ ꓞE-. HW: ꓝꓶ-.TO- Lꓱ.-LY:-PE Bꓯ LO Xꓵ: Xꓵ. MU Nꓯ ꓝI; Gꓶ NE ꓤꓱ: MY ZI ꓕꓯ, MI HW: Tꓯ. A: ꓘꓶ. X W L KU.ꓥ= LI: LI: NY ꓝO JO M KW MI: GU: ꓝI; ꓤꓱ: FO_M YI JY-.SU. LY.-.ꓘE: ꓤꓶ: BE HW: ꓝꓶ HW: MI Gꓶ NE MI HW: Tꓯ. A: ꓘꓶ. X W L ꓥ=

(2) HO ꓕꓱ HO MI NE X W M=MI HW: Tꓯ. A: ꓘꓶ. X W L KU. Xꓵ: HO ꓕꓱ HO MI NY ꓝꓶ;-. Jꓵ: Bꓯ LO A: MY, Xꓵ: JO ꓥ= ꓕI LI LO Xꓵ: NY V MI KW JW, L GU K. NY. Jꓵ: YE M: D SI_Mꓶ R LO; ꓕꓯ, XW LI. XW ꓞU GU M: D= ꓕI LI Xꓵ: NE MI HW: Tꓯ. X W ꓕꓯ,-. YI JY Tꓯ. MY: ꓶ X W L KU= LI: LI: KO Yꓯ: MI: KW CO. ꓶ, LO Kꓶ Xꓵ: YI. Xꓵ: YI. Jꓵ: KW NY DO; K, LO Xꓵ. MU Nꓯ ꓝI; ꓕI: Bꓱ Nꓯ.; KW Dꓵ: YE KU. ꓥ=

(3) J: Sꓯ; NE ꓶ W L M= J: Sꓯ; Bꓯ LO Xꓵ: NE ꓶ YE L M NY Hꓶ: DO; K, LO Xꓵ: PO L GU K. NY. ꓝE., L Xꓵ:-.

TⱯ ɅO: BⱯ YⱯ:-FI-N⅂: KW CO. YI. WO: YE YI., L-. YI. SⱯ; B∩.. L-. YI. TⱯ. YI. Ⅎ⅂., L-. M⅂: V LI L ꓕⱯ, VƎ, L-. M: JI LO X∩: ⅂, LO H, M KW CO. ⅂ L BⱯ LO A: MY, X∩: JW, Ʌ=

(4) HW, ɾE: CI. d.. NE X L KU. M= MYƎ; YE LO. YE M KW NY T. ⅎI;-. LI: ⅎI; K, LO X∩: HW, ɾE: CI. d.. A: ꓘ⅂. ᴚƎ: NY, SI.-. MI HW: TⱯ. X W L KU. Ʌ= M: D M NY A-ꓕⱯ,-T.-ɾE: K, LO X∩: NY MI HW: KW YI. ⅎI; MTⱯ. A: ꓘ⅂. X W L SI.-. NƎ. VƎ: M YI. S⅂; L⅂; K⅂ LE L KU. Ʌ= LIU:- SW-A-. LƎ:-HW,-A BⱯ LO X∩: ᴚƎ: MY: ZI NY MI HW: KW B⅂: DI ᴚ: A: MY, JW, L KU.Ʌ= LI:-ɾE: CI. d.. ᴚƎ; MY, ꓕⱯ, MI HW: KW HO ꓕƎ HO MI A: ꓘ⅂. JW, L KU.-. LI:-SW-KⱯ. ⅎI;-. Ⅎ⅂; K, LO X∩: ᴚƎ: MY: ZI ꓕⱯ, DO; SⱯ; ɾU DO L KU. SI.-. MI HW: M KO, KO, M∩ K⅂ LE L-.C:-ɾE: CI. d.. ᴚƎ: MY: ZI ꓕⱯ, MI HW: M ɾU ɾU MU K⅂ LE L SI.-. T⅂ X∩: T⅂ J∩: M TⱯ. X W L KU. Ʌ= LƎ-LI:-FI K, LO X∩: ᴚƎ: MY ZI NY NE. BⱯ; T⅂ X∩: T⅂ J∩: M TⱯ. X W L KU. SE: Ʌ=

(5) B⅂: DI LⱯ, DI K, L KU. M= L: ⅎO BE JƎ: ᴚ: M ⅎI ꓘE: ᴚ⅂:-. N X, T⅂. KW XW ɾU L LO P⅂. Ɔ∩: P⅂. N KW NY MO M: D X∩: P⅂: DI LⱯ, DI A: MY, K, SI.-. L: ⅎO BU ꓕI LI X∩: TⱯ. N⅂; W ꓕⱯ, N B⅂ DO L KU. N BⱯ: ⅂ L KU. Ʌ= N

Bꓯ: ꓶ H, LO Xꓵ: MI Nꓯ KW CO. Tꓶ DO L M YI. Xꓵ: YI. Jꓵ: Z: W ꓕꓯ, L: ꓝO KO Dꓱ: Tꓯ. A: ꓘꓶ. X W L KU. ꓥ= ꓕI M Pꓶ. DU-. N X, Tꓶ.-. Jꓱ: Vꓱ Tꓶ. BE LO ꓒꓱ KW M: XY Xꓵ: YI JY Xꓵ. ꓩU Gꓶ NE MI HW M M: JI L KU. ꓥ=

68 A ꓘꓶ. JI LO WO.. DO; Tꓶ ꓕꓯ, Jꓱ: ꓘE: CI. ꓒ.. A LE Xꓵ; Kꓶ N T. NE?

(1) Pꓶ. ꓛꓵ: Pꓶ. N XW ꓛU H, Xꓵ:=X W Pꓱ.-.SI, ꓒY: ꓛꓵ:-. Xꓵ. Hꓶ: Bꓯ LO Xꓵ: M KW ꓘE:-. Rꓶ: Bꓯ LO Xꓵ: A. TI. Vꓱ T SI. ꓕI: FI. ꓤO: ꓩU, Kꓶ ꓕꓯ, A: ꓘꓶ. JI Xꓵ: CI. ꓒ.. LO; YE SI. ꓤꓱ: D ꓥ=

(2) YI JY Kꓶ SI. A: MY, Xꓵ: Vꓱ NE A’ DO L Xꓵ:= ꓕI M NY A: MY, Xꓵ: M KW YI. JY A’ DO L M Tꓯ. Bꓯ ꓥ-. Gꓶ LI. ꓕI LI Xꓵ: KW NY Bꓶ: DI Lꓯ, DI K, FI M: D=

(3) L: ꓝO ꓘE: Rꓶ:= Gꓶ LI. ꓕI Xꓵ: Kꓶ ꓕꓯ, A LI LI. Mꓶ R ꓩU, GU Xꓵ: SI. D ꓥ=

(4) Jꓱ: ꓘE:= ꓕI M NY A. MO:-. A. NYI:-. A. ꓛꓵ;-. A. Wꓯ; Bꓯ LO Xꓵ: BE A. B.-.ꓯ,-. O.. Bꓯ LO Jꓱ: ꓤ: M ꓝI ꓘE:-. M KW XW Pꓱ.-. Nꓱ. Vꓱ: Bꓯ LO Xꓵ: Vꓱ, SI. ꓩU, H, Xꓵ:-. ꓕI Xꓵ: Gꓶ Bꓶ: DI Lꓯ. DI JW, FI M: D=

(5) FAO ꓛI, Sꓯ; ꓤꓱ: DU CI. ꓒ..= ꓛO Pꓱ.-. XW Pꓱ. Bꓯ LO Xꓵ: KW Jꓱ: ꓘE: Vꓱ, SI. ꓩU, DO L Xꓵ: KW Bꓶ: DI Lꓯ,

DI M: JO CI; Bꓯ-. YI. Sꓯ; M A. TO. FI GU ꓕꓯ, Jꓱ: ꓘE: M V MI KW Kꓶ D ꓥ=

(6) Lꓱ: ꓣE: CI. ꓒ..= ꓕI M NY ꓒ.. ꓘꓶ, L SE: M SI. K. SI. MI ꓥ, NY MO; ꓤ: Xꓵ. ꓤ: M Nꓱ. Vꓱ: KW PO: ꓕI.. H,-. ꓥ, NY YI JY Kꓶ SI. ꓣU, TI.. GU Xꓵ; ꓥ= ꓕI Xꓵ: NY A. NO K. Bꓯ LO Xꓵ: T TI.. M K. BE YI. ZI YI. CW M Gꓶ NE JI JI ꓤ: JU, ꓛꓵ: LE GU ꓕꓯ, Tꓶ Tꓶ. KW Kꓶ D ꓥ=

(7) XW. K. XW Pꓱ. Bꓯ LO Xꓵ: NE ꓣU, DO L M= ꓕI Xꓵ: NY XW K.-. ꓛO Pꓱ.-. WO: ꓩꓶ Xꓵ. K. Bꓯ LO Xꓵ: M YI. Hꓶ: ꓕO, Kꓶ SI. Tꓶ Tꓶ. KW ꓛ, H,-. Tꓶ Tꓶ. KW CO. A. TO. Mꓶ. Kꓶ ꓕꓯ, ꓥO.. ꓕI: Kꓶ ꓕꓯ, D W=

(8) Z: Xꓵ: Z ZE.. H, LO Xꓵ:= WO: ꓩꓶ., Xꓵ. D LO Xꓵ: Z: Xꓵ: Z: Jꓵ: M Gꓶ CI. ꓒ.. YE D ꓥ= Tꓯ ꓥO: Bꓯ WO: ꓩꓶ., Pꓱ.-. A. NO Pꓱ.-. LU:-TI.-SO Pꓱ.-. Nꓱ. Pꓱ. Bꓯ LO Xꓵ: NY ꓕI: Cꓱ ꓤ: V MI KW LO Kꓶ D ꓥ=

(9) ꓛꓵ: YE LO Xꓵ: SI, ꓒY: LO ꓒY:= ꓕI LI LO Xꓵ: KW NY Sꓯ. Xꓵ: Sꓯ. Jꓵ: Tꓯ. W: ꓘW: ꓩI; A: ꓘꓶ. JW, LO Xꓵ: A: MY, K, SI. CI. ꓒ.. YE D ꓥ=

69 A: ꓘꓶ. JI LO Xꓵ: WO DO; Tꓶ ꓕꓯ, A LI LO Xꓵ: CI. ꓒ.. WU Kꓶ D Nꓱ?

(1) A: ꓘꓶ. JI LO Xꓵ: CI. ꓒ.. WU Kꓶ W FI= ꓕI M NY

ꓢꓲꓹ ꓒꓬꓽ ꓡꓳ ꓒꓬꓽ ꓛꓵꓽ꓾ ꓙꓱꓽ ꓤꓽ ꓟ ꓝꓲ ꓘꓰꓽ ꓐꓰ ꓠꓰꓸ ꓐꓯꓼ ꓛꓵꓽ ꓬꓰ ꓡꓳ ꓬꓲꓸ ꓫꓵꓽ ꓬꓲꓸ ꓙꓵꓽ ꓠꓰ ꓬꓲꓸ ꓚꓲ ꓬꓰ ꓢꓲꓸ ꓫꓹ ꓓꓳ ꓡ_ꓟ ꓚꓲꓸ ꓒꓺ ꓔꓯꓸ ꓐꓯ ꓥ꓿ ꓡꓲꓽ ꓡꓲꓽ ꓠꓬ ꓮꓸ ꓐꓸ ꓘꓰꓼ꓾ ꓮꓸ ꓛꓵꓼ ꓮ ꓣꓳ ꓘꓰꓽ꓾ ꓮꓹ ꓠꓬꓲꓽ ꓘꓰꓼ ꓐꓯ ꓡꓳ ꓫꓵꓽ ꓔ ꓔꓲꓺ ꓥ꓿

(2) ꓢꓲꓹ ꓑꓱꓸ ꓐꓯ ꓡꓳ ꓫꓵꓽ ꓗꓪ ꓠꓰꓸ ꓫꓹ ꓓꓳ ꓡ_ꓟ ꓬꓲꓸ ꓫꓵꓽ ꓬꓲꓸ ꓙꓵꓽ꓿ ꓕꓲ ꓟ ꓠꓬ ꓢꓲꓹ ꓒꓬꓽ ꓡꓳ ꓒꓬꓽ ꓛꓵꓽ ꓦꓱꓹ ꓔꓸ ꓡꓳ ꓫꓵꓽ ꓠꓲꓸ ꓦꓱꓽ꓾ ꓟꓶ ꓣ ꓛꓹ ꓖꓴ_ꓟ ꓟꓶꓽ ꓑꓱꓸ ꓟ ꓠꓬ ꓙꓲ ꓙꓲ ꓫꓹ ꓖꓴ ꓕꓯꓹ ꓚꓲꓸ ꓒꓺ ꓬꓰ ꓓ ꓥ꓿

(3) ꓟꓳ ꓟꓽ ꓓ_ꓟ ꓐꓶꓽ ꓓꓲ ꓤꓽ ꓗꓹ ꓡꓳ ꓫꓵꓽ ꓚꓲꓸ ꓒꓺ꓿ ꓕꓲ ꓟ ꓠꓬ ꓢꓲꓹ ꓚꓲ ꓢꓲꓹ ꓛꓵꓽ꓾ ꓟꓳ ꓟꓽ ꓓ_ꓟ ꓐꓶꓽ ꓓꓲ ꓤꓽ ꓗꓹ ꓡꓳ ꓫꓵꓽ ꓕꓲꓽ ꓐꓱ ꓟ ꓔꓯꓸ ꓐꓯ ꓥ꓿ ꓕꓲ ꓡꓲ ꓫꓵꓽ ꓗꓪ ꓠꓬ ꓪꓳ ꓓꓳꓼ ꓜꓲ ꓔꓯꓸ ꓪꓽ ꓗꓪꓽ ꓩꓲꓼ ꓮꓽ ꓟꓬꓹ ꓗꓹ ꓢꓲꓸ꓾ ꓕꓲ ꓡꓲ ꓫꓵꓽ ꓗꓶ ꓪ ꓚꓲꓼ ꓐꓯ ꓮꓽ ꓘꓶꓸ ꓜꓳꓽ ꓥ꓿

(4) ꓮꓽ ꓟꓬꓹ ꓫꓵꓽ ꓦꓱ ꓔ ꓧꓹ ꓡꓳ ꓫꓵꓽ ꓚꓲꓸ ꓒꓺ꓿ ꓕꓲ ꓟ ꓠꓬ ꓙꓱꓽ ꓤꓽ ꓟ ꓝꓲ ꓘꓰꓽ ꓐꓰ ꓢꓯꓸ ꓫꓵꓽ ꓢꓯꓸ ꓙꓵꓽ ꓕꓲꓽ ꓪ ꓨꓴꓹ꓾ ꓚꓲꓸ ꓒꓺ ꓮꓸ ꓔꓲꓸ ꓦꓱꓹ ꓓꓳ ꓡ ꓫꓵꓽ ꓚꓲꓸ ꓒꓺ ꓔꓯꓸ ꓐꓯ ꓥ꓿

(5) ꓒꓴꓽ ꓡꓳ ꓧꓶꓽ ꓗꓹ ꓡꓳ ꓫꓵꓽ ꓚꓲꓸ ꓒꓺ꓿ ꓕꓲ ꓟ ꓠꓬ ꓒꓴꓽ ꓡꓳ ꓧꓶꓽ ꓗꓹ ꓡꓳ ꓬꓲꓸ ꓫꓵꓽ ꓬꓲꓸ ꓙꓵꓽ ꓐꓰ ꓧꓪꓹ ꓫꓳꓽ ꓢꓷꓸ ꓠꓲꓹ ꓤꓱꓽ ꓢꓲꓸ ꓫꓹ ꓓꓳ ꓡ_ꓟ ꓚꓲꓸ ꓒꓺ ꓔꓯꓸ ꓐꓯ ꓥꓳ꓿ꓕꓲ ꓡꓲ ꓡꓳ ꓫꓵꓽ ꓚꓲꓸ ꓒꓺ ꓗꓪ ꓠꓬ ꓚꓽ-ꓨꓰꓽ꓾ ꓡꓲꓴꓽ-ꓢꓪꓺ-ꓚꓽ꓾ꓡꓲꓽ-ꓨꓰꓽ꓾ꓡꓲꓵꓽ-ꓧꓪꓽ ꓐꓯ ꓡꓳ ꓫꓵꓽ ꓮꓽ ꓟꓬꓹ ꓗꓹ ꓥ꓿

(6) ꓬꓲꓸ ꓒꓬꓽ ꓔꓯꓸ ꓡꓲꓽ ꓒꓰꓸ ꓓꓴ ꓚꓲꓸ ꓒꓬꓽ꓿ ꓚꓲꓸ ꓒꓺ ꓕꓲ ꓫꓵꓽ ꓠꓬ ꓬꓲꓸ ꓒꓬꓽ ꓔꓯꓸ ꓒꓰꓸ ꓗꓶ ꓕꓯꓹ ꓬꓲꓸ ꓜꓲ ꓕꓲꓽ ꓜꓲ ꓮꓽ ꓙꓵꓽ ꓔꓯꓸ ꓙꓲꓖ

U JE, L KU. ꓥ-. Gꓶ SI. ꓕI Xꓵ: CI. ꓒ.. KW NY HW, XO: Sꓷ. NI, ꓤꓱ: SI. X, LO Xꓵ: K, FI M: D=

(7) Vꓱ T H, M CI. ꓒ..= ꓕI M NY HW, XO: Sꓷ. NI, ꓤꓱ: NE JI LO Xꓵ: BE M: JI LO Xꓵ: CI. ꓒ.. ꓕI: W Vꓱ, SI. X, DO L Xꓵ: Tꓯ. Bꓯ ꓥ=

(8) YI. Xꓵ: M: C, Vꓱ T. LO Xꓵ: CI. ꓒ..= ꓕI Xꓵ: NY Jꓱ: ꓘE: CI. ꓒ..-. SI, ꓒY: LO ꓒY: ꓛꓵ: Hꓶ: Bꓯ LO Xꓵ: M ꓕI: Xꓵ: M A MY ꓤO: Vꓱ D M Tꓯ. C, NE X, DO L Xꓵ: CI. ꓒ.. ꓥ=

(9) ꓤꓱ: D SE: M NE. Bꓯ; CI. ꓒ..= ꓕI M NY DO; M: K, LO Z: Xꓵ: DO Xꓵ:-. Yꓯ; ꓒY.-. WO: TO Hꓶ:-. BY: X, MYꓱ: YE Tꓶ. Bꓯ LO Xꓵ: KW CO. XW ɾU L M Pꓶ. ꓛU: Pꓶ. N.. KW CO. X, DO L Xꓵ: Tꓯ. Bꓯ ꓥ=

70 A: ꓘꓶ. JI Xꓵ: WO DO; Tꓶ M KW CI. ꓒ.. Kꓶ M Tꓯ. YI. FI. A LI Tꓶ T. NE?

ꓕI:-. YI. FI. T T. M CW CW CI. ꓒ.. Kꓶ W FI-. XAO ꓞI; K, LO Xꓵ: Kꓶ M: D=

NYI:-. HW, ɾE: CI. ꓒ.. NY A LI LI. Jꓱ: ꓘE: CI. ꓒ.. Bꓯ LO Xꓵ: ꓕI: ꓛO Kꓶ W FI= T. ꓞI; M: K, Xꓵ: NY T. FI; K, ꓕꓯ: SI Kꓶ MY: FI=

S-. HW, ɾE: CI. ꓒ.. BE A: MY, Xꓵ: Vꓱ, LO CI. ꓒ..-.

SI: dY: LO dY: Ɔ∩: B∀ LO X∩: ⊥I: ƆO K˥ W FI=

LI-. LO dƎ KW P˥. Ɔ∩: P˥. N.. M NY A LI LI. JI JI ᴚ: X, GU ⊥∀, SI. K˥ W FI=

ɅW:-. XW PƎ.-. ƆO PƎ. B∀ LO X∩: NY V MI KW Ʌ.. dO, W FI-. LI: LI: NY T. ᖷI; A. TI. ᴚ: K, LO X∩: CI. d.. K˥ T W FI=

ƆO;-. MI HW: A LI T. M T∀. JI JI C, NYI GU ⊥∀, SI. CI. d.. A LI ᴚO: K˥ N T. M C, W FI-. T. ᖷI;-. LI: ᖷI;-. C: ᖷI; B∀ LO X∩: M JI JI SI SI. K˥ W FI=

X∩:-. FAO ƆI, S∀; ᴚƎ: DU JƎ: ꓘE;-. Z: ZƎ., DO ZƎ, X∩:-. JƎ: ꓘE: B∀ LO X∩: NY M: Ɔ∩; YE M˥: JY: K˥ M: D=

VE;-. Z B∩, B∀ LO X∩: NY S˥, S˥: LO S˥:-. WO: dY: WO: MI MY M: ᖷI K˥ D-. G˥ SI. M: MI X∩: NY K˥ M: D=

KU..-. YI. dY: KW_LI: dE. D LO CI. d.. M NY A LI. LI. K˥ CO, M CW CW K˥ W FI-. A: TO K˥ M: D=

ᖷI-. SI: dY: LO dY: Ɔ∩: K˥ M NY T˥ M˥: JY: KW LI K˥ CO, Ʌ=

71 A: ꓘ˥. JI X∩: WO.. DO; Ʌ LO K. CI ⊥O: ˥: M A LI DI: NE?

A: ꓘ˥. JI X∩: WO.. DO; T˥ K. CI ⊥O: ˥: DI: M NY CO

HW: Rꓶ: MI: KO, HO: KUꓷ; NO: Yꓯ: PU, NE Tꓯ DU YI. FI. Tꓶ T. M ꓥO= A: ꓘꓶ. JI Xꓵ: WO.. DO; Tꓶ ꓕO: ꓶ: DI: M NY NE. Bꓯ; A: ꓘꓶ. JI Xꓵ: YI. Xꓵ: YI. Jꓵ: Tꓶ M ꓕI: LI,-.YE CO, M CW CW YE ꓛꓵ ꓥ=

ꓕI:-. Sꓷ-.Xꓵ,-. CI,-Jꓵ,-ꓛꓱ KW Xꓵ. MU MYꓱ: Tꓯ. KW: Tꓶ. NY A: ꓘꓶ. JI Xꓵ: WO.. DO; Tꓶ A NE Tꓶ Tꓶ. A LI T. M JI JI ꓛ: NYI GU-. Fꓯ, 《A: ꓘꓶ. JI Xꓵ: YI. Xꓵ: YI. Jꓵ: D ꓕO: ꓶ:》Pꓶ GO: ꓛꓵ ꓥ=

NYI:-. Sꓷ ꓕI: F. M A: ꓘꓶ. JI LO YI. Xꓵ: YI. Jꓵ: Tꓶ M Tꓯ. KW: Tꓶ. NY 《A: ꓘꓶ. JI Xꓵ: YI. Xꓵ: YI. Jꓵ: Tꓶ D ꓕO: ꓶ:》DI: L M BE NE. Bꓯ; ꓕO: ꓶ: YI. F M JI JI ꓘO RU W FI-. YI. FI. Tꓯ. ZO: M: ZO: H,-. ꓕO: ꓶ: BO T. M LO; M: LO;-. YI. Cꓵ Tꓯ. ZO: M: ZO Bꓯ LO Xꓵ: JI JI ꓛ: NYI W FI-. Tꓶ Tꓶ. M JI M: JI-. YE CO, M CW CW YE NY, M: YE NY, ꓕI MY Xꓵ: Tꓯ. MO. ꓛ: NYI ꓛꓵ ꓥ=

S-. A: ꓘꓶ. JI LO YI. Xꓵ: YI. Jꓵ: Tꓶ Tꓶ. Tꓯ. ꓛ: NYI Tꓶ. NY-. ꓛ: NYI FI DU Tꓯ, L M Tꓯ. JI JIꓛ: NYI W FI ꓛꓵ ꓥ=

LI-. RO: KUꓷ; NO: Yꓯ: PU, KW Xꓵ. MU: MYꓱ:YE M KW YI. Xꓵ: YI. Jꓵ: Tꓶ T. M JI M: JI LO ꓛ: Tꓶ. NY-. Sꓷ ꓕI: F. ꓕI M Tꓯ. MO. MYꓱ: YE Tꓶ. Tꓯ. DI: ꓕO: ꓶ: M JI JI NYI FI ꓛꓵ-. YI. MYꓱ: YE M KW M: ZO: Xꓵ: YE M Tꓯ.

KW: Xꓵ: W FI ꓛꓵ-. YE MYꓱ: A LI YE NY, M BO TI.. W FI ꓛꓵ-. LI: LI: NY《ꓛ: NYI ꓕO: ꓶ:》M Tꓯ. JI JI ꓛ: Tꓱ, W FI ꓛꓵ ꓥ=

ꓥW:-. RO: KUꓷ; NO: Yꓯ: PU, Xꓵ. MU MYꓱ: Tꓯ. KW: Tꓶ. NY ꓛ: NYI W M CW CW-. Fꓯ LO: ꓛ: Tꓱ, ꓥO: YE W FI ꓛꓵ-. YI. FI. Tꓯ. ZO: Xꓵ: Tꓯ. NY “Sꓷ. NI, JO SU NE TO: TO: ꓛ: NYI ꓥO:”YE SI.-. A: Jꓵ: SU Tꓯ. Bꓯ ꓞE, FI ꓛꓵ ꓥ=

ꓛO;-. RO: KUꓷ; NO: Yꓯ: PU, Xꓵ. MU MYꓱ Tꓯ. KW: Tꓶ. NY A: ꓘꓶ. JI LO YI. Xꓵ: YI. Jꓵ: Tꓶ. DO L K. CI ꓕO: ꓶ: M GO: W FI-. Tꓱ, MO DU GO: W FI-. Fꓯ, NY NO:-Yꓯ: PU, BE KUꓷ; C ꓕI M Tꓯ. MO. ꓘO RU Tꓶ. Bꓯ SI. A: Jꓵ: SU Tꓯ. M. GO: FI ꓛꓵ ꓥ=

后　记

傈僳族主要喜欢居住在高寒山区，傈僳族无论居住在何地方，都喜欢种植核桃和食用核桃；核桃是傈僳族群众最喜欢食用的食品之一，傈僳族食用核桃的方法也很独特，有直接食用、沾蜂蜜吃、捣碎后放入食用品中等。由于傈僳族比较喜欢食用核桃，也喜欢种植核桃树，从各地拍来的图片中可以看出，傈僳族栽种核桃的历史已经久远，伴随着一代又一代的傈僳族人民的发展历史。如在丽江永胜发现的千年以上的核桃树中看到了，傈僳族曾经加工核桃油的木制用具。傈僳族的生活中缺少不了核桃的种植和食用。今天我们来翻译出版此书，就是为了使傈僳族地区的生产、生活，通过科学的种植核桃后，带动傈僳族地区的经济发展。核桃是人类食品非常宝贵之一，核桃是傈僳族地区经济发展一个重要的保证。虽然傈僳族也掌握了一些核桃的种植技术，但是随着人类对核桃食品的需求量越来越高，傈僳族地区的一些古老核桃树也面临着新的挑战，挂果率逐年下降，古核桃树也缺少科学的管理而枯老。傈僳族地区要脱离贫困，需要大量的种植适合傈僳族地区的一些经济作物，发展重要产业来推动傈僳族山区的发展。只有充分的依靠本地区的发展优势，才能够推动傈僳族地区的整体发展。

德宏民族出版社傈僳文编辑室经过多次到傈僳族聚集地区进行调研后策划此书《核桃高产种植技术》，并积极申报成功了2016年度民族文出版资金的资助项目。从汉文翻译成傈僳文，主要是让傈僳族尽快学到核桃的高产种植技术，将核桃树管理得更好，让傈僳族贫困群众早日脱离贫困。在翻译的过程中难免有一些不到位的地方，请大家给予谅解和支持。

编　者

2016年12月

K. NY. Bꓯ ꓘꓶ:

LI-SU Xꓵ: NY A: G.. KO ꓕꓯ: Mꓵ: KW NY, Xꓵ: ꓥ-. A KW NY, M: KW:-. A: Jꓵ: LI. WO.. DO; A: ꓘꓶ. Tꓶ NI, Xꓵ-. Z: NI, Xꓵ ꓥ= LI-SU Xꓵ: WO.. DO; Z: M Gꓶ NE SU Tꓯ. M: ꓕ:-. YI. ꓒY. ꓥ. Z:-. SI, BY: ꓞI: Z:-. YI. Hꓶ: TI. Kꓶ SI. Z ꓘU: KW Vꓱ, Z: CI; ꓥ= LI-SU Xꓵ: WO.. DO; A: ꓘꓶ. Z: NI, Xꓵ Pꓶ. DU-. WO.. DO; Gꓶ A: MY. Tꓶ H, ꓥ= ꓕI: Mꓵ: GU ꓕI: Mꓵ: KW YI. BYꓱ: NYI. L M Tꓯ. C, ꓕꓯ,-. LI-SU Xꓵ: NY YI. WU. Mꓶ: WU. ꓕꓯ_LI WO.. DO; Tꓶ Z: NY, GU-. ꓕI: ꓞI; GU ꓕI: ꓞI; Tꓶ LO, L Xꓵ: ꓥ= A Mꓶ LI.-C.. YO-Sꓷ. Mꓵ: KW NY ꓕI: TU ꓘO; M: ꓞI; LO; GU Xꓵ: WO.. DO; ZI HW MO LE M KW CO. NYI NY-. LI-SU Xꓵ: WO.. DO; ꓞꓶ., TI. DU YI. Xꓵ: YI. Jꓵ: LI. JO ꓥ= LI-SU Xꓵ: ꓞO JO M KW NY WO.. DO; Tꓶ BE WO.. DO; Z: M Tꓯ. H, M: D= A Mꓶ RO: NE ꓕO: ꓶ: ꓕI M ꓒO, DO L M NY-. LI-SU Xꓵ: NY, Mꓵ: KW MYꓱ: YE LO. YE-. ꓞO JO M KW WO.. DO; ZI A: ꓘꓶ. Tꓶ

KU LE FI SI.-. LI-SU Xꓵ: NY, Mꓵ: KW YI. CI ꓒU HW ꓒE; ꓕI: ꓒE; LO; YE FI TO: Pꓶ. DU ꓥ= WO.. DO; NY L: ꓝO BU A: MY: Z: CO, Xꓵ: Z: Xꓵ: ꓥ-. WO.. DO; Tꓶ M NY LI-SU Xꓵ: NY, Mꓵ: KW ꓒU: ꓶ: MYꓱ: YE JI FI DU ꓕI: Xꓵ: ꓥ= LI-SU Xꓵ: NY WO.. DO; A: ꓘꓶ. Tꓶ KU. LI.-. A Mꓶ L: ꓝO BU NY WO.. DO; A: ꓘꓶ. Z: NI, Xꓵ: NY, SI.-. LI-SU Xꓵ: NY, Mꓵ: KW WO.. DO; ZI ꓕI: Bꓱ M MO: LE GU-. WO.. DO; Gꓶ A: ꓘꓶ. M: Dꓱ; L SI.-. YI. Xꓵ; Sꓷ. NI, ꓤꓱ: SI. Tꓶ N T.-. JI JI KW: Xꓵ: W FI N T. ꓥ= LI-SU Xꓵ: NY, Mꓵ: KW XW. ꓥO: Lꓶ. W FI TO: NY-. Tꓶ ꓕ: Xꓵ: WO.. DO; A: MY, Tꓶ N T. ꓥ= LI-SU Xꓵ: NY, Mꓵ: KW JIG U M ꓤꓱ: NE WO DO; A: MY, Tꓶ W ꓕꓯ, SI. LI-SU Xꓵ: NY, Mꓵ: KW YE M., ꓱ: MU MYꓱ: M Tꓯ. Dꓱ: TO, W D ꓥ=

Tꓯ:-HO: ꓝO Xꓵ: ꓕO: ꓶ: DO Tꓶ. KW LI-SU ꓕO: ꓶ: DO GU NY LI-SU Xꓵ: NY, Mꓵ: KW A: MY, HW, JE SI. ꓛ: NYI Kꓶ K. NY.-. 《A: ꓘꓶ. JI_M WO DO; Tꓶ Sꓷ. NI,》 Bꓯ LO ꓕO: ꓶ: DO ꓥO: Zꓱ: Kꓶ-. Fꓯ, NY 2016 ꓘO; ꓝO Xꓵ: ꓥO: ꓘꓶ: KW CO. ꓕO: ꓶ: DO MYꓱ: M DI: W LEO= Hꓶ: ꓥO: M LI-SU ꓥO: ꓒO, Kꓶ SI. DO M NY-. LI-SU Xꓵ: Tꓯ. A: ꓘꓶ. JI LO WO.. DO; Tꓶ Sꓷ. NI, NI, ꓝ JW, L FI-. WO.. DO; ZIT ꓯ. JI JI KW: Xꓵ: KU. FI TO:-. LI-SU Xꓵ: P Sꓯ; Tꓯ. XW.

ꓥO: Lꓶ. W FI Pꓶ. DU ꓥ= ꓕO: ꓶ: ꓒO, M KW NY M: ꓛI M: LO; DU Gꓶ JW, KU. ꓥO-. A: Jꓵ: SU Tꓯ. A. TI. ꓤ: G., GO: Lꓯ BE V Lꓱ TY, ꓥO-. A: Jꓵ: NE TO, JW M M Tꓯ. A: ꓘꓶ. XW. MU W=

ꓕO: ꓶ: BO.. SU Bꓯ.. ꓘꓶ:

2016 ꓘO; 12 V